Eurocode 1 设计指南：桥梁上的作用

EN 1991-2，EN 1991-1-1、-1-3 至-1-7 和 EN 1990 附录 A2

[法] J.-A. 卡尔加罗

[瑞士] M. 楚米

[英] H. 古尔班尼西亚

欧洲结构设计标准译审委员会 **组织翻译**

任青阳 刘 浪 **译**

李加武 **一审**

胡大琳 **二审**

人民交通出版社股份有限公司

北 京

Translation from the English language original, by arrangement with Thomas Telford Ltd.

版 权 声 明

本指南由托马斯·特尔福德有限公司(Thomas Telford Ltd.)授权翻译。如对翻译内容有争议,以原英文版为准。人民交通出版社股份有限公司享有本指南在中国境内的专有翻译权、出版权并为本指南的独家发行商。未经人民交通出版社股份有限公司同意,任何单位、组织、个人不得以任何方式(包括但不限于以纸质、电子、互联网方式)对本指南进行全部或局部的复制、转载、出版或是变相出版、发行以及通过信息网络向公众传播。对于有上述行为者,人民交通出版社股份有限公司保留追究其法律责任的权利。

图书在版编目(CIP)数据

Eurocode 1 设计指南. 桥梁上的作用 EN 1991-2, EN 1991-1-1、-1-3 至 -1-7 和 EN 1990 附录 A2 /(法)J.-A. 卡尔加罗,(瑞士)M. 楚米,(英)H. 古尔班尼西亚著;任青阳,刘浪译. — 北京:人民交通出版社股份有限公司,2020.4

ISBN 978-7-114-16210-7

Ⅰ.①E… Ⅱ.①J… ②M… ③H… ④任… ⑤刘… Ⅲ.①建筑结构—结构设计—建筑规范—欧洲②桥梁结构—结构设计—建筑规范—欧洲 Ⅳ.①TU318②U443

中国版本图书馆 CIP 数据核字(2019)第 295729 号

著作权合同登记号:图字 01-2019-7658

Eurocode 1 Sheji Zhinan:Qiaoliang Shang de Zuoyong EN 1991-2,EN 1991-1-1、-1-3 zhi -1-7 he EN 1990 Fulu A2

书　　名: **Eurocode 1 设计指南:桥梁上的作用　EN 1991-2,EN 1991-1-1、-1-3 至 -1-7 和 EN 1990 附录 A2**
著 作 者: [法]J.-A. 卡尔加罗　[瑞士]M. 楚米　[英]H. 古尔班尼西亚
译　　者: 任青阳　刘　浪
总 策 划: 朱伽林　韩　敏　孙　玺
责任编辑: 蒲晶境　卢俊丽　钱　堃
责任校对: 刘　芹
责任印制: 张　凯
出版发行: 人民交通出版社股份有限公司
地　　址: (100011)北京市朝阳区安定门外外馆斜街 3 号
网　　址: http://www.ccpress.com.cn
销售电话: (010)59757973
总 经 销: 人民交通出版社股份有限公司发行部
经　　销: 各地新华书店
印　　刷: 北京虎彩文化传播有限公司
开　　本: 880×1230　1/16
印　　张: 15.25
字　　数: 493 千
版　　次: 2020 年 4 月　第 1 版
印　　次: 2020 年 6 月　第 2 次印刷
书　　号: ISBN 978-7-114-16210-7
定　　价: 1000.00 元
(有印刷、装订质量问题的图书,由本公司负责调换)

出 版 说 明

包括本设计指南在内的欧洲结构设计标准(Eurocodes)及其英国附件、法国附件和配套设计指南的中文版,是2018年国家出版基金项目“欧洲结构设计标准翻译与比较研究出版工程(一期)”的成果。

在对欧洲结构设计标准及其相关文本组织翻译出版过程中,考虑到标准的特殊性、用户基础和应用程度,我们在力求翻译准确性的基础上,还遵循了一致性和有限性原则。在此,特就有关事项作如下说明:

1. 本设计指南中文版根据托马斯·特尔福德有限公司(Thomas Telford Ltd.)提供的英文版进行翻译,仅供参考之用,如有异议,请以原版为准。

2. 中文版的排版规则原则上遵照外文原版。

3. Eurocode(s)是个组合再造词。本指南范围内,Eurocodes特指一系列共10部欧洲标准(EN 1990 ~ EN 1999),旨在为房屋建筑和构筑物及建筑产品的设计提供通用方法;Eurocode与某一数字连用时,特指EN 1990 ~ EN 1999中的某一部,例如,Eurocode 8指EN 1998结构抗震设计。经专家组研究,确定Eurocode(s)宜翻译为“欧洲结构设计标准”,但为了表意明确并兼顾专业技术人员用语习惯,在正文翻译中保留Eurocode(s)不译。

4. 书中所有的插图、表格、公式的编排以及与正文的对应关系等与外文原版保持一致。

5. 书中所有的条款序号、括号、函数符号、单位等用法,如无明显错误,与外文原版保持一致。

6. 在不影响阅读的情况下书中涉及的插图均使用英文原版插图,仅对图中文字进行必要的翻译和处理;对部分影响使用的英文原版插图进行重绘。

7. 书中涉及的人名、地名、组织机构名称以及参考文献等均保留外文原文。

特别致谢

本设计指南的译审由以下单位和人员完成。重庆交通大学的任青阳、刘浪承担了主译工作,长安大学的李加武、胡大琳承担了主审工作。他(她)们分别为本标准的翻译工作付出了大量精力。在此谨向上述单位和人员表示感谢!

欧洲结构设计标准译审委员会

主 任 委 员：周绪红（重庆大学）

副主任委员：朱伽林（人民交通出版社股份有限公司）

杨忠胜（中交第二公路勘察设计研究院有限公司）

秘　书　长：韩　敏（人民交通出版社股份有限公司）

委　　　员：秦顺全（中铁大桥勘测设计院集团有限公司）

聂建国（清华大学）

陈政清（湖南大学）

岳清瑞（中冶建筑研究总院有限公司）

卢春房（中国铁道学会）

吕西林（同济大学）

（以下按姓氏笔画排序）

王　佐（中交第一公路勘察设计研究院有限公司）

王志彤（中国天辰工程有限公司）

冯鹏程（中交第二公路勘察设计研究院有限公司）

刘金波（中国建筑科学研究院有限公司）

李　刚（中国路桥工程有限责任公司）

李亚东（西南交通大学）

李国强（同济大学）

吴　刚（东南大学）

张晓炜（河南省交通规划设计研究院股份有限公司）

陈宝春（福州大学）

邵长宇[上海市政工程设计研究总院（集团）有限公司]

邵旭东（湖南大学）

周　良[上海市城市建设设计研究总院（集团）有限公司]

周建庭（重庆交通大学）

修春海（济南轨道交通集团有限公司）

贺拴海（长安大学）

黄　文（航天建筑设计研究院有限公司）

韩大章（中设设计集团股份有限公司）

蔡成军（中国建筑标准设计研究院）

秘书组组长：孙　玺（人民交通出版社股份有限公司）

秘书组副组长：狄　谨（重庆大学）

秘书组成员：李　喆　卢俊丽　李　瑞　李　晴　钱　堃

岑　瑜　任雪莲　蒲晶境（人民交通出版社股份有限公司）

欧洲结构设计标准译审委员会总体组

组　　长：余顺新（中交第二公路勘察设计研究院有限公司）
成　　员：（按姓氏笔画排序）
王敬烨（中国铁建国际集团有限公司）
车　轶（大连理工大学）
卢树盛［长江岩土工程总公司（武汉）］
吕大刚（哈尔滨工业大学）
任青阳（重庆交通大学）
刘　宁（中交第一公路勘察设计研究院有限公司）
宋　婕（中国建筑标准设计研究院）
李　顺（天津水泥工业设计研究院有限公司）
李亚东（西南交通大学）
李志明（中冶建筑研究总院有限公司）
李雪峰［上海市城市建设设计研究总院（集团）有限公司］
张　寒（中国建筑科学研究院有限公司）
张春华（中交第二公路勘察设计研究院有限公司）
狄　谨（重庆大学）
胡大琳（长安大学）
姚海冬（中国路桥工程有限责任公司）
徐晓明（航天建筑设计研究院有限公司）
郭　伟（中国建筑标准设计研究院）
郭余庆（中国天辰工程有限公司）
黄　侨（东南大学）
谢亚宁（中设设计集团股份有限公司）
秘　　书：李　喆（人民交通出版社股份有限公司）
卢俊丽（人民交通出版社股份有限公司）

Eurocode 设计指南系列

Eurocode 设计指南:结构设计基础 EN 1990 (第 2 版). H. 古尔班尼西亚, J. -A. 卡尔加罗, M. 霍利基. 彭君义, 郭骞, 译. ISBN 978-7-114-16202-2. 2020 年 4 月出版.

Eurocode 1 设计指南:桥梁上的作用 EN 1991-2, EN 1991-1-1、-1-3 至 -1-7 和 EN 1990 附录 A2. J. -A. 卡尔加罗, M. 楚米, H. 古尔班尼西亚. 任青阳, 刘浪, 译. ISBN 978-7-114-16210-7. 2020 年 4 月出版.

EN 1991-1-4 设计指南 Eurocode 1:结构上的作用 第 1-4 部分:一般作用——风荷载. N. 库克. 管青海, 都浩, 译. ISBN 978-7-114-16203-9. 2020 年 4 月出版.

EN 1992-1-1 和 EN 1992-1-2 设计指南 Eurocode 2:混凝土结构设计 一般规定、房屋建筑规定和结构防火设计. A. W. 毕比, R. S. 纳拉亚南. 李元松, 孙莉, 刘波, 译. ISBN 978-7-114-16211-4. 2020 年 4 月出版.

EN 1992-2 设计指南 Eurocode 2:混凝土结构设计 第 2 部分:混凝土桥梁. C. R. 亨迪, D. A. 史密斯. 徐腾飞, 胡志坚, 冀伟, 勾红叶, 译. ISBN 978-7-114-16212-1. 2020 年 4 月出版.

Eurocode 3 设计指南:房屋建筑钢结构设计 EN 1993-1-1, -1-3 和 -1-8(第 2 版). L. 加德纳, D. A. 内瑟科特. 王敬烨, 黄羿, 译. ISBN 978-7-114-16213-8. 2020 年 4 月出版.

EN 1993-2 设计指南 Eurocode 3:钢结构设计 第 2 部分:钢结构桥梁. C. R. 亨迪, C. J. 墨菲. 常江, 贺君, 蒋根龙, 译. ISBN 978-7-114-16204-6. 2020 年 4 月出版.

Eurocode 4 设计指南:钢与混凝土组合结构设计 EN 1994-1-1(第 2 版). 罗杰 · P. 约翰逊. 赵灿晖, 占玉林, 译. ISBN 978-7-114-16205-3. 2020 年 4 月出版.

EN 1994-2 设计指南 Eurocode 4:钢与混凝土组合结构设计 第 2 部分:一般规定和桥梁规定. C. R. 亨迪, 罗杰 · P. 约翰逊. 狄谨, 秦凤江, 徐骁青, 译. ISBN 978-7-114-16206-0 2020 年 4 月出版.

Eurocode 5 设计指南:房屋建筑木结构设计 EN 1995-1-1. 杰克 · 波蒂厄斯, 彼得 · 罗斯. 杨会峰, 凌志彬, 译. ISBN 978-7-114-16214-5. 2020 年 4 月出版.

EN 1997-1 设计指南 Eurocode 7:岩土工程设计 第 1 部分:一般规定. R. 费兰克, C. 鲍德温, R. 德里斯科尔, M. 卡瓦达斯, N. 克富布斯 · 奥维森, T. 奥尔, B. 舒伯纳. 张寒, 等, 译. ISBN 978-7-114-16215-2. 2020 年 4 月出版.

Eurocode 8 设计指南:桥梁抗震设计 EN 1998-2. 巴兹尔 · 科里亚斯, 麦克 · N. 法迪斯, 阿兰 · 派克. 卫璞, 王巍, 徐良晋, 译. ISBN 978-7-114-16217-6. 2020 年 4 月出版.

EN 1998-1 和 EN 1998-5 设计指南 Eurocode 8:结构抗震设计:一般规定、地震作用、房屋建筑规定、基础和支挡结构. 麦克 · 法迪斯, E. 卡瓦略, A. 尔纳斯海, E. 费西奥利, P. 平托, A. 普鲁米尔. 沈文爱, 译. ISBN 978-7-114-16216-9. 2020 年 4 月出版.

前言

《Eurocode 1:结构上的作用》(EN 1991)包含10个部分,为桥梁、建筑及土木工程结构设计中需要考虑的所有作用提供了全面的信息和指导。所有的部分现都由欧洲标准化委员会(CEN)作为欧洲标准(ENs)出版。《Eurocode :结构设计基础》(EN 1990)的“附录A2:在桥梁上的应用”已作为“修订案A1”(EN 1990:2002/A1)于2005年12月出版。欧洲标准的这部分在本书后文中简称为“EN 1990附录A2”或“EN 1990:2002/A1”,该欧洲标准定义了作用组合以及一些正常使用状态的标准。

本指南旨在:

本指南主要介绍“桥梁上的作用”的应用方式,旨在帮助使用者理解《Eurocode 1:结构上的作用》(EN 1991)的以下部分。

EN 1991-1-1 房屋建筑的密度、自重和外加荷载

EN 1991-1-3 雪荷载

EN 1991-1-4 风荷载

EN 1991-1-5 温度作用

EN 1991-1-6 施工荷载

EN 1991-1-7 偶然作用

EN 1991-2 桥梁上的交通荷载 和 EN 1990 附录 A2

本指南应与TTL出版的Eurocode 1的其他设计指南一同阅读:指南基于作用的分类、设计状况等基本条款给出建筑物上的作用,其同时适用于桥梁和建筑。

在本指南的编写中,作者致力于对EN 1991和EN 1990附录A2中的条款作出解释和注释,以便前言及各Eurocode中提到的各类读者使用。Eurocode主要针对房屋建筑和构筑物设计,而EN 1991则考虑了更多类型的使用者,主要包括:

- 设计人员和施工人员
- 客户
- 产品制造商
- 政府及其他规则制定者

本指南的安排:

《Eurocode 1:结构上的作用》(EN 1991)共有10个部分,详见本设计指南的简介部分。本书针对上述部分作出指导。本指南共分为8章,涵盖了EN 1991中桥梁设计的知识:

- 第1章　Eurocode桥梁设计的简介与通则

- 第 2 章　持久设计状况下非交通作用(如密度、自重、外加荷载及气候作用)的确定
- 第 3 章　施工荷载
- 第 4 章　道路桥梁交通荷载
- 第 5 章　人行桥交通荷载
- 第 6 章　铁路桥梁交通荷载
- 第 7 章　偶然作用
- 第 8 章　道路桥梁、人行桥和铁路桥梁的作用组合

值得读者注意的是,本指南不能替代 Eurocode,而应当与之同时使用。

致谢

因 EN 1991 和 EN 1990 附录 A2 的顺利完成,本指南才得以出版。作者谨对相关贡献者,即项目团队成员和国家代表团表示感谢。特别感谢以下人员:H. Mathieu 先生、Luca Sanpaolesi 教授、Gerhard Sedlacek 教授、Paul Luchinger 博士、Paolo For-michi 先生、Lars Albrektson 先生、Malcolm Greenley 先生、Ray Campion 先生、Peter Wigley 先生和 Mr Ian Bucknall 先生。

特别感谢 Pierre Spehl of Seco 教授提供了桥梁上风荷载的案例。

本书获得以下部门大力支持:

- 作者的出资方以及环境与可持续发展总理事会生态、能源、可持续发展和城乡规划部,巴黎;UIC(国际铁路联盟,巴黎总部);盖斯顿建筑研究院,伦敦社区和地方政府部门以及英国公路局。其中,UIC 为研究铁路桥梁设计中的问题提供了平台,还特别为研究和测量超速列车的空气动力效应、高速列车铁路桥梁的动力分析提供大量的资金帮助,并有助于推进桥梁和轨道之间相互作用效应的处理。如果没有这种帮助,高标准的欧洲结构设计标准将无法实现。
- 作者的妻子 Elisabeth Calgaro、Jacqueline Tschumi 和 Vera Gulvanessian,感谢她们多年的支持。

目录

第 1 章　Eurocode 桥梁设计的简介与通则

本指南旨在帮助工程师依据 Eurocode 进行道路桥梁、人行桥和铁路桥梁设计。本部分包括施工阶段及正常使用状态桥梁上各种作用的确定,以及用于特定的最不利状态和正常使用极限状态验算的作用组合。地震作用由 Eurocode 8 给出,不是本指南的内容。

1.1　Eurocode

首部欧洲官方规定于 1971 年颁布实行,但其中有关土木工程结构计算的规定实行起来被证明相当艰难。此种情况源于其中一条禁止性条款的规定,即拒绝公开投标者的理由是其遵循某一个国家的强制性设计标准进行工程设计,却把工程建设在不遵循该国设计标准的另外一个国家。因此,1976 年决定编写一系列,基于国际科学协会的研究结果的欧洲结构标准,这种对投标者的判断方法就能被广泛接受。

欧洲共同体委员会负责的第一部 Eurocode 文件于 20 世纪 80 年代初期作为临时性标准出版。经过长期的国际咨询及被《统一法案》(1986)采用后,Eurocode 的改进转为由欧洲标准化委员会(CEN)负责,并将其与建筑产品指令(CPD)联系起来。那次变化发生在 1990 年,随后欧洲标准化委员会决定出版 Eurocode,先推出临时欧洲标准(ENVs),随后是欧洲标准(ENs)。

每部规范的前言均注明:欧盟和欧洲自由贸易联盟成员国均认可 Eurocode 作为参考文件用于下列用途:

- 作为房屋建筑和构筑物符合 89/106/EEC 号理事会指令的基本要求的证明手段,特别是基本要求 1——结构抗力及稳定性和基本要求 2——发生火灾时的安全性能;
- 作为确定建筑物及相关工程服务合同的基本依据;
- 作为制定建筑产品统一技术规则(ENs 和 ETAs)的框架性指导文件。

事实上,在消除各国规范条文差异引起的结构可靠性评估方法不一致的障碍过程中,Eurocode 得到了发展。这一发展完善了生产和工程服务单一市场的功能,提高了欧洲建筑行业、专业人才以及相关行业在欧盟国之外的竞争力。

欧洲结构标准编制计划包括以下标准,如表 1.1 所示,通常由数个部分组成。

Eurocode　系　列　　表 1.1

EN 1990	Eurocode:	结构设计基础
EN 1991	Eurocode 1:	结构上的作用
EN 1992	Eurocode 2:	混凝土结构设计
EN 1993	Eurocode 3:	钢结构设计
EN 1994	Eurocode 4:	钢与混凝土组合结构设计
EN 1995	Eurocode 5:	木结构设计
EN 1996	Eurocode 6:	砌体结构设计
EN 1997	Eurocode 7:	岩土工程设计
EN 1998	Eurocode 8:	抗震结构设计
EN 1999	Eurocode 9:	铝结构设计

Eurocode 主要用于指导采用传统材料(钢筋预应力混凝土、钢材、钢和混凝土复合结构、木材、砌体和铝材)新建工程的设计。值得注意的是,当采用 Eurocode 之外的其他材料或作用进行设计时,《Eurocode:结构设计基础》(EN 1990)中的原则仍然适用。此外,EN 1990 适用于既有工程结构性能的评估,正在将其发展以便用于结构修复与构件更换的设计或者更改用途的评估,尤其适用于既有桥梁的加固。当然,针对具体项目,可能需要额外的或修正的条款。

1.2　工程建设的总则和要求

土木工程结构设计的总则在《Eurocode:结构设计基础》(EN 1990)中有规定。下面简要讨论其在桥梁设计中的应用。

1.2.1　概述——基本要求

所有 Eurocode 中的验算规则皆基于分项系数法的极限状态设计。

导致桥梁毁灭性失效的大部分意外都是由于严重的施工失误、正常使用时的冲击或者不可控制的冲刷效应。通过采取适当的设计和施工方法(如固定装置)以及适当的质量控制程序,可以避免这些风险,或者减轻损失。在使用年限内,以下情况可能导致桥梁的倒塌:

- 可能的偶然状况(例如,基础附近的异常冲刷),见图 1.1。
- 冲击(例如,因卡车、船舶或者列车撞击到桥墩或桥面,甚或来自自然界的冲击),见图 1.2。

图 1.1　桥墩周围冲刷作用(图尔桥,法国,1998)

图 1.2　船舶撞击桥墩(巴黎索桥,2001)

• 超静定次数低的结构疲劳裂缝的发展(如仅有两片主梁的钢-混凝土组合桥面,其中之一主梁节点焊缝出现裂缝)或者缆索疲劳失效。关于这个问题,Eurocode 界定了允许破坏构件和不允许破坏构件,见图 1.3。

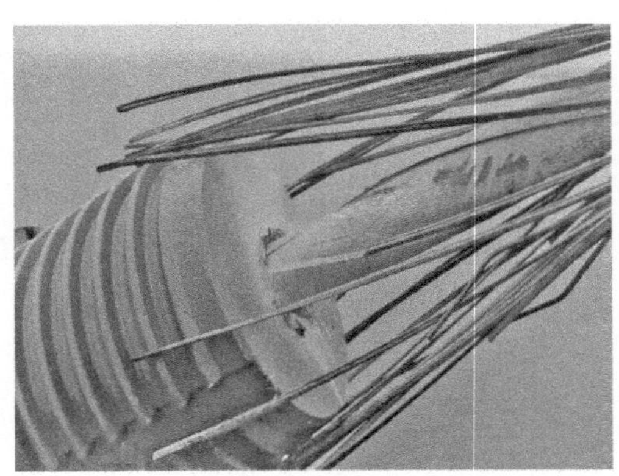

图 1.3　拉索疲劳失效

• 某些建筑材料的脆性特征,如钢材的低温脆性(对于新桥或年限不长的桥梁,这类风险非常少,但对于旧桥就会比较常见)。

• 材料劣化(钢筋和缆索腐蚀,混凝土劣化等),见图 1.4。

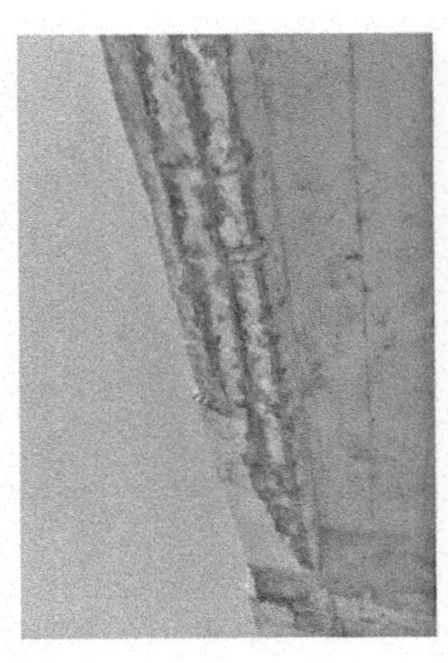

图 1.4　材料劣化

1.2.2　设计使用年限和耐久性

桥梁属于公共建筑,政府应承担业主的责任,并颁布国家条例规定桥上通行车辆(尤其是车辆荷载),必要时针对非正常重车发布特许通行令或者限制其通行。

设计使用年限是工程建设一个主要参数。表 1.2 转载了 EN 1990 表 2.1 中的部分内容,列举了几类工程结构设计使用年限的参考值。

建议设计使用年限(全部值参见 EN 1990 表 2.1)　　表 1.2

设计使用年限分类	参考设计使用年限(年)	示　例
1	10	临时性建筑*
2	10 ~ 25	可替换结构部件,如龙门吊主梁
3		农业及类似建筑
4	50	建筑结构和其他一般性建筑
5	100	重要性建筑结构,桥梁和其他土木工程结构

注:* 结构或结构的部分能够被拆卸并考虑重复利用者,不应被视为临时建筑。

桥梁设计使用年限设为100年得到了专家和权威部门普遍认可,但该取值仍需进一步解释。

首先,出于经济成本原因,桥梁的所有部分设计使用年限不可能相同。尤其是结构的承重、伸缩缝、涂层或者其他标准化构件设计使用年限或者服役年限不可能这么长时间。而且,对道路防护装置而言,设计使用年限的概念没有实际意义。

条款2.1(1)P:
EN 1990

EN 1990 中的表 2.1 对可更换和不可更换结构构件作出了区分。不可更换构件,即承重构件的设计使用年限见类别 4 和 5。对结构承重构件,EN 1990 作出如下规定:

结构的设计和施工应使结构在预定的设计使用年限内,具有适当的可靠性和经济性:

—能够承受在施工和使用期间可能出现的各种作用和影响;

—满足结构或结构构件指定的适用性要求。

EN 1990 *条款2.4(1)P* 规定:

结构设计应确保其在设计使用年限内的劣化不会削弱其预期性能,并适当考虑其所处环境和预期的维护水平。

在设计阶段应确定环境条件,以评估其对耐久性的影响,同时制定适当的规定保护结构所使用的材料。

这就意味着,在达到设计使用年限时,在合理的维护及有限修复的状况下,一般不应出现无法修复的严重损坏的极限状态。当然,在钢构件的疲劳验算中可能会直接采用设计使用年限。但更为常见的是,另外一些情况,比如关于混凝土氯化物侵入深度或者混凝土的碳化率等到底取多少年,一般在具体桥梁项目的设计参数有具体规定。

最后,一座桥梁的设计并非只是建筑和计算,还需要视其为一种我们需要关注的生活方式。

1.2.3 可靠性差异

条款2.2(1)P:
EN 1990

为区分可靠性差异,内容丰富的 EN 1990 附录 B 的表 B1 定义了三种重要性等级(CC1 至 CC3)。尽管相关主管部门负责重要性等级的确定,但大多数桥梁都可划归中等等级(CC2)。该等级描述为“死亡人数一般,经济损失、社会或环境后果严重”,这意味着可以使用欧洲设计规范中一般条文进行设计,无须再满足更严的条文要求。然而,对于非常重要的公路和铁路桥梁(如大跨斜桥或地震区的桥梁),它们应该划分为更高重要性等级 CC3(死亡人数巨大,经济、社会或环境后果相当严重)。因此,具体的项目技术指标中的设计参数或要求,比 Eurocode 的规定要严苛得多,作用或抗力的分项系数比规范建议值保守得多。桥梁重要性等级一般由客户或主管部门确定。但根据设计、设计监理和施工监理的质量可采用多种差异性(控制)措施。这其中,有一种方法通过引入系数 K_{FI}(由 EN 1990 表 B3 给出)考虑不利作用的影响。当然,EN 1990 附录 B 也提到其他方法(如设计和施工阶段的质量控制)也可有效地确保结构的安全。

另外,可靠性差异也可以通过引入抗力分项系数 γ_M 来实现,但除了疲劳验算个别特定情况外(见 EN 1993),该方法不常使用。

某些震区桥梁应该格外重视(见 EN 1998 及由 TTL 出版的相关设计指南)。从实践角度来看,正常使用状态的规定应该取自 Eurocode 2、3、4、5 和 8 的第 2 部分。至于最不利极限状态,应该优先采用 EN 1990 式(6.10)的作用组合。 *条款9.4.3.2:EN 1990*

1.3　依据 Eurocode 的桥梁设计

依据 Eurocode 进行桥梁设计已被大家广泛接受。这主要由于自从引入 Eurocode后,许多国家都不再更新本国规范,这些规范也就过时而无用了。另外,随着诸如重要桥梁等工程活动的全球化,意味着(工程活动)应该基于国际认可的技术基础的约定已经建立起来了。

目前在欧洲,几乎所有重要的(图 1.5)或有纪念意义的桥梁或土木工程结构都依据 Eurocode 进行设计和施工(整个结构或其部分构件,正常使用或施工阶段)。这说明 Eurocode 并没有限制创造力,反而允许建筑师和工程师更加大胆和更负责地去实现他们的设计。

图 1.5　Millau 高架桥顶推施工阶段(依据 Eurocode 设计的实例)

表 1.3 给出了桥梁设计需要的(部分或全部)Eurocode。

桥梁设计所需的 Eurocodes　　表 1.3

欧洲规范	Eurocode 的部分	专题或范围
EN 1990　Eurocode:结构设计基础	主要文字	结构安全,正常使用性和耐久性,设计分项系数原则
	附录 A2	桥梁上的应用(作用组合)
EN 1991 Eurocode 1:结构上的作用	第 1-1 部分 第 1-3 部分 第 1-4 部分 第 1-5 部分 第 1-6 部分 第 1-7 部分 第 2 部分	密度,自重和外加荷载 雪荷载 风荷载 温度作用 施工荷载 碰撞或爆炸产生的偶然作用 桥梁上的交通荷载(道路桥,人行桥,铁路桥)

续上表

欧洲规范	Eurocode 的部分	专题或范围
EN 1992　Eurocode 2:混凝土结构设计	第 1-1 部分 第 2 部分	一般规定和房屋建筑规定 钢筋混凝土和预应力混凝土桥
EN 1993　Eurocode 3:钢结构设计	第 1 部分	一般规定和房屋建筑规定,包括 第 1-1 部分　一般规定和房屋建筑规定 第 1-4 部分　不锈钢 第 1-5 部分　板结构 第 1-7 部分　承受面外荷载的板结构的强度和稳定性 第 1-8 部分　节点设计 第 1-9 部分　抗疲劳设计 第 1-10 部分　材料韧性和厚度方向性能 第 1-11 部分　受拉构件设计 第 1-12 部分　高强度钢的补充规则
	第 2 部分	钢结构桥梁
EN 1994　Eurocode 4:钢与混凝土组合结构设计	第 1-1 部分	一般规定和房屋建筑规定
	第 2 部分	组合结构桥梁
EN 1995　Eurocode 5:木结构设计	第 1-1 部分	一般规定和房屋建筑规定
	第 2 部分	木结构桥梁
EN 1997　Eurocode 7:岩土工程设计	第 1 部分	岩土工程设计
EN 1998　Eurocode 8:结构抗震设计	第 1 部分	一般规定,地震作用和房屋建筑规定
	第 2 部分	桥梁抗震设计

桥梁结构防火设计不在本设计指南之列。虽然在重要桥梁或有纪念意义桥梁的设计中,越来越重视桥梁意外遭遇火的作用(如卡车可能在桥上或桥下着火燃烧),但 Eurocode 通常不涵盖这类设计状况。不过,Eurocode 的防火部分可以为考虑这类问题的设计提供指导。

本设计指南的范围是解释如何计算桥梁上最常见的作用以及如何进行作用的组合以便于各种最不利和正常使用极限状态的验算。有关混凝土桥、钢桥、钢-混凝土组合桥或木桥的验算规则的条文解释分别参见 TTL 的各类出版物。

本设计指南涉及地震区桥梁的设计,但地震作用的计算不在讨论范围。有关地震作用请参见为解释 EN 1998 而编的由 TTL 出版的设计指南。

作为 Eurocode 系列的头文档《Eurocode:结构设计基础》(EN 1990)中定义了结构安全性、适用性和耐久性的原则和要求。特别地,它提供了桥梁的结构设计(包括地质、地震、施工和临时结构等方面)基础和基本原则。

1.4　交通荷载的进展

1.4.1　道路交通荷载

出于经济因素,公路交通量持续增长,重型卡车平均总重也在增加,而且都满载运行。更有甚者,许多卡车都非法超载超限。鉴于此,可以参考 96/53/EC 号理事会指令，该文件为欧洲共同体内道路通行的车辆制定了各国内及各国间的最大允许尺寸，以及最大允许重量，而欧洲议会和2002/EC号理事会指令规定了各国内及各国间运输的最大尺寸和最大重量。

70/156/EC号理事会指令对车辆进行分类。定义了四种车型，即M，N，O和G。G代表非道路用车，其他的常规道路车辆，分为M，N，O三类，见表1.4。

车辆分类　表1.4

分　类	描　　述
M	至少有四个车轮的机动车，客车。三个亚类，M1，M2和M3，取决于座位数量和最大质量
N	至少有四个车轮的机动车、货车。三个亚类，N1，N2和N3，取决于最大质量。N3类的最大质量超过12t
O	挂车（包括半挂车）。四个亚类，O1，O2，O3和O4，取决于最大质量。O4类代表最大质量超过10t的挂车

最大尺寸和相关车辆特性由96/53/EC号理事会指令定义，2002/7/EC号理事会指令对其进行了修正。归纳见表1.5。

车辆标准尺寸　表1.5

特　征	尺寸(m)
最大长度	—除公交车外的机动车：12.00 —挂车：12.00 —有铰链的机动车：16.50 —公路车列：18.75 —有铰接大客车：18.75 —两轴大客车：13.50 —两轴以上大客车：15.00 —大客车＋挂车：18.75
最大宽度	—所有车辆：2.55 —车厢受限的车辆：2.60
最大高度	所有车辆：4.00

车辆最大质量由96/53/EC号理事会指令定义，常见质量见表1.6。

常用汽车质量　表1.6

车　　辆	最大质量
车辆仅占汽车荷载组合的一部分：	
—两轴挂车	18t
—三轴挂车	24t
汽车组合	
—5轴或6轴公路车列	
a）两轴机动车＋三轴挂车	40t
b）三轴机动车＋两轴或三轴挂车	40t
—5轴或6轴有铰链的汽车	
a）两轴机动车＋三轴半挂车	40t
b）三轴机动车＋两轴或三轴半挂车	40t
c）三轴机动车＋两轴或三轴半挂车（承运40英尺[1]长的ISO集装箱）	44t
机动车：	
—两轴机动车	18t

[1] 1英尺＝0.3048m。

续上表

车 辆	最大质量
—三轴机动车 —双转向轴的四轴机动车	25t 或 26t 32t
有铰链的三轴大客车	28t

从表 1.6 中可以看出,根据类型不同,公路车辆最大质量为 40 英吨或 44t,这些值为“静态”值(动力效应可能重要,见第 4 章附录)。事实上,有相当一部分卡车重量超过允许值。出于这些原因且将来可能会提高限值,标定汽车荷载模型时应有适当富余度。

汽车最大轴重限值如下:

- 非驱动轴,单轴重:10t。
- 双轴挂车和半挂车的轴重:
  轴距 <1m 11t;
  轴距≥1m 且 <1.3m 16t;
  轴距≥1.3m 且 <1.8m 18t;
  轴距≥1.8m 20t。
- 三轴挂车和半挂车的轴重:
  轴距≤1.3m 21t;
  轴距 >1.3 且≤1.4 24t。
- 双轴机动车的轴重:
  轴距 <1m 11.5t;
  轴距≥1m 且 <1.3m 16t;
  轴距≥1.3m 且 <1.8m 18t;
  轴距 >1.8m 19t。

车辆的最大重量,是轴重的“静态”最大值,考虑动力效应的实际“动态”值会更大一些。当然它与道路(桥梁)质量有关。

1.4.2 铁路列车荷载

如图 1.6 和图 1.7 所示,超载是危险的。

图 1.6 超载的列车

图1.7 巴塞尔乡村州的桥梁(瑞士)(该桥梁于1891年6月14日因上翼缘屈曲垮塌,桥上是满载的列车,致73人死亡)

铁路桥梁建设用于承受混合交通,而在其设计寿命200年里该混合交通可能还会发生改变。铁路交通分为客运和货运,后者由机车牵引。表1.7列出了它们的实际速度、轴重和每延米平均重量,这些值都在常遇或设计范围内。

列车类型 表1.7

列车类型	车速 (km/h)	轴重 (kN)	平均重量 (kN/m)
旅客列车:			
—多车厢城郊列车	100~160	130~196	20~30
—机车牵引列车	140~225	150~215	15~25
—高速列车	250~350	170~195*	19~20
货运列车:			
—特殊重车	50~80	200~225	100~150
—货运重车	80~120	225~250**	45~80
—轨道检修列车	50~100	200~225	30~70
—快速轻型货列	100~160	180~225	30~80

注:* 根据欧洲指令TSI(技术系统互操作性),未来高速列车的轴重:

$200km/h < V \leq 250km/h$,180kN

$250km/h < V \leq 300km/h$,170kN

$V > 300km/h$,160kN

** 重要提示:根据欧洲铁路实施的有关货运交通的最新研究,未来100年,欧洲铁路系统应可以运营轴重为300kN的列车。

有关表1.7,还应该注意:

- 机车的平均重量为50~70kN/m;
- 极重列车长度一般为15~60m;主要影响连续梁的支点弯矩和中等跨径的简支梁桥。

特殊列车线路可能会在线路(曲率,坡度,不良旧桥)上有具体限制以及额外的商业和运营要求。所有这些因素是明确的,而且为特定的时期内设计的。但是,或许将来这些情况将会有所改变。

例如,目前重载货运列车不允许在若干线路上运行,包括大部分郊区和高速客运线路。然而,高速客运线路有时候也会允许各种货运列车运行。因此,新建桥梁应既能满足当前各类轨道交通需求,又能满足将来轨道交通需求。

UIC 提出了一个涵盖所有既有的和设计列车的最大静力作用的荷载模型,当然也包括重载列车。该荷载模型是 EN 1991-2 和本设计指南第 6 章中荷载模型(荷载模型 71,SW/0 和 SW/2)的基础。

不幸的是,出于政治原因,Eurocode 不能推荐一个系数 α 与荷载模型 71 一起使用,从而满足未来 300kN 轴重的列车荷载要求。之所以考虑长远,是因为出于实际和商业原因,官方要求 100 年左右要改造或升级某些线路上所有不良旧桥。

提示:推荐从现在开始在所有承载国际铁路货运的欧洲大陆结构物的设计中,将荷载模型 71(见第 6 章)乘上 $\alpha = 1.33$ 的系数。本设计指南的 6.7.2 中给出了该推荐值的重要背景知识。相关当局应当力争对 α 系数的取值达成一致,以便每个地方都能采用。

参考文献

1. CEN(2002) *EN 1990-Eurocode:Basis of Structural Design*. European Committee for Standardisation, Brussels.
2. Fardis, M. N. *et al*. (2005) *Designers' Guide to Eurocode 8:Design of Structures for Earth-quake Resistance*. Thomas Telford, London.
3. Hendy, C. R. and Smith, D. A. (2007) *Designers' Guide to EN 1992. Eurocode 2: Design of Concrete Structures. Part 2:Concrete bridges*. Thomas Telford, London.
4. Hendy, C. R. and Murphy, C. J. (2007) *Designers' Guide to EN 1993-2. Eurocode 3:Design of Steel Structures. Part 2:Steel bridges*. Thomas Telford, London.
5. Hendy, C. R. and Johnson, R. P. (2006) *Designers' Guide to EN 1994-2. Eurocode 4:Design of Composite Steel and Concrete Structures. Part 2:General rules and rules for bridges*. Thomas Telford, London.
6. Larsen, H. and Enjily, V. (2009) *Practical Design of Timber Structures to Eurocode 5*. Thomas Telford, London.
7. Council Directive 96/53/EC of 25 July 1996. (1996) *Official Journal of the European Communities*, L 235, 17 September.
8. Council Directive 2002/7/EC of 18 February 2002. (2002) *Official Journal of the European Communities*, 9 March.
9. Council Directive 70/156/EC of 6 February 1970. (1970) *Official Journal of the European Communities*, L 42, 23 February.

文献目录

Bridges-past, present and future. (2006) *Proceedings of the First International Conference onAdvances in Bridge Engineering*, Brunel University, London, 26-28 June.

Calgaro, J. -A. (1996) *Introduction aux Eurocodes-Sécurité des constructions et bases de lathéorie de la fiabilité*. Presses des Ponts et Chaussées, Paris.

Frank, R., Bauduin, C., Driscoll, R., Kavvadas, M., Krebs Ovesen, N., Orr, T. and Schuppener, B. (2004) *Designers' Guide to EN 1997-1. Eurocode 7: Geotechnical Design-General rules*. Thomas Telford, London.

Gulvanessian, H., Calgaro, J. -A. and Holický, M. (2002) *Designers' Guide to EN 1990 -Eurocode: Basis of Structural Design*. Thomas Telford, London.

Handbook 4-Actions for Design of Bridges. (2005) Leonardo da Vinci Pilot Project, CZ/02/B/F/PP-134007, Pisa, Italy.

Kühn, B., Lukić, M., Nussbaumer, A., Günther, H. -P., Helmerich, R., Herion, S., Kolstein, M. H., Walbridge, S., Androic, B., Dijkstra, O. and Bucak, Ö. (2008) *Assessment of Existing Steel Structures: Recommendations for Estimation of Remaining Working Life*. JRC Scientific and Technical Reports, Ispra, Italy.

Ryall, M. J., Parke, G. A. R. and Harding, J. E. (eds) (2000) *Manual of Bridge Engineering*. Thomas Telford, London.

第 2 章　持久设计状况下非交通作用的确定

本章是关于桥梁持久设计状况(见 EN 1990)下非交通作用的确定。本章所涉及的资料在《Eurocode 1:结构上的作用》(EN 1991)的以下部分中涵盖:

EN 1991-1-1 一般作用——房屋建筑的密度、自重和外加荷载;

EN 1991-1-3 一般作用——雪荷载;

EN 1991-1-4 一般作用——风荷载;

EN 1991-1-5 一般作用——温度作用;

EN 1990 附录 A2 的部分内容(第 8 章的所有内容)。

参考了 TTL 公司出版的《Eurocode 1 设计指南:建筑上的作用》[1],其对 EN 1991-1-1 和 EN 1991-1-3 至 EN 1991-1-5 做出了详细讨论。

2.1　结构自重及其他永久作用(EN 1991-1-1)

条款5.1(2):
EN 1991-1-1

与 EN 1991-1-1 条款 5.1(2)规定一致,桥梁的自重包括结构、结构构件和标准件的自重,以及非结构构件(固定设施和桥梁饰件)、土和道砟自重。固定设施如线缆、管道和设备槽(一般位于人行道内,有时在桥面板内)。桥梁饰物例如防水处理、表面修饰及其他涂层、交通安全设施(安全栅栏,防撞栏和防护栏)、隔音和防风屏障以及铁路桥的道砟。

土体自重包括在工程的自重中,或作为一种永久作用。事实上,这种分类对作用组合而言是次要的。重要的是代表值的确定。与作用在挡土墙上土压力不同的是,扩大基础、承台、涵洞等(构造物)会遇到竖向土压力。

2.1.1　结构的自重

表A2.2(B)注3:
EN 1990:2002/A1
条款3.2(1)、
条款4.1.2(3):
EN 1990
EN 1991-1-1
条款4.1.2(5):
EN 1990
条款5.2.1(2)

与《Eurocode:结构设计基础》(EN 1990)一致,结构构件和非结构构件的总自重以单个作用计入作用组合中。然后,*在结构设计使用年限内,如果 G 没有明显变化且其变异系数较小,G 的变异性可以忽略。因此 G_k 应取平均值*。

结构自重可由某单个标准值表示,其计算可基于公称尺寸和平均单位质量,参见 EN 1991-1-1。

例如,钢筋或预应力混凝土结构(包括同材料的非结构构件,如混凝土防撞栏)自重引起的作用效应通常根据其公称尺寸(设计图,见条款 *5.2.1(2)*)和混凝土的密度 25kN/m^3(普通钢筋混凝土或预应力混凝土)来确定。

类似地,由钢结构自重引起的作用效应通过其标准尺寸和适当的密度相乘来确定。根据表 2.1,建筑钢材的密度可在 77 ~ 78.5kN/m^{3}之间选择。事实上,密度取值 77kN/m^3 = 7.85t/m^3 × 9.81m/s^{2}在所有情况下都是正确的。

表A4:
EN 1991-1-1

如果与标准值差别大,那么材料密度的取值应根据标准值考虑上下浮动。

表 2.1 给出了常见建筑材料密度的标准值。

一些常见建筑材料的标准密度 表 2.1

(数据来自 EN 1991-1-1 表 A.1、表 A.3 和表 A.4)

材 料	重度 γ(kN/m^3)
混凝土(见 EN 206)	
轻质:	
—密度等级 LC1.0	9.0 ~ 10.0$^{(1),(2)}$
—密度等级 LC2.0	18.0 ~ 20.0$^{(1),(2)}$
常规:	24.0$^{(1),(2)}$
$^{(1)}$ 正常配筋率(普通筋和预应力筋),增加 1kN/m^3	
$^{(2)}$ 对非硬化混凝土增加 1kN/m^3	
砂浆 水泥砂浆	19.0 ~ 23.0
木材(木材强度等级见 EN 338)	
木材强度等级 C14	3.5
木材强度等级 C30	4.6
木材强度等级 D50	7.8
木材强度等级 D70	10.8
层板胶合木(木材强度等级见 EN 1194)	
均匀胶合木 GL24h	3.7
均匀胶合木 GL36h	4.4
复合胶合木 GL24c	3.5
复合胶合木 GL36c	4.2
金属	
铝	27.0
生铁,铸铁	71.0 ~ 72.5
生铁,锻铁	76.0
钢	77.0 ~ 78.5

表中给出了一些材料密度的取值范围,而一个具体项目材料密度取值应该在其细则中有所规定。假如细则中没有规定,那么最好取用(表中)平均值。

2.1.2 桥梁饰件的自重

具体项目细则中会规定桥梁饰件自重引起的作用效应、材料密度代表值以及标准件的自重标准值。表 2.2 给出部分桥梁所用材料密度的标准值。

表A6:
EN 1991-1-1

部分桥梁材料的标准密度 表 2.2

(数据来自 EN 1991-1-1,其余密度值见 EN 1991-1-1 表 A.6)

桥梁的材料	重度 γ(kN/m^3)
公路桥梁铺装:	
浇筑式沥青混凝土和沥青混凝土	
砂胶沥青	
热轧沥青	23.0

续上表

桥梁的材料	重度 γ(kN/m³)
桥梁填充物:	
干砂	15.0~16.0[1]
松散碎石、砾石	15.0~16.0[1]
压密碎石	18.5~19.5
碎炉渣	13.5~14.5[1]
袋装碎石	
捣密黏土	
[1]在其他表中作为存储材料给出	
铁路桥梁铺装:	
混凝土保护层	25
普通道砟(如花岗岩,片麻岩)	20
玄武岩道砟	26
	单位长度重量 g_k(kN/m)[2],[3]
有道砟垫床结构:	
UIC 60 双轨	1.2
预应力混凝土轨枕+铁轨紧固件	4.8
混凝土轨枕+金属卡环	—
木轨枕+轨道紧固件	1.9
无道砟垫床结构:	
UIC60 双轨+轨道紧固件	1.7
UIC60 双轨+轨道紧固件+桥梁主梁+防护栏	4.9
[2]不含道砟	
[3]假定间距为 600mm	

正如表 2.1 中密度的说明,表 2.2 中是桥梁所用材料密度的取值范围,如果具体项目细则中没有材料密度取值的规定,则应该取用表中的平均值。

表 2.3 给出了这些材料的离差值,用于确定代表值。

桥梁饰件的代表值确定 表 2.3

桥梁装饰	标准值偏差
铁路桥上的道砟厚度	±30%
防水面层或其他涂层	±20%(若包括后铺涂层) 40%~-20%(若不包括后铺涂层)
索、管道和辅助管道	±20%
护栏、路缘石,接头、紧固件,声屏障	0%(名义值)

2.1.3 土的重量

条款5.2.3:
EN 1991-1-1

EN 1991-1-1 强调,根据埋置结构上方的回填土的压实度、透水性或使用过程中特性变化情况,对代表值的取值进行上下浮动。事实上,在结构的设计使用年限内,尤其是市区的涵洞需要考虑多种设计状况,特别是回填土厚度的变化。

对那些单个项目,缺乏材料信息时,则建议土密度标准值取 2kN/m³ 来计算土重力。

2.2 雪荷载(EN 1991-1-3)

EN 1991-1-3 没有包括雪荷载的特殊情况,例如桥梁上的雪荷载。因此,

EN 1991-1-2 通常不适用于桥梁的持久设计状况。第 3 章规定了施工过程中雪荷载有重要影响的几种情况。然而,没有理由不计桥梁上雪荷载(的影响),尤其是廊桥(图 2.1)。

图 2.1　廊桥

对于一般气候地区的道路桥梁和铁路桥梁:

- 特别大的雪荷载和交通荷载不会同时出现(见第 8 章)。
- 桥面雪荷载代表值效应远小于交通荷载代表值效应。

对于人行桥,特别是在北欧国家,雪荷载可能是作用组合中的主导荷载。

廊桥屋顶的雪荷载代表值的确定方法与建筑的屋面雪荷载相同(见 TTL 出版的《EN 1991 设计指南:建筑上的作用》第 5 章)。雪荷载和交通荷载的组合可由各国自行决定,或者根据具体项目作出规定。第 8 章给出了这方面的指南。

地面均布雪荷载代表值是基本设计参数,该值依照 EN 1990 用 0.02 的年超越率(即重现周期为 50 年(***EN 1991-1-3 条款 1.6.1***))确定,用 s_k(kN/m^2)表示。对具体工程项目,该代表值从全国雪荷载分布图中查得。因特定地区的数据出现突变而不能用统计方法给出 s_k,气象数据给出了孤立的极端值。对这些地区,Eurocode给出了地面雪荷载的附加值 s_A,视其为偶然作用。如果在国家附件中没有定义,偶然地面雪荷载建议通过以下公式确定:

条款1.6.1:EN 1991-1-3

条款4.3:EN 1991-1-3

$$s_{Ad}=2s_k$$

此外,从附录 A 到 EN 1991-1-3 给出了每个国家的修正系数,用以修正海拔差异或重现期差异(非 50 年的重现期见第 3 章)。

屋顶上的雪荷载取决于几个参数:屋顶导热性能,表面粗糙度,相邻建筑物的距离,有无加热,风速,降雨和其他降水。通常没有垂直方向热流穿过廊桥屋顶(有些人行桥,如楼宇间的廊桥,可能有空调外包层)。

持久和短暂设计状况下,屋面雪荷载代表值由以下公式确定:

条款5.2:EN 1991-1-3

$$s=\mu_i C_e C_t s_k$$

式中:μ_i——形状系数,Eurocode 给出了大部分屋面的形状系数;

C_e——地貌系数;

C_t——导热系数,如无其他规定,取为 1.0。

表5.1:
EN 1991-1-3

如下表,系数 C_e 取值因地貌各异(数据来自 EN 1991-1-3 表 5.1)。

地　形	暴露系数
迎风地形[a]	0.8
正常地形[b]	1.0
遮挡地形[c]	1.2

注:[a]迎风地形:各方向开阔无遮挡的平坦区域,不存在或少有因地形、较高建筑物或树木形成的遮挡。

[b]正常地形:由于地形、其他建筑物或树木形成的遮挡,风对建筑物上积雪吹除作用不显著。

[c]遮挡地形:待建建筑物高度明显低于周围地形的区域,或被高大树木和/或较高建筑物围绕的区域。

图 2.2 给出了三种工况(单坡屋面,双坡屋面和圆顶屋面)下系数μ 的取值,也可用于廊桥的屋面。

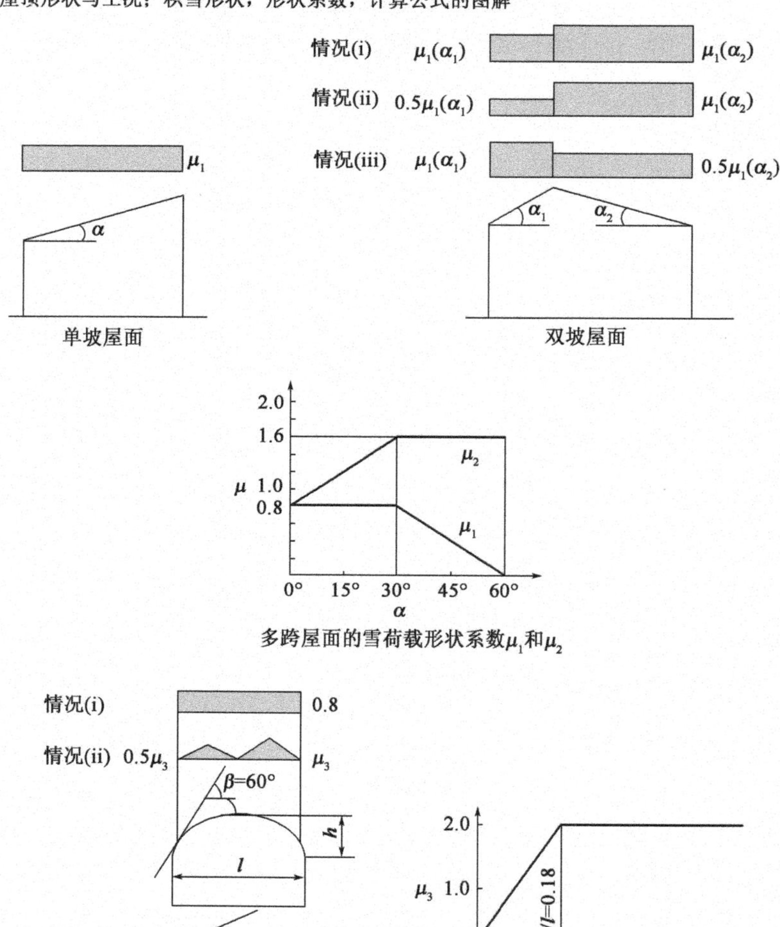

图 2.2　形状系数μ 的确定(数据来自 EN 1991-1-3 条款 5.3)

雪沿着屋檐堆积并挂在屋檐，雪荷载就按刀锋形状施加在屋檐上。屋顶边缘相应的设计荷载类似刀锋(图 2.3)。

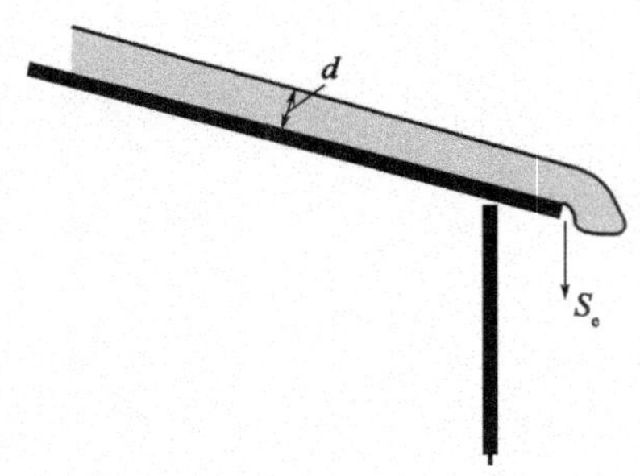

图 2.3　屋檐的雪荷载

代表值可通过如下公式计算： 条款6.3：EN 1991-1-3

$$s_e = \frac{ks^2}{\gamma}$$

其中 k 为系数，取值范围为 0 ~ 2.5，与气候和屋面材料有关。该公式也可以考虑雪层的不规则特性，k 值也可由以下公式确定：

$$k = \frac{3}{d} \leqslant d\gamma$$

其中 γ 为雪密度，无准确数据时，可取 3 kN/m^3。

2.3　桥梁上的风荷载(EN 1991-1-4)

2.3.1　概述

EN 1991-1-4 第8章给出了桥梁结构(主梁和桥墩)设计自然风荷载(火车引起的空气动力效应在 EN 1991-2 中给出，见本设计指南的第6章)的拟静力效应确定准则。这些准则适用于跨径不大于200m、桥面至地面高度小于200m，且不考虑空气动力作用(见 2.3.6)的桥梁。EN 1991-1-4 指出跨度小于 40m 的常规道路桥梁和铁路桥梁通常不用考虑动力响应。 条款1.1(2)：EN 1991-1-4

EN 1991-1-4 适用于一跨或多跨采用典型等截面主梁的桥梁(板桥、梁桥、箱梁桥、桁架桥等)。示例见图 2.4。 条款8.1：EN 1991-1-4

车辆过桥的空气动力效应不在 EN 1991-1-4 讨论范围内。列车过桥引起的空气动力效应在 EN 1991-2 条款 6.6(见本设计指南的第6 章)中阐述。 条款8.3.1(7)：EN 1991-1-4

非常规截面需另行规定。Eurocode 通常不适用于拱桥、悬索桥和斜拉桥、廊桥、开启桥以及多跨或(曲率大)的曲线桥，但通用规则(程序)和国家附件中的定义或具体项目的一些附加规则仍然适用。 条款8.1(1)：EN 1991-1-4

EN 1991-1-4 第8章的斜交桥规定可视为近似规定，其适用程度取决于斜交角度。

桥梁施工的设计见本设计指南的第 3 章。

梁高相同、断面相似的两片主梁(例如两片主梁分别承载同一条高速公路的

条款8.3.1(1)注3:
EN 1991-1-4

两条车道),横向间隔不超过1m,可视其为一体计算顺风向的风力。背风面主梁的风力可通过两主梁整体计算的风力与迎风侧主梁单独计算风力的差值得到。若主梁断面不同或者两者间距超过1m,则在计算每片主梁风力时,不考虑相互遮挡。

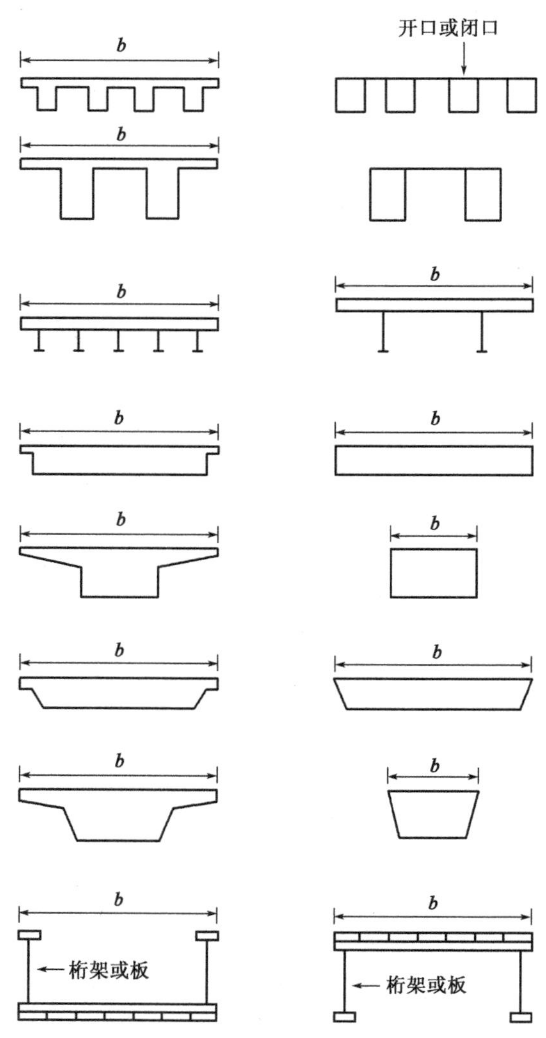

图2.4　主梁截面示例

2.3.2　符号

EN 1991-1-4 第*8* 章专门讨论风荷载,使用了Eurocode 中定义的符号;为了帮助理解,在此补充一些符号。

风荷载引起桥梁 x、y、z 方向的力如图2.5 所示,其中:

x 为横桥向,垂直于桥梁轴线;

y 为纵桥向;

z 为竖向。

桥面板的主要尺寸为:

L,长度,y 方向;

b,宽度,x 方向;

d,高度,x 方向。

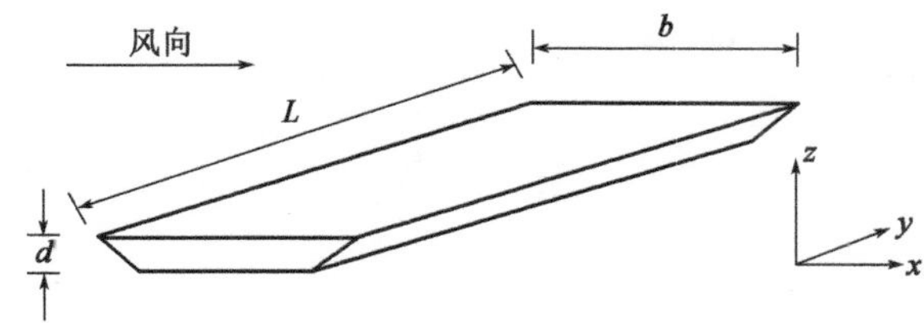

图2.5　风荷载的方向

2.3.3　主梁参照面积

设计风力等于风压乘以参照面积。就桥梁而言,风压作用于:主梁;桥墩;附属设施,如道路防护系统(护栏和防撞栏)、声屏障等;车(道路车辆或者列车)。桥墩上的风荷载在以下2.3.6中阐述。

***x*方向的参照面积**

在x方向上,根据桥面上是否有车辆出现,总有效参照面$A_{ref,x}$在作用组合时会有所不同。如果交通荷载是作用组合的主导荷载,则需要一个附加高度来确定风力。在本设计指南里,道路桥梁的附加高度记为d^*,铁路桥梁的为d^{**}。　**条款8.3.1(4):EN 1991-1-4**

桥上无交通荷载时,$A_{ref,x}$的确定方法如下:

*(a)对于板梁断面,参考面积是对以下各部分求和(见**EN 1991-1-4图8.5和表8.1**):*　**图8.5和表8.1:EN 1991-1-4**

(1)迎风侧主梁迎风面积;

(2)除迎风侧主梁外,其他主梁在迎风侧第二个主梁上的投影面积(俯视);

(3)迎风侧主梁上的一侧路缘石、人行道或有砟轨道的投影面积;

(4)当在(3)中描述的情况上侧有实体防撞护栏或声屏障时对应的投影面积;或没有这些附属设施,仅有栏杆或钢防撞护栏,则取栏杆或钢防撞护栏的投影高度为0.3m。

(b)对于桁架主梁,参考面积是对以下各部分求和:

(1)迎风侧主梁上的一侧路缘石、人行道或有砟轨道的面积;

(2)所有主桁架梁的实体部分在1)中所指面积的上面或下面的正立面投影;

(3)如果在(1)中描述的区域上方有实体防撞护栏或声屏障,取实体防撞护栏或声屏障的面积;若无实体防撞护栏或声屏障时,则栏杆或防撞护栏的投影高度取为0.3m。

但是,桁架主梁的总参考面积不应大于考虑了所有突出部分的同等高度板梁的参考面积。

(c)对于施工期间的多片主梁,在安装行车道板之前,参考面积取两片主梁的面积。

需要考虑交通荷载时桥面附加高度见图2.6。

- d^* =2m,从桥面高程算起,与交通荷载的作用位置无关。　**条款8.3.1(5):EN 1991-1-4**
- d^{**} =4m,从钢轨顶部算起,桥梁全长范围。

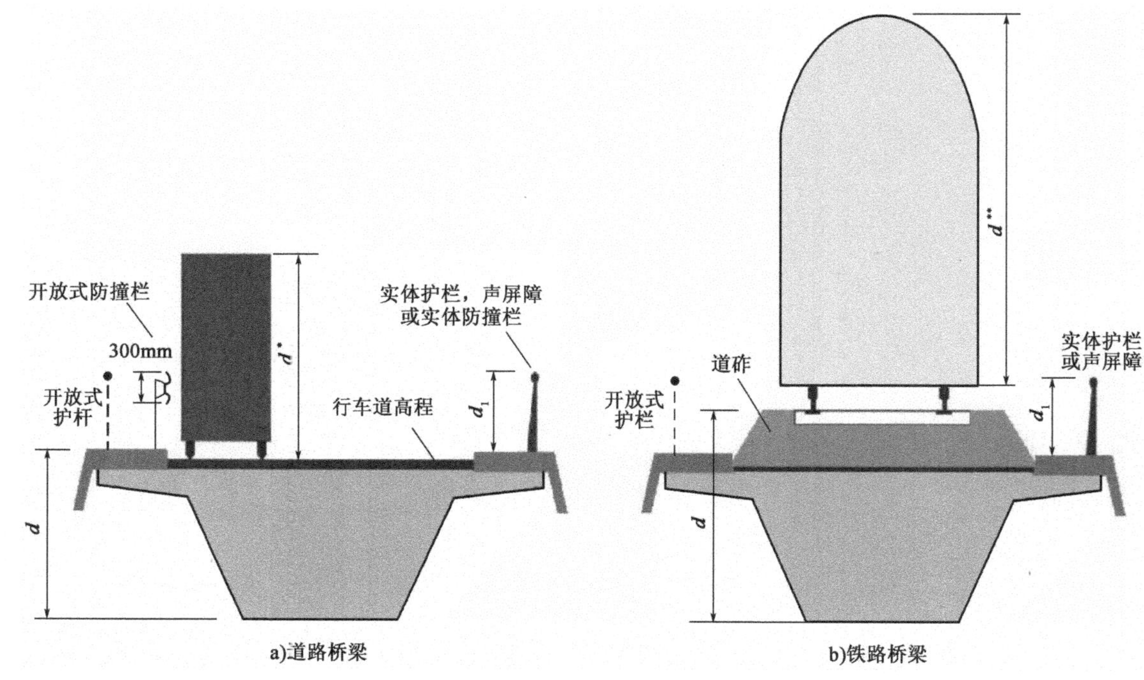

图 2.6 确定风力的参数和尺寸

表 2.4 给出的附加高度 d'或 d_1来计算有护栏或屏障时的附加面积。其中 d_1是实体护栏或实体防撞栏的名义高度。

表8.1(5):
EN 1991-1-4

$A_{ref,x,1}$所用的附加高度 表 2.4

道路防护系统	仅一边有	两边都有
开放式护栏或开放式防撞栏	$d'=300$mm	$2d'=600$mm
实体护栏或实体防撞栏	d_1	$2d_1$
开放式护栏或开放式防撞栏	$d'=600$mm	$2d'=1200$mm

图 2.6 还说明了裸梁(仅有腹板)的风力计算时所考虑高度或其他参数。

条款8.3.3(2):
EN 1991-1-4

z 方向的参考面积

参考面积 $A_{ref,z}=L\times b$ 等于设计面积。

2.3.4 桥面系的高度

条款8.3.1(1):
EN 1991-1-4

桥面系的高度是计算风荷载的参数。参考高度 z_e是地面最低点至桥面系结构中心线的距离,忽略其他构件参考面积计算的影响,如图 2.7 所示。

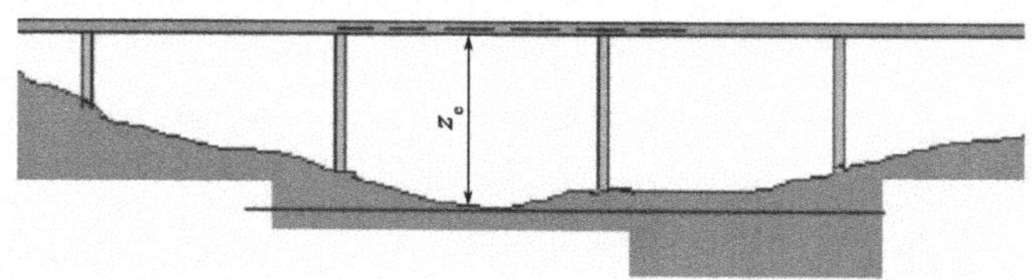

图 2.7 地面以上桥面系的参考高度

2.3.5 桥面系拟静力风荷载的计算步骤

Eurocode 中规定了两种计算拟静力风荷载的方法:“扩展”方法和“简化”方法。下文给出的扩展方法,其实就是一系列步骤,但无各种系数的确定细节。简化方法在以下“x 方向风力计算的简化方法”中进行说明。

步骤1:基本风速的基准值

桥上没有车辆,基本风速的基准值 $\boldsymbol{v}_{\mathrm{b},0}$ 为所有土木工程结构的基本参数。对具体工程,它可从国家风速分布图或风速表查得。 *条款4.2:EN 1991-1-4*

步骤2:基本风速

为确定风力标准值,基本风速可由以下公式计算: *条款4.2(2)P:EN 1991-1-4*

$$v_{\mathrm{b}} = c_{\mathrm{dir}} c_{\mathrm{season}} v_{\mathrm{b},0}$$

式中,c_{dir}为风向系数;c_{season}为季节系数。

一般地,总系数 $c_{\mathrm{dir}} c_{\mathrm{season}}$取为 1,因此 $v_{\mathrm{b}} = v_{\mathrm{b},0}$。施工阶段基本风速见本设计指南的第 3 章。

步骤3:由高度决定的平均风速的确定 *条款4.3.1:EN 1991-1-4*

与定义一致,地面高度 z 处的平均风速通过以下公式确定:

$$v_{\mathrm{m}}(z) = c_{\mathrm{r}}(z) c_0(z) v_{\mathrm{b}}$$

式中:$c_{\mathrm{r}}(z)$——粗糙度系数; *条款4.3.3:EN 1991-1-4*

$c_0(z)$——地形系数(考虑是否有丘陵,陡岸等),一般可取为 1。

因此,$v_{\mathrm{m}}(z) = c_{\mathrm{r}}(z) v_{\mathrm{b}}$。

步骤4:高度 z 处的平均风压 *条款4.3.2(2):EN 1991-1-4*

$$q_{\mathrm{b}}(z) = \frac{1}{2}\rho v_{\mathrm{m}}^2(z)$$

式中,ρ 为空气密度,取 1.25kg/m^3。

步骤5:峰值风压

$$q_{\mathrm{p}}(z) = c_{\mathrm{e}}(z) q_{\mathrm{b}}(z) \qquad \text{EN 1991-1-4,4.5}$$

式中,$c_{\mathrm{e}}(z)$为地貌系数。该系数的建议表达式为: *条款4.4和条款4.5(2):EN 1991-1-4*

$$c_{\mathrm{e}}(z) = 1 + 7I_{\mathrm{v}}(z)$$

式中,$I_{\mathrm{v}}(z)$为高度 z 处的湍流强度,等于:

当 $z_{\min} \leqslant z \leqslant z_{\max}$时 $$I_{\mathrm{v}}(z) = \frac{k_{\mathrm{I}}}{c_0(z)\ln(z/z_0)}$$

当 $z \leqslant z_{\min}$时 $$I_{\mathrm{v}}(z) = \frac{k_{\mathrm{I}}}{c_0(z_{\min})\ln(z_{\min}/z_0)}$$

式中:k_{I}——湍流系数,一般取 1.00;

z_0——粗糙长度,与地形有关。

峰值风压的计算方法同样适用于有车辆通过的道路桥梁和铁路桥梁。

步骤6: x 方向上桥面系上风力的确定

基本表达式

桥面系上 x 方向上的风力基本表达式 $F_{\mathrm{Wk},x}$为(桥面上无交通情况时的代表值):

$$F_{\mathrm{Wk},x} = c_{\mathrm{s}} c_{\mathrm{d}} \times c_{\mathrm{f}} \times q_{\mathrm{p}}(z_{\mathrm{e}}) \times A_{\mathrm{ref},x}$$

式中,$c_{\mathrm{s}} c_{\mathrm{d}}$为结构系数,可以理解为两个系数的乘积:一个是尺寸系数 c_{s}(折减效应,考虑峰值风压不会在整个表面上同时发生),另一个是动力放大系数 c_d(脉动风引起结构共振的放大效应)。在拟静力方法中,桥梁的 c_sc_d 可取为 1.0(两个系数相互抵消)。

条款8.3.1(1):
EN 1991-1-4

c_f 是力系数,$c_{f,x}$ 记为 x 方向的风力的力系数。

阻力系数 $c_{f,x}$ 的确定

一般地,桥梁阻力系数(x 方向的风荷载)可由以下公式得到:

$$c_{f,x} = c_{f,x0}$$

式中,c_{f,x_0} 为无限长自由流的力系数。实际上,气流只会绕主梁两边(顶面与底面)流动,这也解释了为何通常是无限长自由流。

条款8.3.1(1)注2:
EN 1991-1-4

对于适用 Eurocode 的桥梁,建议取 $c_{f,x_0}=1.30$;当然,它也可以从图 2.8 中得出。值得注意的是,由于迎风向的地形坡度,作用在桥面系上会产生风攻角。力系数合理取值为 1.30,或按图 2.8 取值,但该图对应的攻角应在 -10° ~ +10°范围内。当攻角超过 10°时,建议进行专门研究确定力系数。

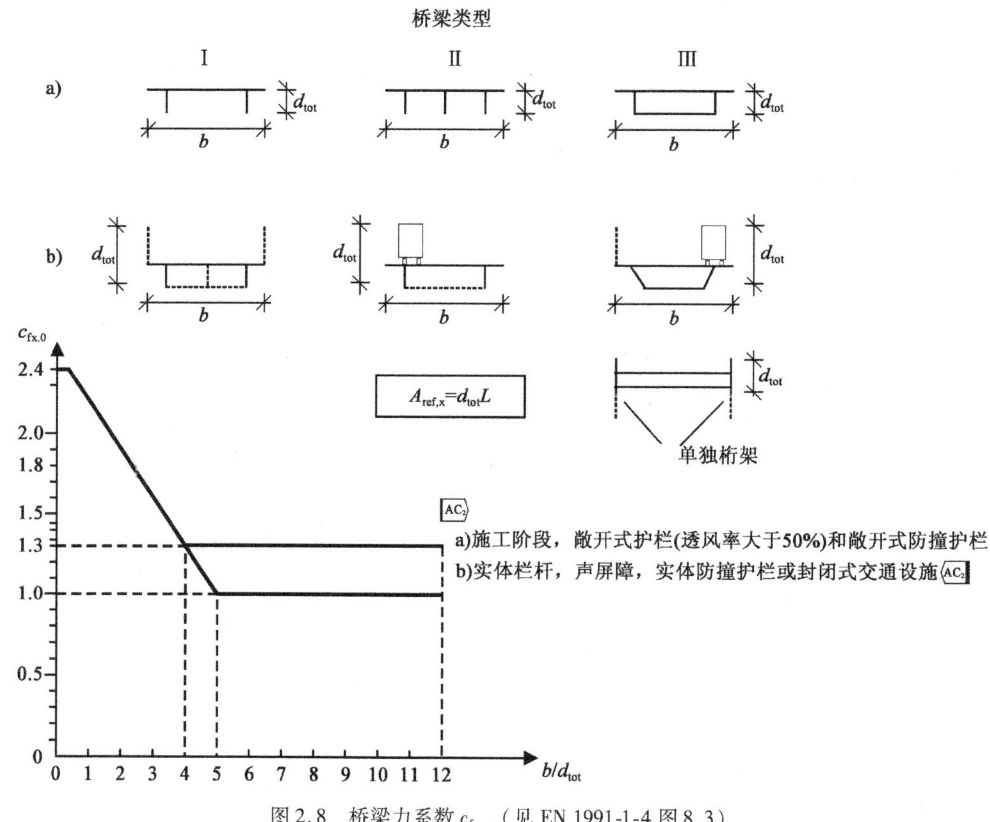

图 2.8　桥梁力系数 c_{f,x_0}(见 EN 1991-1-4 图 8.3)

条款8.3.1(2):
EN 1991-1-4

(结构)迎风面不是竖直的(图 2.9),倾斜角 α_1 每增加一度,力系数减少 0.5%。从竖直方向算起,最多减小 30%。

条款8.3.1(3):
EN 1991-1-4

桥面是横向倾斜的,倾斜角每增加 1°,取值增大 3%,但不超过 25%。

重要提示

EN 1991-1-4 定义了两种基本风速 $v_{b,0}^*$ 和 $v_{b,0}^{**}$ 来考虑桥上的交通荷载:道路桥梁采用 $v_{b,0}^*$(23m/s),铁路桥梁采用 $v_{b,0}^{**}$(25m/s)。当交通荷载是作用组合(见第 8

章)的主导作用时,风荷载可作为伴随作用。一般用符号 $\psi_0 F_{Wk}$ 表示,其中 F_{Wk} 为按主梁高度计算的代表值,包括相关的附加高度 d^* 和 d^{**},ψ_0 为组合系数。

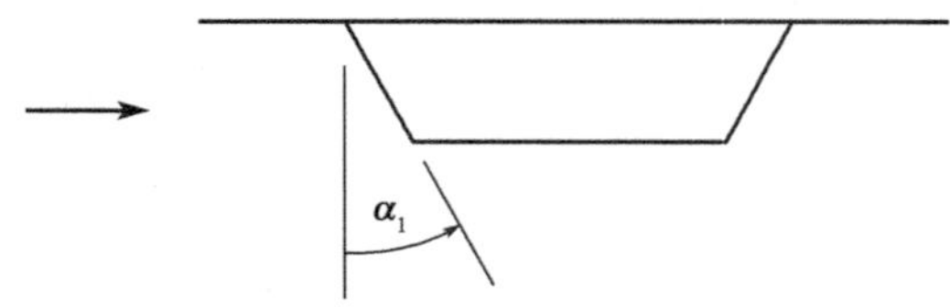

图 2.9　主梁迎风侧为斜面

EN 1991-1-4 建议 $\psi_0 F_{Wk}$ 的计算值特指 F_W^* 和 F_W^{**} 的计算值,而这两个值利用基本风速 $v_{b,0}^*$ 和 $v_{b,0}^{**}$ 计算得到。事实上,这些风速值应视为基本值,与 $v_{b,0}$ 意义相同。在欧洲建筑产品统一标准阶段,起初的目的是定义一个能兼容实际交通的最大均匀风速;因为风荷载随时间变化,且在 EN 1991-1-4 中也希望得到峰值,计算这种均匀风速失去了意义。

因此,本设计指南建议忽略 $F_W{}^*$ 和 $F_W{}^{**}$ 的概念,采取以下方法:

如果风荷载是作用组合中的唯一可变荷载(见本设计指南的第 8 章),则其大小(代表值)通过 2.3.3 中定义的桥面系高度来计算。若作用组合中的主导荷载是交通荷载,风荷载作为伴随荷载,则可通过包括附加高度 d^* 或者 d^{**} 的参考面积来计算,附加高度计算的相关规则如前所述。图 2.10 是道路桥梁的计算方法示意图。

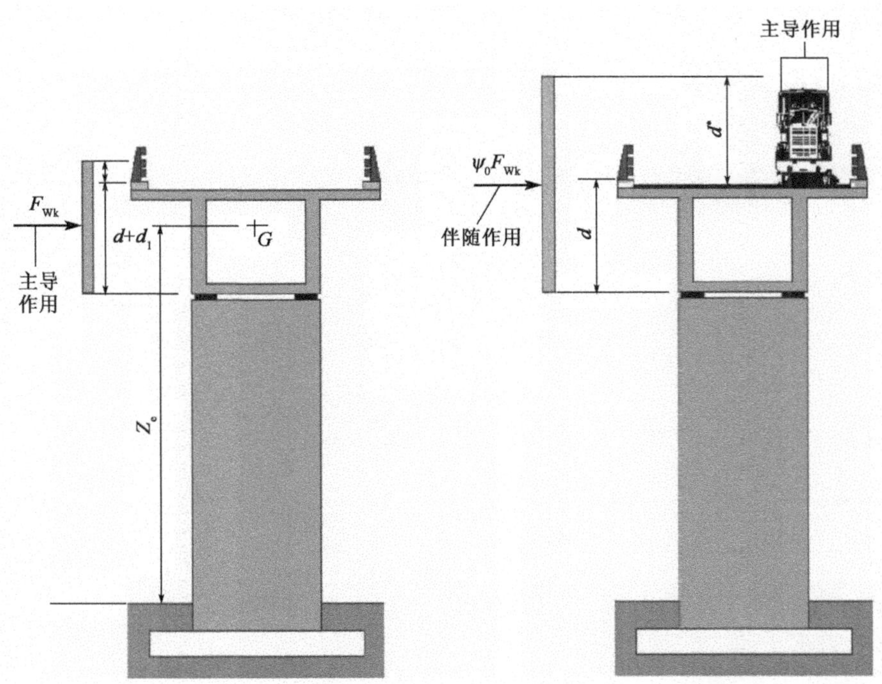

图 2.10　道路桥梁风荷载(主导作用或伴随作用)的确定

***x* 方向上风力简化计算方法**

x 方向上的风力代表值通过下式计算:

$$F_{Wx} = \frac{1}{2}\rho v_b^2 C A_{ref,x}$$

条款 *8.3.2*:
EN 1991-1-4

表2.5 中给出的 C 为总体风荷载系数($C = c_e \times c_{f,x}$),其值基于以下假定:

- 根据 EN 1991-1-4 表4.1 确定地形分类Ⅱ;

条款8.3.1(1):EN 1991-1-4

- 根据 *条款8.3.1(1)* 确定力系数 $c_{f,x}$;
- 地形系数 $c_o = 1.0$;
- 湍流因子 $k_I = 1.0$。

桥梁的风荷载系数 *C*(数据来自 EN 1994-1-4 表8.2)　　表2.5

b/d_{tot}	$z_e \leqslant 20m$	$z_e = 50m$
≤0.5	6.7	8.3
≥4.0	3.6	4.5

表2.5 的建立过程如下:

$$c_e(z) = [1 + 7I_V(z)]c_r^2(z)$$

$$c_r(z) = k_r \ln\left(\frac{z}{z_0}\right)$$

$$k_r = 0.19\left(\frac{z_0}{z_{0,\mathrm{II}}}\right)^{0.07} = 0.19 z_0 = z_{0,\mathrm{II}} = 0.05\mathrm{m}$$

$$I_v(z) = \frac{1}{\ln(z/z_0)}$$

因此

$$c_e(z) = \left[1 + \frac{7}{\ln(z/z_0)}\right](0.19)^2 \ln^2(z/z_0) = 0.0361\ln^2(z/z_0) + 0.2527\ln(z/z_0)$$

若 $z_e \leqslant 20m$,取 $z_e = 20m$ 时的值

$$c_e(z) = 0.0361\ \ln^2(400) + 0.2527\ \ln(400) = 2.809$$

- 对于 $b/d_{tot} \leqslant 0.5$,$c_{f,x} = 2.4 \Rightarrow C = 2.809 \times 2.4 = 6.74$
- 对于 $b/d_{tot} \geqslant 4.0$,$c_{f,x} = 1.3 \Rightarrow C = 2.809 \times 1.3 = 3.65$

对于 $z_e = 50$ m

$$c_e(z) = 0.0361\ \ln^2(1000) + 0.2527\ \ln(1000) = 3.468$$

- 对于 $b/d_{tot} \leqslant 0.5$,$c_{f,x} = 2.4 \Rightarrow C = 3.468 \times 2.4 = 8.32$
- 对于 $b/d_{tot} \geqslant 4.0$,$c_{f,x} = 1.3 \Rightarrow C = 3.468 \times 1.3 = 4.50$

该总风力作用于整个参考面上。

b/d_{tot}的中间值可采用线性插值。

该简化方法不适用于不是竖直的迎风面风荷载折减问题。

y、z 方向上风力的确定

条款8.3.3 和条款8.3.4:EN 1991-1-4

一般不需要考虑纵桥向(y 方向上)风力。当然,如果需要考虑,Eurocode 给出了以下简化规则:

- 板梁,为 x 方向上风力的 25%;
- 桁架梁,为 x 方向上风力的 50%。

z 方向上风力(升力)的计算与 EN 1991-1-4 中规定的 x 方向风力的计算方法

相同。相关表达式为：

$$F_{Wk,z}=c_{f,z}\times q_p(z_e)\times A_{ref,z}$$

特定项目的力系数 $c_{f,z}$ 可从图 2.11 中查得。在使用图 2.11 时：

- 主梁高度 d 为桥面系的高度，不考虑桥上车辆及桥梁附属部件的高度。
- 考虑脉动风影响，来流攻角 α 可取为 ±5°。

作为简化，$c_{f,z}$ 可取为 0.9。x 方向上风力的偏心距可设为 $e=b/4$。

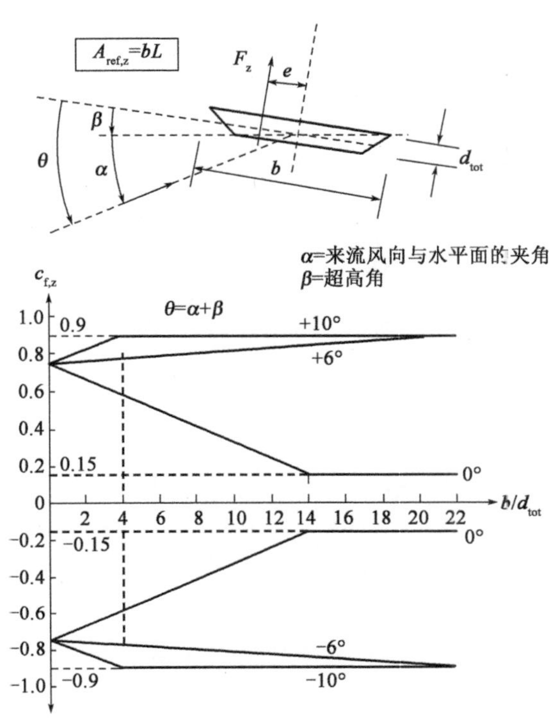

图 2.11　有横坡、风偏角时梁的力系数 $c_{f,z}$

2.3.6　桥墩的风效应

可通过 *EN 1991-1-4 第8 章*中定义的通用公式计算作用在桥墩和桥塔上的风荷载，应尽可能取与之相似的形状和尺寸构件，当有些因素或系数无可参考时，借助试验确定这些参数。对基础的设计而言，桥墩风荷载计算就很重要。

墩柱或者塔柱的形状和尺寸变化的，需要针对具体项目专门规定这些因子和系数，或直接通过风洞试验来确定。一般情况下：

- 高度不超过 15m 的中等细长桥墩，在持久设计状况下 c_sc_d 因子的值取为 1，短暂设计状况取为 1.2。其他情况，依照 *EN 1991-1-4 第6 章*计算是可接受的。
- 外力系数的值见 *EN 1991-1-4 条款7.2.2、7.4、7.6、7.7、7.8 和7.9*。可使用 EN 1991-1-4 规定作为高墩和桥塔风力效应计算的首要方法。下文中，计算流程的主要步骤与 EN 1991-1-4 一致。

风力通用计算式见 ***EN 1991-1-4* 式(5.3)**：

$$F_W=c_sc_d\times c_f\times q_p(z_e)\times A_{ref}$$

式(5.3)：*EN 1991-1-4*

条款5.3.2：
EN 1991-1-4

可通过各结构构件的向量求和来确定结构上的风力,其表达式如下:

$$F_{\mathrm{W}} = c_{\mathrm{s}} c_{\mathrm{d}} \times \sum_{\text{elements}} e_{\mathrm{f}} \times q_{\mathrm{p}}(z_{\mathrm{e}}) \times A_{\mathrm{ref}}$$

EN 1991-1-4 条款7.2.2 给出了针对建筑的方法,但也可应用于高度大于 15m 的桥墩。图 2.12 以平面是矩形的竖墙或建筑为例,说明了如何使用该规则。

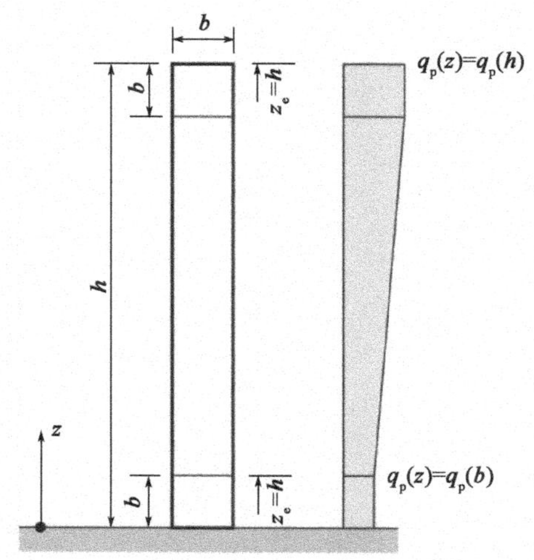

图 2.12　根据 h 和 b 决定的参照高度以及相应的风压剖面

2.3.7　风荷载的具体组合原则

桥梁各构件(如桥墩)风力按同时同方向的最不利状况考虑,特别是地基设计时。x 方向和 y 方向的力通常是不同时间不同方向的风引起的。z 方向的风力沿桥梁全宽出现,如果风力较大且按最不利情况考虑,则也按与其他方向上的力同时发生考虑。

条款8.4.1(1)：
EN 1991-1-4

计算作用在主梁及桥墩上的风荷载时,需要先确定整个结构上风的最不利方向。然而,如果桥梁斜交角度较小,可分别计算主梁和桥墩的风荷载,然后再叠加起来。

2.4　温度作用(EN 1991-1-5)

Eurocode 1 第 1-5 部分(EN 1991-1-5)定义了温度作用,计算桥梁上的作用时应该考虑温度作用。计算温度作用时需要材料的热膨胀系数,例如,传统钢和混凝土的 $\alpha_{\mathrm{T}} = 12 \times 10^{-6}/°\mathrm{K}$。EN 1991-1-5 中还给出了其他材料的热膨胀系数。

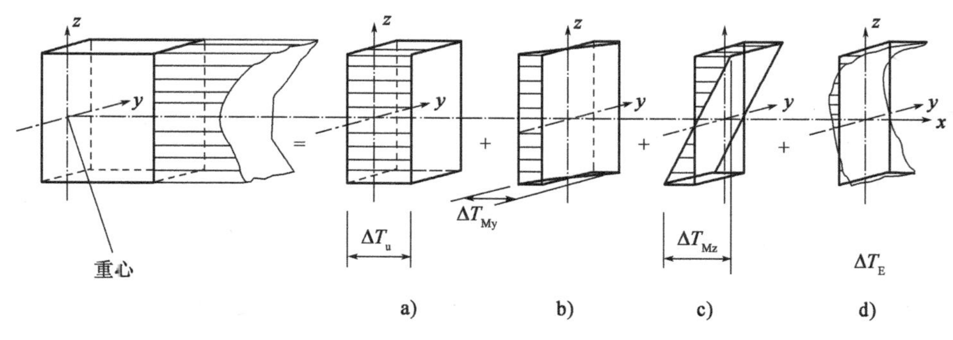

图 2.13　温度剖面的组成

2.4.1　主梁温度作用

条款6.1.1：EN 1991-1-5

EN 1991-1-5 区分了三种类型的桥面。

1 类桥面	钢桥面	钢箱梁 钢桁梁或钢板梁
2 类桥面	组合桥面	
3 类桥面	混凝土桥面	混凝土板 混凝土梁 混凝土箱梁

主梁的温度效应是以下四种分布形式温度效应总和，图 2.13a) 均匀分布的分量，b) 和 c) 面内随两坐标轴线性变化分量，d) 残余分量。

第4章：EN 1991-1-5

均布分量

在全国温度图中给出了均布分量的 50 年重现期极值代表值。附录 A 中给出了耿贝尔（极值 I 型）公式，用于估计其他重现期的极值。为了方便读者，图 2.14 说明如何使用这些公式，以超越概率 p 的最大（最小）值和 50 年重现期（最大超越概率 =0.02）的最大（最小）值之比来表示。

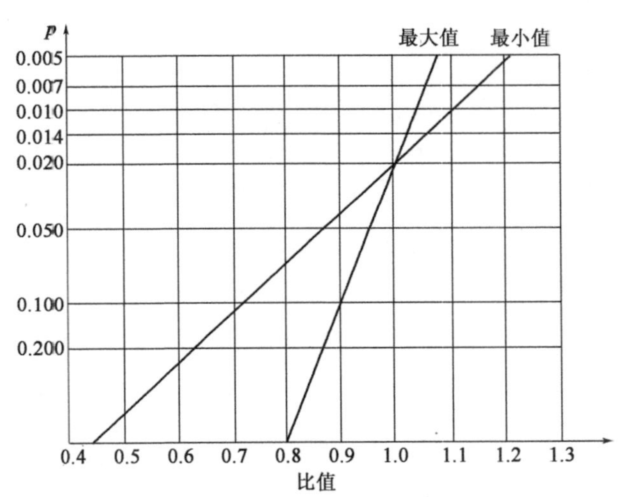

图 2.14　$T_{max,p}/T_{max}$ 与 $T_{min,p}/T_{min}$ 之比

图A.1：EN 1991-1-5

桥梁有效温度的最大和最小标准值，记为 $T_{e,max}$ 和 $T_{e,min}$，其可通过国家附件中给出的最高气温和最低气温（记为 T_{max} 和 T_{min}）来确定。图 2.15 显示了桥梁有效温度和气温的相关性。例如，气温代表值为 30℃，则桥梁有效均布温度代表值，3 类桥面为 31℃，2 类桥面为 34℃，1 类桥面为 45℃。

图6.1：EN 1991-1-5

伸缩缝和支座的设计，温度变化的特征范围（$T_{e,min}/T_{e,max}$）为平均（或概率）有效值 T_0 附近。没有特别规定的具体项目，可用以下温度值的极值范围来设计伸缩缝和支座（最大变形量）（图 2.16）。

$$T_{e,max} - T_{e,min} + 2S$$

EN 1991-1-5 给出了 S 的建议值。如果在伸缩缝或支座安装时，温度 T_0 可预知，S 则可取为 10℃。若温度 T_0 未知，S 则可取为 20℃。国家附件中的这些值可能有所调整，从而使得伸缩缝的预留量与支座位移略有不同。

条款6.1.3(3)：EN 1991-1-5

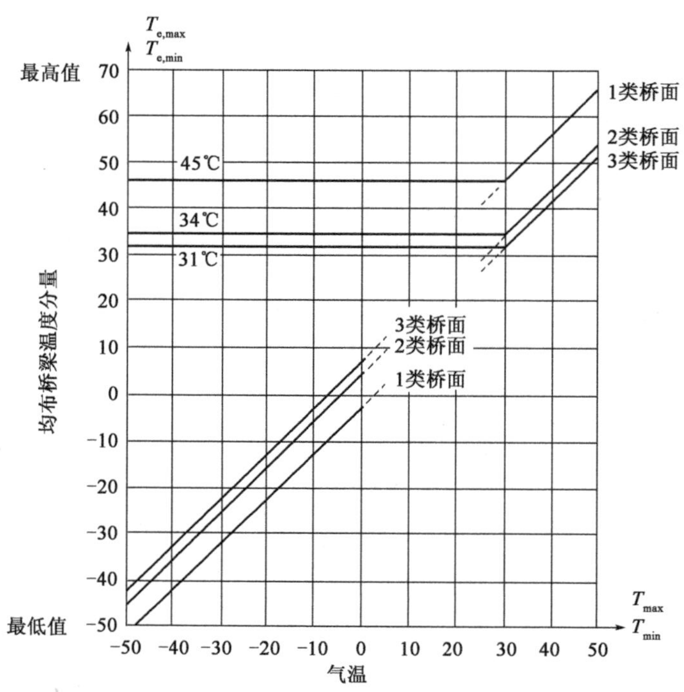

图 2.15　最低气温/最高气温（T_{min}/T_{max}）与均布桥梁温度分量（$T_{e,min}/T_{e,max}$）的相关性

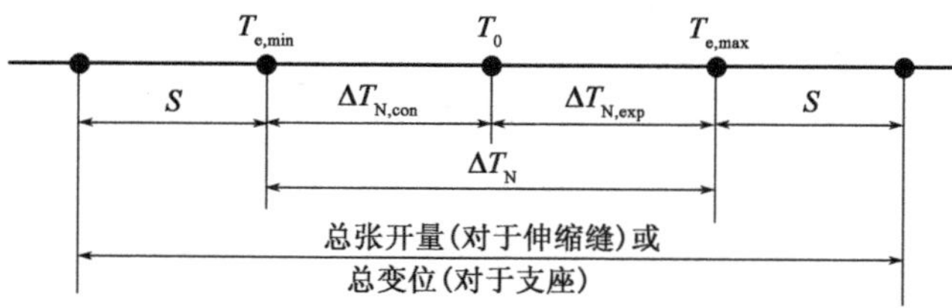

图 2.16　伸缩缝和支座设计的温度变化值

其他分量

大多数情况下,主梁设计只考虑均布分量和竖向线性变化分量。然而,某些情况可能需要考虑水平线性变化分量。若没有明确的要求,建议主梁外缘间的线性温差代表值取为 5℃。

条款6.1.4.3:
EN 1991-1-5

对竖向线性变化的温度,EN 1991-1-5 定义了主梁上部和下部间的正负温度差。假定温度线性变化。这些线性温度差的代表值见表 2.6。建议值适用于道路桥、人行桥和铁路桥。

道路桥、人行桥和铁路桥不同主梁的线性温度差分量建议值　　表 2.6

(数据来自 EN 1991-1-5 表 6.1;其余部分见 EN 1991-1-5)

主 梁 类 型	上部温度高于下部 $\Delta T_{M,heat}$ (℃)	下部温度高于上部 $\Delta T_{M,cool}$ (℃)
1 类桥面: 钢主梁	18	
2 类桥面: 组合梁	15	
3 类桥面: 混凝土主梁		
—混凝土箱梁	10	
—混凝土梁	15	
—混凝土板	15	

表 2.6 中给出几类典型断面形状主梁的线性变化温差的上限值。这些值基于道路桥梁和铁路桥梁 50mm 厚的铺装层，对其他厚度的铺装层，可用修正系数 k_{sur}。表 2.7 中给出了系数 k_{sur} 的建议值。

不同铺装层厚度修正系数 k_{sur} 建议值　　表 2.7

（数据来自 EN 1991-1-5 表 6.2，其余值见 EN 1991-1-5）

道路桥、人行桥和铁路桥						
铺装层厚度	1 类桥面		2 类桥面		3 类桥面	
	顶部比底部温度高	底部比顶部温度高	顶部比底部温度高	底部比顶部温度高	顶部比底部温度高	底部比顶部温度高
[mm]	k_{sur}	k_{sur}	k_{sur}	k_{sur}	k_{sur}	k_{sur}
无铺装层	0.7	0.9	0.9	1.0	0.8	1.1
防水[1]	1.6	0.6	1.1	0.9	1.5	1.0
50	1.0	1.0	1.0	1.0	1.0	1.0
100	0.7	1.2	1.0	1.0	0.7	1.0
150	0.7	1.2	1.0	1.0	0.5	1.0
道砟(750mm)	0.6	1.4	0.8	1.2	0.6	1.0

注：(1) 这些值代表深色部分的上限值。

更精细的方法则考虑主梁顶底板间温度的非线性梯度。三种类型断面的竖向非均匀温度分布见图 2.17、图 2.18 和图 2.19。

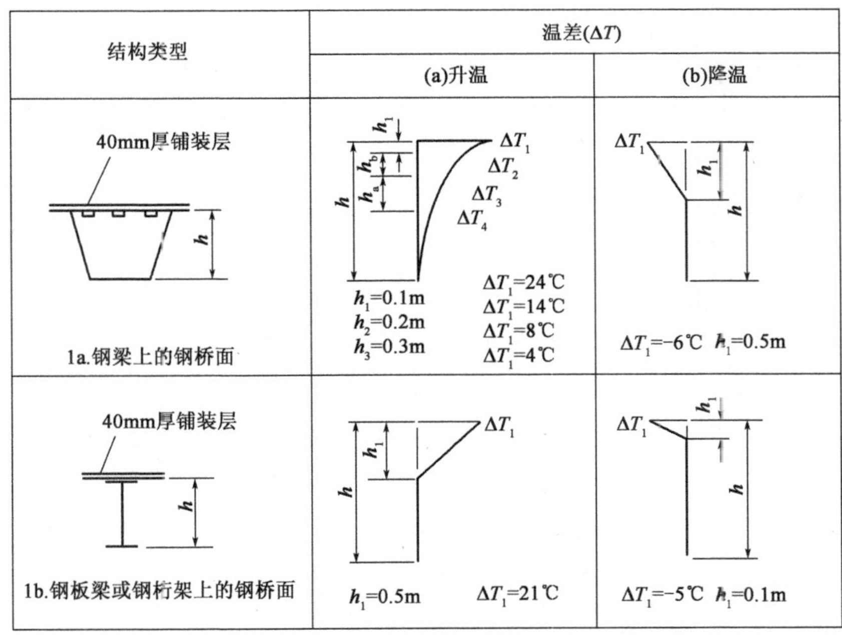

图 2.17　桥面的温差——1 类桥面：钢桥面（经 BSI 许可，转载自 EN 1991-1-5）

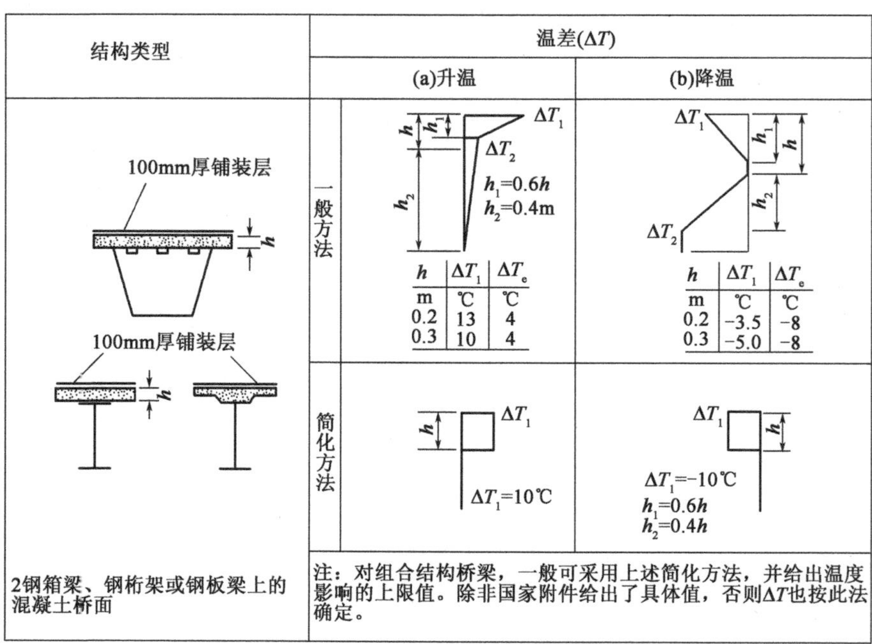

图 2.18 桥面的温差——2 类桥面:组合桥面(经 BSI 许可,转载自 EN 1991-1-5)

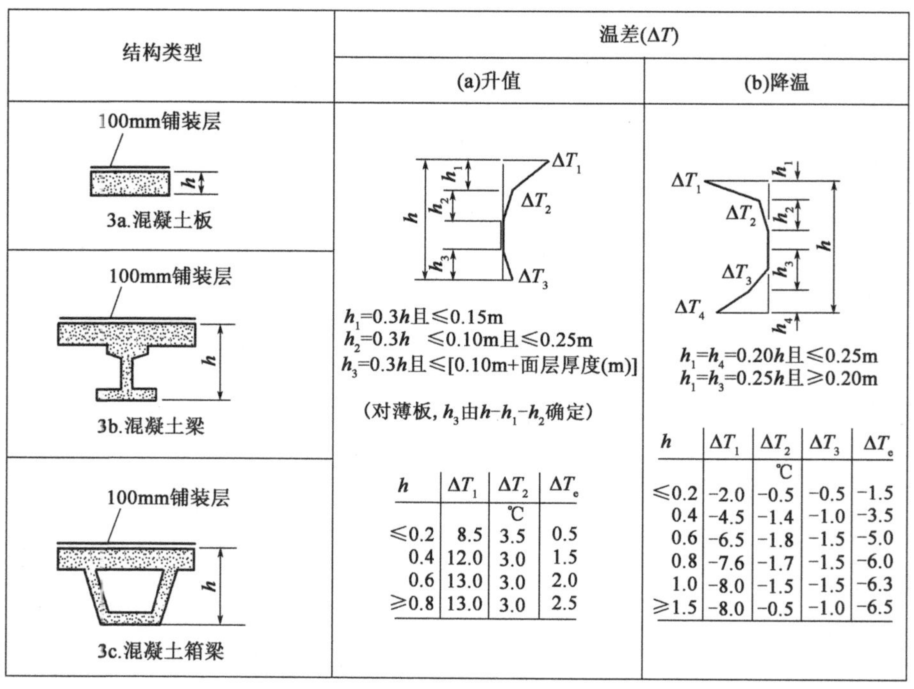

图 2.19 桥面的温差——3 类桥面:混凝土桥面(见 EN 1991-1-5 图 6.2c)

图 2.18 中给出了钢-混凝土组合梁的温度剖面,应是最合适的温度剖面。

2.4.2 补充规定

EN 1991-1-5 给出了同时考虑均布分量和温差分量以及考虑不同构件均布温度分量的差异的规定。

均布温度分量和温差分量同时存在

均布温度分量会引起框架桥(如门式桥)或拱桥等超静定结构产生作用效应。

理论上，两种分量（均布温度和线性温差）都存在，需要同时考虑。当然，两者无须均采用其代表值。因此，EN 1991-1-5 建议了两个表达式，可称其为“子组合”：

$$\Delta T_{\mathrm{M,heart}}（或\ \Delta T_{\mathrm{M,cool}}）+\omega_{\mathrm{N}}\Delta T_{\mathrm{N,exp}}（或\ \Delta T_{\mathrm{N,com}}）$$

条款6.1.5：EN 1991-1-5

或

$$\omega_{\mathrm{M}}\Delta T_{\mathrm{M,heart}}（或\ \Delta T_{\mathrm{M,cool}}）+\Delta T_{\mathrm{N,exp}}（或\ \Delta T_{\mathrm{N,con}}）$$

该“子组合”选用最不利效应。ω_{N}和ω_{M}建议值为：

$$\omega_{\mathrm{N}}=0.35\ 和\ \omega_{\mathrm{M}}=0.75$$

上式则变为：

$$\Delta T_{\mathrm{M,heart}}（或\ \Delta T_{\mathrm{M,cool}}）+0.35\Delta T_{\mathrm{N,exp}}（或\ \Delta T_{\mathrm{N,con}}）$$

或

$$0.75\Delta T_{\mathrm{M,heart}}（或\ \Delta T_{\mathrm{M,cool}}）+\Delta T_{\mathrm{N,exp}}（或\ \Delta T_{\mathrm{N,con}}）$$

在计算时，若同时使用线性和非线性竖向温差，则用已经含有ΔT_{M}和ΔT_{E}的ΔT替换ΔT_{M}。

条款6.1.4.2：EN 1991-1-5

不同结构构件间的均布温度分量的差异

在某些情况下，不同类型构件的均布温度分量的差异可能会导致最不利作用效应。例如，缆索承重桥主梁和缆索间温度会不同。

具体项目如果没有特别规定，EN 1991-1-5 建议温差取如下值：

条款6.1.6：EN 1991-1-5

- 主要结构构件间取 15℃（如系杆拱），缆索是浅色构件，取 10℃；
- 深色桥面系（或塔）取 20℃。

2.4.3　桥墩上的温度作用

条款6.2：EN 1991-1-5

EN 1991-1-5 规定，在桥墩正反面之间要考虑温度的线性梯度。如果具体项目没有明确规定，空心或实心的混凝土桥墩线性温度梯度代表值取 5℃。

此外，需要考虑桥墩壁内部外部两面（针对空心桥墩）的温差，如无特别规定，建议标准值取为 15℃。钢桥墩则应听取专家的建议。

第 2 章附录 A　气动激励和气动弹性非稳定性

A2.1　概述——气动激励机理

条款8.2(1)注3：EN 1991-1-1

柔性桥梁设计时，需从拟静力和动力响应分析方法之间选择最适合的方法。大多数情况下，跨径小于 40m 的常规公路和铁路桥主梁不需要进行风的动力分析。本附录中简述一些易受气动激励影响的柔性桥。事实上，一座柔性桥的设计是否需要分析动力响应要靠工程师的判断。EN 1991-1-4 附录 E 和 F 给出了详细指南，以判别什么情况下动力响应分析方法的选择是合适的。

A2.1.1　限幅响应

这种情况包括主梁的涡激振动和阵风引起的抖振响应。脉动的气动力和力矩由以下引起：

- 脉动风速(顺风向的紊流);
- 风攻角(竖向脉动风与水平面夹角)。

脉动力和力矩频率范围较广,如果某一带宽内有足够能量,且与结构某一阶或者某几阶频率相同,结构可能发生振动。

类似的效应,如尾流抖振也可能导致较大的紊流响应。

限幅振动会导致强度破坏或疲劳破坏。

A2.1.2 发散振动

发散振动会引起振幅迅速增大而导致结构破坏。导致这类振动的气动机理包括:

- 驰振和失速颤振。某些特定形状断面的主梁会出现非稳定性驰振,主要由于断面的阻力、升力和升力矩随着攻角或时间变化。
- 古典颤振。这包括竖向弯曲和扭转耦合振动(即相互作用)。

A2.1.3 静力发散

静力发散是气动扭转非稳定性的一种形式,当气动扭转刚度为负时可能发生静力发散。临界风速时气动刚度为负,在数值上等于结构的扭转刚度,从而导致系统总刚度为零,结构可能发生破坏,因此需要避免。

A2.2 桥梁动力特性

重要提示:A2.2 仅限对 EN 1991-1-4 附录 F 中桥梁的相关条款给出指南。本节对 EN 1991-1-4 附录 E 以及一些重要参数的确定给出了基本信息。因此,本节置于旋涡脱落和气动弹性非稳定性的章节之前。

F.1:EN 1991-1-4

EN 1991-1-4 附录 F 中方法假设结构是线弹性,且是典型正交模态。因此结构动力特性用如下(参数表示):

- 固有频率
- 模态形状
- 等效质量
- 阻尼的对数衰减率

板或箱梁桥的基本竖向弯曲频率 $n_{1,B}$ 由以下式近似推导:

$$n_{1,B}=\frac{K^2}{2\pi L^2}\sqrt{\frac{EI_b}{m}} \qquad \text{EN 1991-1-4(F.6)}$$

式中:L——主跨长度(m);

E——杨氏模量(N/mm^2);

I_b——截面竖弯惯性矩(m^4);

m——跨中全截面单位长度质量(永久荷载)(kg/m);

K——与桥跨布置有关的无量纲参数,如下文。

(a)对于单跨桥

简支，$K=\pi$；

悬臂，$K=3.9$；

两端刚接，$K=4.7$。

(b)两跨连续桥

K 由图 A2.1 给出，从两跨桥的曲线查得，其中 L_1 为边跨长度且 $L>L_1$。

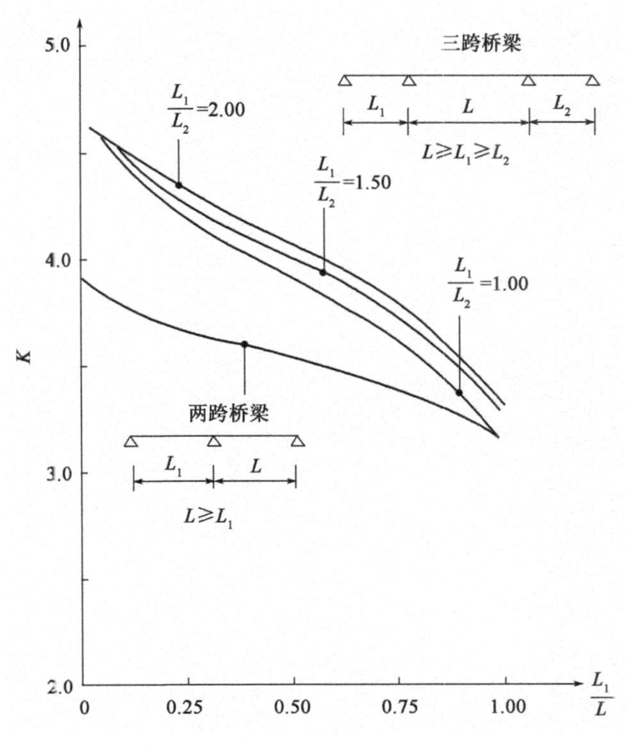

图 A2.1　弯曲基频的系数　　**图 *F.2*;*EN 1991-1-4***

(c)三跨连续桥

K 由图 A2.1 给出，采用三跨桥的近似曲线查得，其中 L_1 为长边跨跨径，L_2 为短边跨跨径，且 $L>L_1>L_2$。

这同样适用于悬臂/悬索主跨的三跨桥梁。

如果 $L_1>L$，则 K 可通过两跨桥的曲线查得，忽略短边跨，并将长边跨视为一个等效的两跨桥之主跨。

(d)对称的四跨连续桥(即桥梁关于中间支承对称)

K 可由图 A2.1 两跨桥的曲线查得，将桥梁一半视为等效两跨桥。

(e)非对称的四跨连续桥以及四跨以上连续桥

K 由图 A2.1 三跨桥的曲线近似查得，但选择主跨作为最大的中跨。Eurocode 提到，如果支座处 $\sqrt{EI_b/m}$ 的值超过跨中值的两倍，或者小于跨中值的 80% 时，除非近似值满足要求，否则不应使用 ***EN 1991-1-4*** 式(***F.6***)(见上文)。　　**式(*F.6*)：*EN 1991-1-4***

当单位宽度的平均纵向弯曲惯性矩不小于单位长度的平均横向弯曲惯性矩

的 100 倍时,则利用 *EN 1991-1-4* 式(*F*.6)(见上文)计算板梁桥的扭转基频与弯曲基频相同。

箱梁桥扭转基频可用下式得到:

$$n_{1,T} = n_{1,B}\sqrt{P_1(P_2 + P_1)} \qquad \text{EN 1991-1-4,(F.7)}$$

其中

$$P_1 = \frac{mb^2}{I_p} \qquad \text{EN 1991-1-4,(F.8)}$$

$$P_2 = \frac{\sum r_j^2 I_j}{b^2 I_p} \qquad \text{EN 1991-1-4,(F.9)}$$

$$P_3 = \frac{L^2 \sum J_j}{2K_2 b^2 I_p(1+\nu)} \qquad \text{EN 1991-1-4,(F.10)}$$

式中:$n_{1,B}$——弯曲基频(Hz);

b——桥面板总宽度;

m——前文定义的单位长度质量(式(F.6));

ν——主梁材料的泊松比;

r_j——单箱中心线到桥梁中心线的距离;

I_j——单箱跨中断面的单位长度竖向质量惯性矩,已计入有效梁宽;

I_p——跨中截面单位长度质量惯性矩。

$$I_p = \frac{m_d b^2}{12} + \sum(I_{pj} + m_j r_j^2) \qquad \text{EN 1991-1-4,(F.11)}$$

式中:m_d——主梁跨中断面单位长度质量;

I_{pj}——跨中单箱的质量惯性矩;

m_j——跨中单箱的单位长度质量,不包括与之相连的主梁其他部分;

J_j——跨中单箱的扭转惯性矩,如下式:

$$J_j = \frac{4A_j^2}{\oint \frac{ds}{t}} \qquad \text{EN 1991-1-4,(F.12)}$$

式中:A_j——跨中断面单箱所围的面积;

$\oint ds/t$——跨中每部分箱壁长厚比沿箱周长的积分。

EN 1991-1-4 提到,对于跨宽比(即跨度/宽度)超过 6 的多箱梁桥,式(F.12)精度可能会略有降低。

条款*F*.2(7)注:
EN 1991-1-4

桥梁的一阶竖弯模态可通过表 A2.1 来估算。

简支和固支结构及结构构件的基本竖向弯曲模态　　　　表 A2.1

（数据来自 EN 1991-1-4 表 F.1）

图　式	模　态	$\Phi_1(s)$
简支（l，s）	$\Phi_1(s)$，1	$\sin\left(\pi \frac{s}{\ell}\right)$
固支（l，s）	$\Phi_1(s)$，1	$\frac{1}{2}\left[1-\cos\left(2\pi \frac{s}{\ell}\right)\right]$

一阶模态的单位长度等效质量 m_e 由以下表达式给出：

$$m_e = \frac{\int_0^l m(s)\Phi_1^2(s)\,ds}{\int_0^l \Phi_1^2(s)\,ds} \qquad \text{EN 1991-1-4,(F.13)}$$

式中：m——单位长度质量；

l——结构或构件的高度或跨度；

$i=1$——模态数。

对于跨长两端均有支撑且单位长度上质量分布有变化的结构，以 Φ_1(s)最大处为中心点的 $l/3$ 范围的质量平均值 m 近似认为是等效质量 m_e。

A2.2.1　对数衰减阻尼

一阶弯曲模态的对数衰减阻尼 δ 可通过以下表达式来估计：

$$\delta = \delta_s + \delta_a + \delta_d \qquad \text{EN 1991-1-4,(F.15)}$$

式中：δ_s——结构阻尼（对数衰减率）；

δ_a——一阶模态气动阻尼（对数衰减率）；

δ_d——附加装置（调谐质量阻尼器、调谐液体阻尼器等）引起的阻尼。

结构阻尼的近似值 δ_s 见表 A2.2。

桥梁一阶模态结构阻尼的对数衰减率近似值 δ_s　　　　表 A2.2

（数据来自 EN 1991-1-4 表 F.2；其余值见 EN 1991-1-4）

结构类型		结构阻尼 δ_s
钢桥和格构钢塔	焊缝	
	高强螺栓	0.03
	普通螺栓	
组合桥		0.04
混凝土桥	无裂缝预应力	
	有裂缝	0.10
木桥		
铝合金桥		0.02
玻璃或纤维增强塑料桥		
锚索	平行锚索	0.06
	螺旋锚索	

顺风向振动的一阶侧弯模态，其气动阻尼 δ_a 可通过以下表达式来估计：

$$\delta_a = \frac{c_f \rho v_m(z_s)}{2 n_1 \mu_e} \qquad \text{EN 1991-1-4,(F.16)}$$

式中:c_f——EN 1991-1-4 第 7 章中的顺风向风荷载的力系数。

μ_e——结构单位面积的等效质量,矩形时,该系数的计算如下式:

$$\mu_e = \frac{\int_0^h \int_0^b \mu(y,z)\Phi_1^2(y,z)\mathrm{d}y\mathrm{d}z}{\int_0^h \int_0^b \Phi_1^2(y,z)\mathrm{d}y\mathrm{d}z} \qquad \text{EN 1991-1-4,(F.17)}$$

式中:$\mu(y, z)$——结构单位面积质量;

$\Phi_1(y,z)$——模态形状。

在振型的最大振幅处,结构的单位面积质量通常近似为 μ_e。

大部分情况下,模态位移 $\Phi(y,z)$ 对于高度 z 为常数,顺风向振动的气动阻尼 δ_a 可用下式替代式(F.16)来估计:

$$\delta_a = \frac{c_f \rho b v_m(z_s)}{2 n_1 m_e} \qquad \text{EN 1991-1-4,(F.18)}$$

如果结构上附加了特别的耗能设备,应采用适当的理论或试验方法来计算 δ_d。

对于斜拉桥,建议表中值乘以系数 0.75。

A2.3 旋涡脱落及气动弹性非稳定性

重要提示 1:如同 A2.2,本节仅对 EN 1991-1-4 附录 E 中针对桥梁工程的条款进行讨论。

重要提示 2:在 EN 1991-1-4 附录 E 中,主梁宽度和高度的记法与第 8 章不同。图 A2.2 中给出了所有公式的符号(的意义)。作为风效应的主要参数,主梁高度又称为宽度(或参考宽度)。

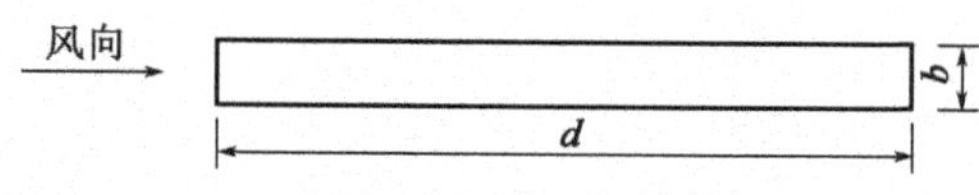

图 A2.2 EN 1991-1-4 附录 E 的符号

A2.3.1 旋涡脱落

当旋涡从结构的(上下)两个边交替产生,旋涡脱落就会出现,并产生垂直于来流的脉动荷载。如果旋涡脱落的频率与结构的固有频率相同,则结构可能发生振动。当风速等于下文所定义的临界风速时,就会发生涡激共振。特别地,临界风速是一种频遇风速,意味着会导致疲劳问题,可能与荷载循环次数有关系。

旋涡脱落引起的响应由宽带响应和窄带响应组成,其中,无论结构是否振动,宽带响应都会发生。而窄带响应源于涡激振动引起的风荷载。

注 1:对于钢筋混凝土结构和重的钢结构而言,通常宽带响应是最重要的。

E.1.1: EN 1991-1-4

注 2:对于轻型钢结构而言,通常窄带响应是最重要的。

A2.3.2 旋涡脱落基本参数和其他类型不稳定性

气动弹性现象的基本参数:斯托罗哈数,斯柯顿数,临界风速和雷诺数。

(1)斯托罗哈数

Eurocode 给出了不同截面的斯托罗哈数值(表 E.1),图 A2.3 给了对主梁断面最有用的信息。

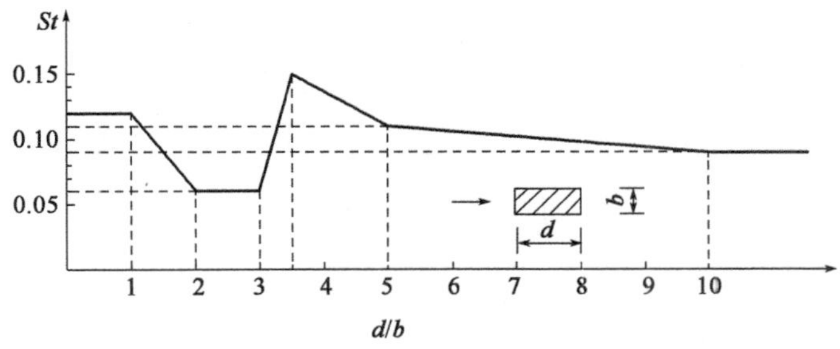

图 A2.3 带有尖角的矩形截面的斯托罗哈数(St)(EN 1991-1-4 图 E.1)

值得注意的是,圆形横截面的桥墩,斯托罗哈数为0.18。

(2)斯柯顿数

振动敏感性取决于结构阻尼和结构质量与流体质量之比。用斯柯顿数 Sc 来描述:

$$Sc = \frac{2\delta_s m_{i,e}}{\rho b^2} \qquad \text{EN 1991-1-4,(E.4)}$$

式中:δ_s——结构阻尼的对数衰减率;

ρ——空气密度,建议取 1.25kg/m^3;

$m_{i,e}$——本设计指南 A1.2 中定义的第 i 阶模态等效单位长度质量。

b——涡激共振时截面参考宽度。

(3)临界风速

发生第 i 阶竖弯涡激共振的风速定义为该阶(涡振)临界风速,由以下式给出:

$$v_{crit,i} = \frac{bn_{i,y}}{St} \qquad \text{EN 1991-1-4,(E.2)}$$

式中:b——发生涡激共振的截面参考宽度,结构或构件此处模态挠度最大;圆柱的参考宽度为外径;

$n_{i,y}$——横风向弯曲 i 阶模态的固有频率;

$n_{1,y}$——近似值见本设计指南 A1.2;

St——斯托罗哈数。

(4)雷诺数

临界风速 $v_{crit,i}$时,雷诺数 Re 决定了圆柱的旋涡脱落特性。雷诺数定义如下:

$$Re(v_{crit,i}) = \frac{bv_{crit,i}}{\nu} \qquad \text{EN 1991-1-4,(E.5)}$$

式中:b——圆柱外直径;

ν——空气的运动黏度($\nu \approx 15 \times 10^{-6}\ \text{m}^2/\text{s}$);

$v_{crit,i}$——临界风速。

A2.3.3 旋涡脱落的判别标准

EN 1991-1-4 建议,结构迎风面的最大与最小横风向尺寸比超过6时,需要研究涡激振动。当 $v_{crit,i} > 1.25v_m$(EN 1991-1-4 式(E.1))时,无须考虑涡激振动。 *E.1.2(1): EN 1991-1-4*

其中,$v_{crit,i}$为第 i 阶模态的临界风速;v_m为截面发生涡激振动的平均风速。

A2.3.4　旋涡脱落作用

在结构 s 处,涡激力由垂直于来流的单位长度惯性力 $F_w(s)$ 得到:

$$F_w(s) = m(s) \times (2\pi n_{i,y})^2 \Phi_{i,y}(s) \times y_{F,max} \qquad \text{EN 1991-1-4,(E.6)}$$

式中:$m(s)$——结构振动单位长度质量(kg/m);

$n_{i,y}$——结构固有频率;

$\Phi_{i,y}(s)$——按位移归一化的结构振型;

$y_{F,max}$——$\Phi_{i,y}(s)$等于 1 处的最大位移。

A2.3.5　横风向振幅的计算

E.1.5.2 和 E.1.5.3:EN 1991-1-4

EN 1991-1-4 中给出了两种涡激振动横风向振幅计算方法。第二种方法涵盖了更多的特殊结构,如烟囱或桅杆。因此,下文仅讨论在桥梁上应用的第一种方法。

最大位移 $y_{F,max}$可通过以下表达式计算:

$$\frac{y_{F,max}}{b} = \frac{1}{St^2}\frac{1}{Sc}KK_W c_{lat} \qquad \text{EN 1991-1-4,(E.7)}$$

式中:St——斯托罗哈数;

Sc——斯柯顿数;

K_W——有效相关长度系数,用来考虑气动弹性力;

K——模态形状系数;

c_{lat}——侧向力系数。

可通过表 A2.3 给出的公式来估算桥梁的 K_W 和 K(理论表达式可查询 Eurocode)。

适用于桥梁的有效相关长度系数 K_W 和模态形状系数 K　　表 A2.3

(数据来自 EN 1991-1-4 表 E.5)

结　构	模态形状 $\Phi_{i,y}(s)$	K_W	K
L_j, S, F, b, 1, $\Phi_{i,y}(s)$, l	见表 A2.1 $n=1;m=1$	$\cos\left[\frac{\pi}{2}\left(1-\frac{l_j/b}{\lambda}\right)\right]$	0.10
s, L_j, b, F, 1, $\Phi_{i,y}(s)$, l	见表 A2.1 $n=1;m=1$	$\frac{l_j/b}{\lambda}+\frac{1}{\pi}\sin\left[\pi\left(1-\frac{l_j/b}{\lambda}\right)\right]$	0.11

注:1. 振型 $\Phi_{i,y}(s)$从表 A2.1 中获得。

n 为同时发生涡激振动区域的数目。

m 为以振型 $\Phi_{i,y}(s)$结构振动的波峰数目。

2. $\lambda = l/b$。

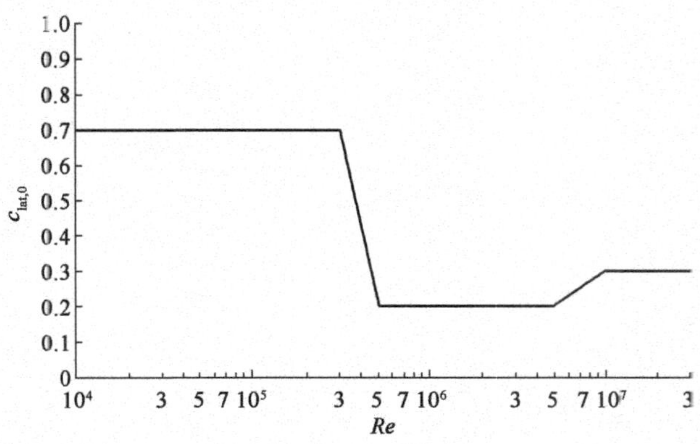

图 A2.4　圆柱侧向力系数 $c_{lat,0}$ 的基本值及对应的雷诺数 $Re(v_{crit,i})$

(EN 1991-1-4 图 E.2)

侧向力系数 c_{lat} 通过基本值 $c_{lat,0}$ 确定，桥梁主梁断面可取为 1.1。　　**表 *E.2*：**

可用图 A2.4 确定圆截面桥墩的侧向力系数的基本值 $c_{lat,0}$。　　***EN 1991-1-4***

侧向力系数 c_{lat} 见表 A2.4。

一般来说 $c_{lat} = c_{lat,0}$。

侧向力系数 c_{lat} 对应临界风速率 $v_{crit,i}/v_{m,Lj}$　　表 **A2.4**

(数据来自 EN 1991-1-4 表 E.3)

临界风速率	c_{lat}
$\frac{v_{crit,i}}{v_{m,Lj}} \leqslant 0.83$	$c_{lat} = c_{lat,0}$
$0.83 \leqslant \frac{v_{crit,i}}{v_{m,Lj}} < 1.25$	$c_{lat} = \left(3 - 2.4\frac{v_{crit,i}}{v_{m,Lj}}\right)c_{lat,0}$
$1.25 \leqslant \frac{v_{crit,i}}{v_{m,Lj}}$	$c_{lat} = 0$

表中：$v_{crit,i}$-临界风速(见式(E.1))；$v_{m,Lj}$-有效相关长度中点的平均风速。

A2.3.6　驰振

驰振是柔性结构发生横风向弯曲的自激振动。非圆形截面更容易发生驰振。冰可能致使一个稳定的横截面变得不稳定。驰振始于一个特定风速 v_{CG}，接着振幅随着风速的增加而迅速增大。

驰振的起振风速 v_{CG} 由以下表达式给出：

$$v_{CG} = \frac{2Sc}{a_G} n_{1,y} b \qquad \text{EN 1991-1-4, (E.18)}$$

式中：Sc——斯柯顿数；

$n_{1,y}$——结构的横风向基频(见本设计指南 A1.2)；

b——表 A2.5 中定义的宽度；

a_G——驰振不稳定性系数(表 A2.5)，如果驰振不稳定性系数未知，则可使用 $a_G = 10$。

驰振不稳定性系数 a_G 表 A2.5

(数据来自 EN 1991-1-4 表 E.7;其余数值见 EN 1991-1-4)

横截面		驰振不稳定性系数 a_G	横截面		驰振不稳定性系数 a_G
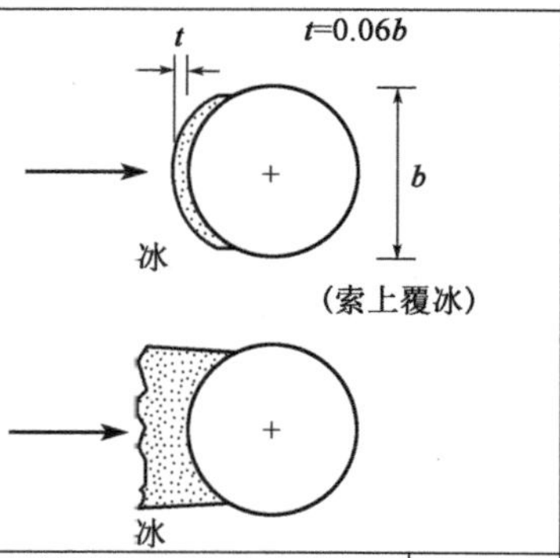 t=0.06b;冰(索上覆冰);冰		1.0	六边形		1.0
			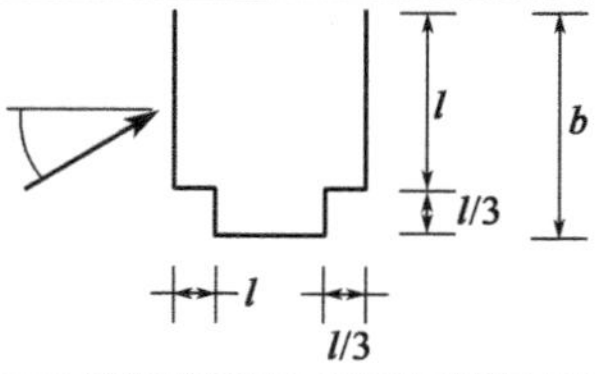 l, l/3, b		4
矩形(b, d),线性插值	$d/b=2$	2	角形(b, d)	$d/b=2$	0.7
	$d/b=1.5$	1.7	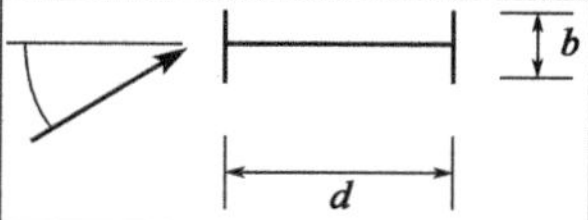	$d/b=2.7$	5
	$d/b=1$	1.2	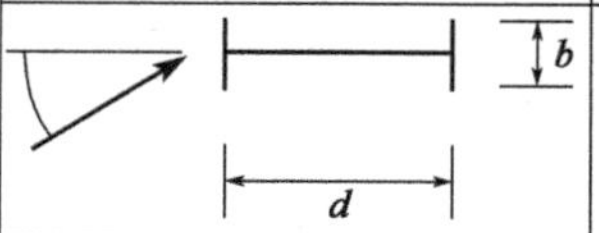	$d/b=5$	7
矩形(b, d),线性插值	$d/b=2/3$	1	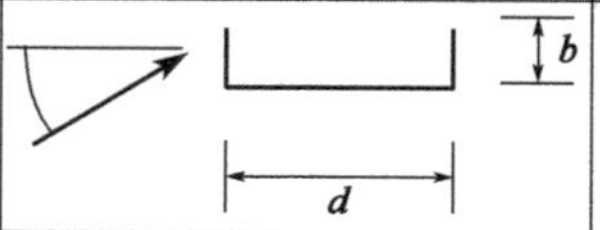	$d/b=3$	7.5
	$d/b=1/2$	0.7	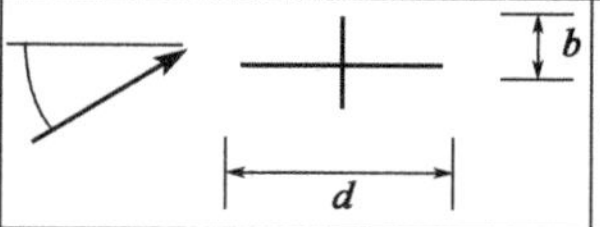	$d/b=3/4$	3.2
	$d/b=1/3$	0.4	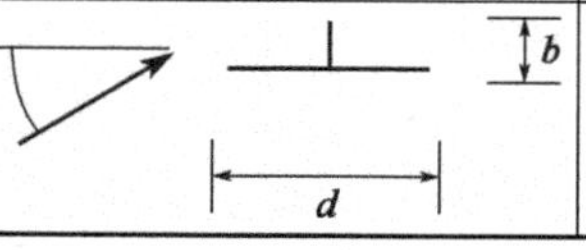	$d/b=2$	1

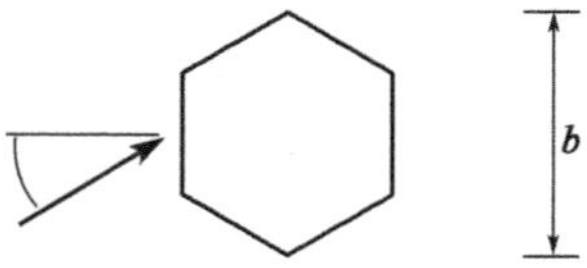

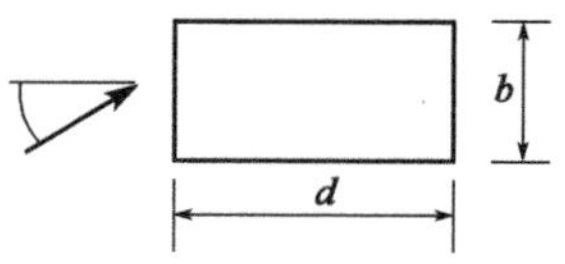

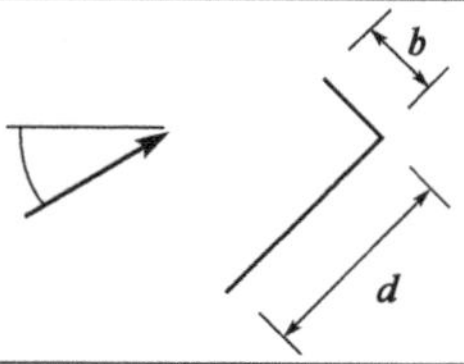

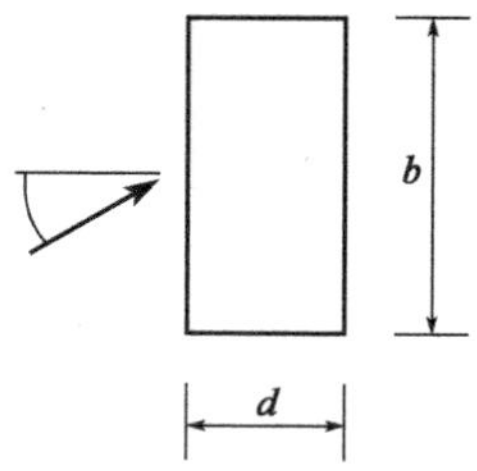

注:系数 a_G 作为 d/b 的函数,不能外推。

应该确保:

$$v_{CG} > 1.25 v_m \quad \text{EN 1991-1-4,(E.19)}$$

式中:v_m——可能发生驰振高度处的平均风速,极可能是振幅最大处。

如果涡激振动临界速度 v_{crit} 接近驰振的起始风速 v_{CG},

$$0.7 < \frac{v_{CG}}{v_{crit}} < 1.5 \quad \text{EN 1991-1-4,(E.20)}$$

那么可能发生涡激振动与驰振的耦合效应。在这种情况下建议进行专门研究。

E.4:
EN 1991-1-4

A2.3.7 静力发散和颤振

静力发散和颤振都属于不稳定现象,其发生风速一般高于涡振临界风速或某个阈值。板状结构,如交通标志牌或者悬索桥的主梁易发生这些现象。这种不稳定是由于发生变形的结构与气动力相互影响发生的，因此应该避免出现静力发散与颤振现象。

EN 1991-1-4 提供了一种基于简单结构准则来评估结构风敏感性的方法。如果这些准则不满足，则建议听取专业的指导意见。事实上，这些准则仅仅对板状断面的结构适用，即：

- 具有细长的横截面（如平板），其高宽比 b/d（高度/宽度）小于 0.25。
- 扭转轴平行于板平面且垂直于来流方向，其扭转中心位于前缘下游至少 $d/4$ 处，其中 d 为板的厚度。这包括，扭转中心与几何中心重合的常规情况，即中心支撑的广告牌或挑篷，以及扭转中心在下缘，如悬臂式的挑篷。
- 一阶模态是扭转模态，或者一阶扭转频率小于一阶弯曲频率的 2 倍，这些结构的静力发散临界风速估算公式如下：

$$v_{\mathrm{div}} = \left(\frac{2k_{\Theta}}{\rho d^2 \dfrac{\mathrm{d}c_{\mathrm{M}}}{\mathrm{d}\Theta}} \right)^{1/2} \qquad \text{EN 1991-1-4，(E.24)}$$

式中：k_{Θ}——扭转刚度；

c_{M}——升力矩系数，由以下表达式给出：

$$c_{\mathrm{M}} = \frac{M}{\frac{1}{2}\rho v^2 d^2} \qquad \text{EN 1991-1-4，(E.25)}$$

$\dfrac{\mathrm{d}c_{\mathrm{M}}}{\mathrm{d}\Theta}$——气动力矩系数对角度的变化率，其中角度单位为弧度；

M——结构单位长度的气动力矩；

ρ——空气密度；

d——结构顺风向长度（弦长）（图 A2.5）；

b——厚度。

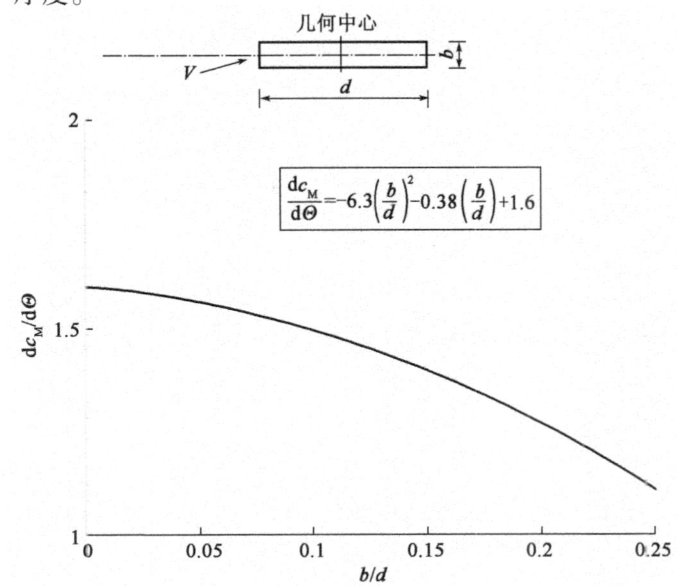

图 A2.5　有关矩形截面的几何中心的力矩系数 $\mathrm{d}c_{\mathrm{M}}/\mathrm{d}\Theta$ 的变化率（经 BSI 许可，转载自 EN 1991-1-4）

按几何中心测得的矩形断面的 $dc_M/d\Theta$ 值见图 A2.5。稳定检验准则为:

$$v_{div} > 2v_m(z_s) \qquad \text{EN 1991-1-4, (E.26)}$$

式中:$v_m(z_s)$ ——高度 z_s处的平均风速。

A2.4　缆索的气动激励

EN 1991-1-4 中有关缆索气动激励的指南很少,尤其是斜拉索。当遇到周期性激励时,在特定条件下,斜拉索能量累积,并产生很大振幅的振动。这种振动极少危及结构整体安全,但如不加以控制,则会影响使用,并可能导致斜拉索的疲劳破坏。

拉索起振有两种因素:

- 在交通荷载或风荷载效应下,索端锚固处发生位移,称为"参数激励"。
- 风荷载直接作用于缆索上的效应,称为风致振动。

两种振动机理需要区分开来:

- 外部激励引起索共振,振幅相当小,最大也就两倍索径。
- 拉索的气动不稳定振动特点是振幅大,会达到数米。

(缆索)主要的风致振动有:

- 风雨振。
- 涡激振动。
- 缆索驰振。
- 参数振动。

中等程度的风雨组合下桥梁缆索的振动是一种振幅相对较大的不稳定振动。不大的风和中到大雨时拉索断面的上端与下端易于形成两条水线。拉索上水线不稳定,因此雨水向下流动形成一条正弦曲线的水线。周期振动的水线会导致缆索的阻力系数沿轴向变化,因此将风能转化成拉索的动能。抑制拉索风雨振动的简单措施是对拉索表面进行适当处理,比如(在拉索表面)增加双螺线或表面凹坑。

不仅拉索,流体中圆柱也普遍发生旋涡脱落现象,圆柱的尾流会形成卡门涡街(图 A2.6)。

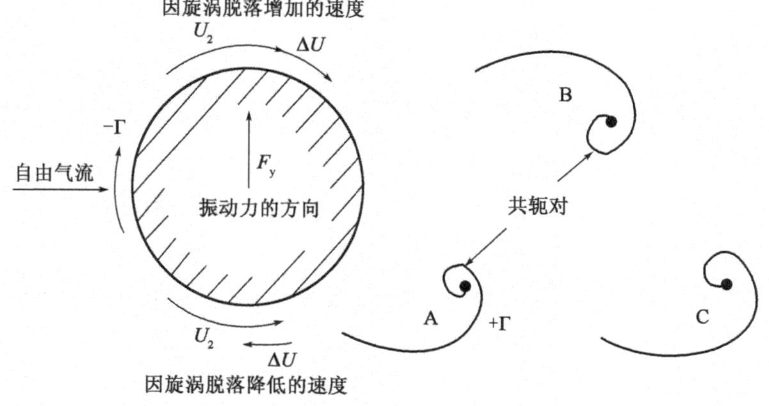

图 A2.6　圆柱体上旋涡脱落原理

圆柱尾流区的涡脱总是在两边交替出现。一旦旋涡增加到一定的尺寸，便从圆柱分离，并施加垂直来流的周期性力。大多数斜拉索一阶模态的特征频率低于 2Hz。引起拉索涡激振动的临界风速非常低，阵风无法将大量的能量传到拉索中。因此，涡激振动不是斜拉索振动的主要问题。

拉索的驰振是一种不稳定的气动弹性现象，某些不良形状的断面在层流中也会发生驰振。在桥梁中发现了三种形式的驰振：覆冰驰振（由于拉索结冰，截面变成类似于机翼形状，见本设计指南 A2.5）；尾流驰振（缆索被上游物体，例如另一根缆索或塔的尾流激励，引起卡门涡街，见图 A2.7）；抖振（紊流的作用）、参数振动（译审者注：其实抖振和参数振动，不属于驰振）。

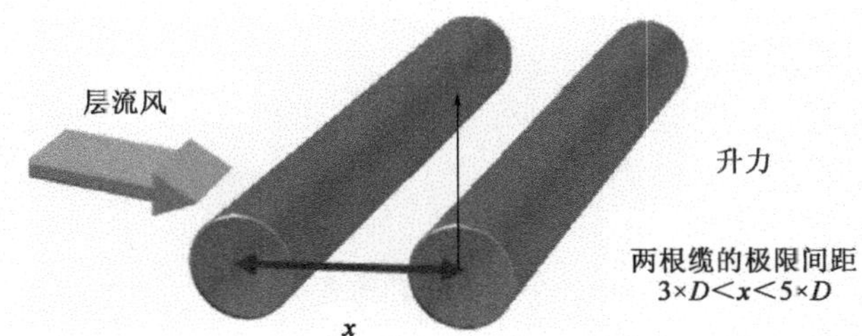

图 A2.7　尾流驰振激励机理

（拉索的）参数振动可能源于风对主梁或桥塔的作用，或者源于交通荷载导致整个桥梁结构产生发生或大或小的振动。桥梁结构振动引起拉索锚固端周期性位移，也可能导致斜拉索振动。当桥梁面内模态以某根拉索的某阶频率的“1/2，1 倍或 2 倍”频率激励拉索，就会发生面内共振。该现象称为“1/2，1，2 共振”。主梁或桥塔面内的移动所产生的拉索锚固端纵向位移，会引起拉索附加应变。

第 2 章附录 B　桥梁风荷载的计算示例

所有例子的表达式和图片均参考 EN 1991-1-4。

B2.1　示例 1：板梁桥（道路桥梁）

桥梁高度：地面以上 6m。

场地类别 II：$v_{b0}=24\text{m/s}$（来自全国（欧盟）风速分布图）

$z_0=0.04\text{ m}$　　$z_{min}=2\text{m}$

地形系数：

$c_o=1$

假定：

$c_{dir}=1, c_{season}=1 \Rightarrow v_b=v_{b,0}=24\text{m/s}$

场地系数：

$$k_r=0.19\left(\frac{z_0}{z_{0,II}}\right)^{0.07}=0.19 \tag{4.5}$$

$$c_r(z)=k_r\ln\left(\frac{z}{z_0}\right)\Rightarrow c_r(6)=0.19\ln\left(\frac{6}{0.04}\right)=0.952 \tag{4.4}$$

$$v_m(z) = c_r(z)c_0(z)v_b \Rightarrow v_m(6) = 0.952 \times 24 = 22.85\text{m/s} \tag{4.3}$$

基本风压：

$$q_b(z) = \frac{1}{2}\rho v_m^2(z) \Rightarrow q_b(6) = \frac{1}{2} \times 1.25 \times 22.85^2 = 326.3\text{N/m}^2$$

c_e(6m)的确定(图 4.2)：

c_e(6m) = 2.0,见图 B2.2。

峰值速度压力：

$$q_p(z) = c_e(z)q_b(z) \Rightarrow q_b(6) = 2 \times 326.3 = 653\text{Pa} = 0.653\text{kN/m}^2 \tag{4.9}$$

(a)桥面上无交通,总厚度为 1.00 + 0.60 = 1.60m

$b/d_{tot} = 10/1.6 = 6.25$

$$F_{Wk,x} = c_s c_d \times c_f \times q_b(z_e) \times A_{ref,x} \tag{5.3}$$

$c_s c_d = 1$(8.2(1)注 2)

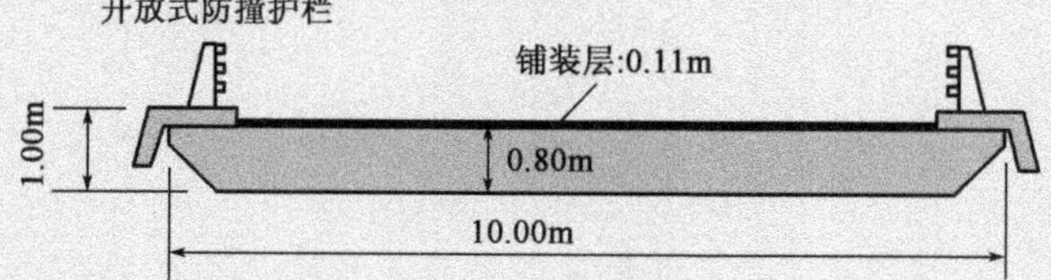

图 B2.1　主梁断面

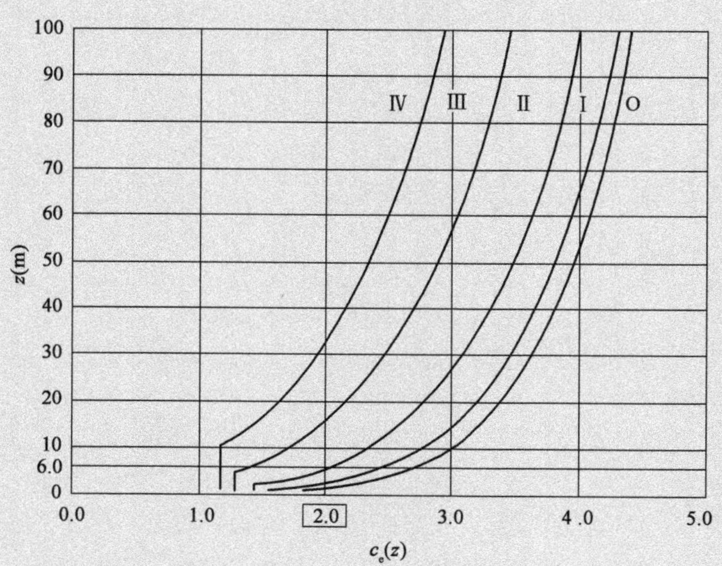

图 B2.2　6m 处幂指数的确定

$c_f = c_{fx,0} = 1.3$　(图 B2.3)

$F_{Wk,x} = 1 \times 1.3 \times 0.653 \times 1.6 = 1.358\text{kN/m}$

(b)桥面上有交通,总高度为 0.80 + 0.11 + 2.00 = 2.91m

$b/d_{tot} = 10/2.91 = 3.44$

$F_{Wk,x} = c_s c_d \times c_f \times q_p(z_e) \times A_{ref,x}$

$c_s c_d = 1$

$c_f = c_{f,x0} = 1.45$　（图 B2.4）

$F_{Wk,x} = 1 \times 1.45 \times 0.653 \times 3 = 2.84\text{kN/m}$

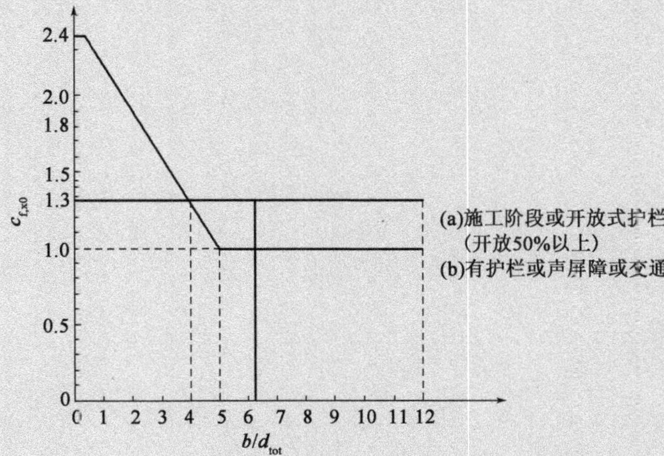

图 B2.3　无交通时的力系数

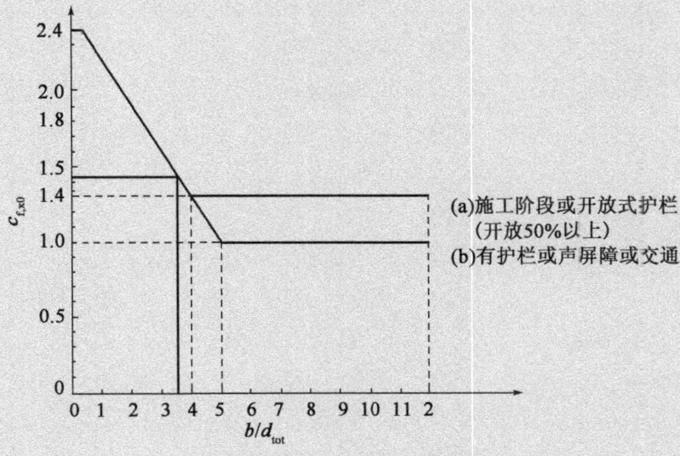

图 B2.4　有交通时的力系数

有交通荷载作用于桥面时，风荷载为伴随荷载，标准值乘以组合系数 ψ_0。

使用建议值 $\psi_0 = 0.6$（见本设计指南第 8 章），风荷载的标准值为 $\psi_0 F_{Wk,x} = 0.6 \times 2.84 = 1.70\text{kN/m}$。该值比无交通荷载时的风荷载值大。

B2.2　示例 2：预应力混凝土桥（道路桥梁）

目标桥梁的几何数据见图 B2.5。

在跨中，桥面的参照高度在水位之上 $z = 15\text{m}$ 处。

假定：

场地类别 0（沿海区域）：

$v_{b0} = 26\text{m/s}$（来自国家地图）

$z_0 = 0.003\text{m}$　$z_{min} = 1\text{m}$（表 4.1）

地形系数：

$c_o = 1$（平坦区域）

$c_{dir}=1 \quad c_{season}=1 \Rightarrow v_b=v_{b,0}=26\text{m/s}$

场地系数:

$$k_r=0.19\left(\frac{z_0}{z_{0,\text{II}}}\right)^{0.07}=0.19\left(\frac{0.003}{0.05}\right)^{0.07}=0.156 \tag{4.5}$$

$$c_r(z)=k_r\ln\left(\frac{z}{z_0}\right)\Rightarrow c_r(15)=0.156\ln\left(\frac{15}{0.003}\right)=1.329 \tag{4.4}$$

$$v_m(z)=c_r(z)c_0(z)v_b\Rightarrow v_m(15)=1.329\times26=34.55\text{m/s} \tag{4.3}$$

$$q_b(z)=\frac{1}{2}\rho v_m^2 z\Rightarrow q_b(15)=\frac{1}{2}\times1.25\times34.55^2=746.06\text{N/m}^2$$

由 EN 1991-1-4 中的公式确定峰值速度压力:

$$I_v(z)=\frac{\sigma_v}{v_m(z)}=\frac{k_I}{c_0(z)\ln(z/z_0)}=\frac{1.0}{1.0\times\ln(15/0.003)}=0.117 \tag{4.7}$$

式中,k_I为湍流系数,建议值为 1.00。

$q_p(z)=q_b(z)[1+7I_v(z)]\Rightarrow q_p(15)=746.06\times(1+7\times0.117)=1357\text{N/m}^2=$

1.357kN/m^2

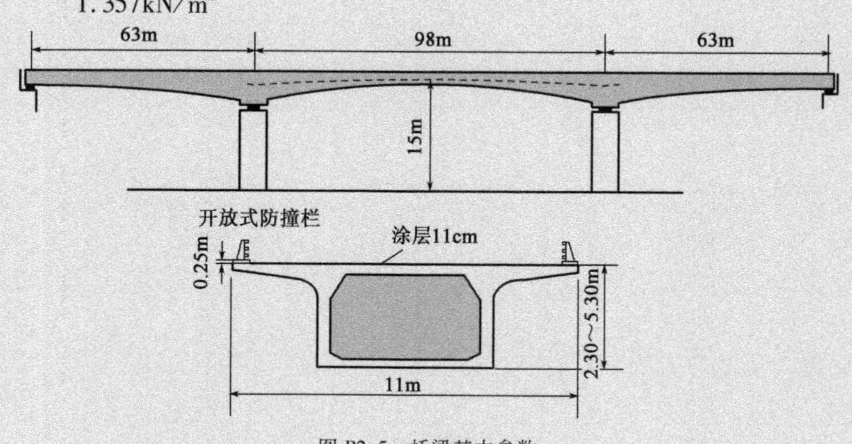

图 B2.5 桥梁基本参数

x 方向的风力计算

(a)桥面上无交通

跨中梁高度为 30 +0.25 +0.60 =3.15m (图 B2.5)

桥墩处总高度为 30 +0.25 +0.60 =6.15 m

第一种情况 $b/d_{tot}=11/3.15=3.50$;第二种情况 $=11/6.15=1.7915=3.50$

$$F_{Wk,x}=c_sc_d\times c_r\times q_b(z_e)\times A_{ref,x} \tag{5.3}$$

$c_sc_d=1$(偏安全假定)

$c_f=c_{f,x0}\approx1.5$ 或 2

见图 B2.6。

跨中

$F_{Wk,x}=1\times1.5\times1.357\times3.15=6.412\text{kN/m}$

桥墩

$F_{Wk,x}=1\times2.0\times1.357\times6.15=16.69\text{kN/m}$

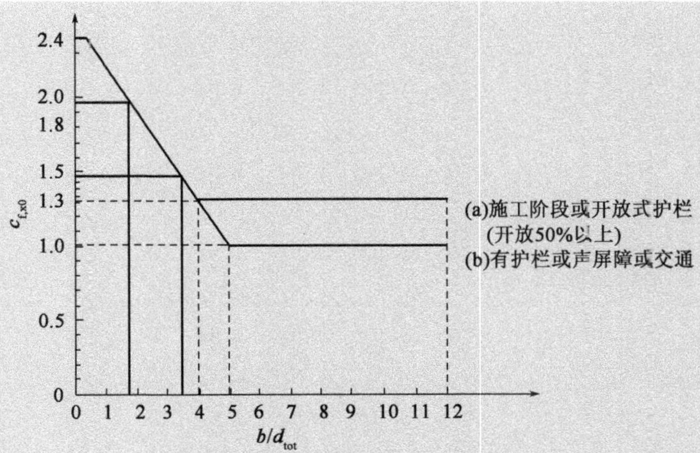

图 B2.6　无交通情况下跨中和桥墩的力系数确定

(b)桥面上有公路交通,总高度为:

跨中

$d_{tot}=2.30+0.11+2.00=4.41(m)\Rightarrow b/d_{tot}=11/4.41=2.49$

桥墩处

$d_{tot}=5.30+0.11+2.00=7.41(m)\Rightarrow b/d_{tot}=11/7.41=1.48$

$F_{Wk,x}=c_sc_d\times c_f\times q_p(z_e)\times A_{ref,x}$

$c_sc_d=1$ (图 B2.7)

$c_f=c_{f,x0}=1.77$ 或 2.1(跨中或桥墩处)

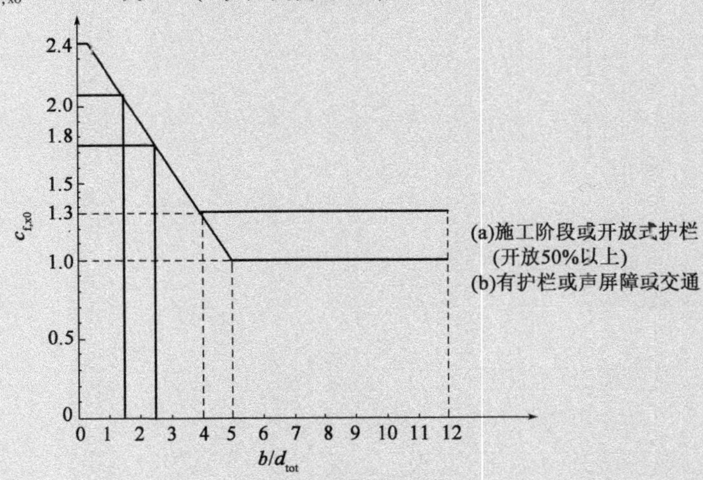

图 B2.7　有交通情况下跨中和桥墩的力系数确定

跨中

$F_{Wk,x}=1\times1.77\times1.357\times4.41=10.6\ kN/m$

桥墩处

$F_{Wk,x}=1\times2.1\times1.357\times7.41=21.12\ kN/m$

同 B2.1 中的例子,因为有交通荷载作用于桥面时,风荷载为伴随荷载,这些标准值乘以组合系数 ψ_0。取推荐值 $\psi_0=0.6$(见本设计指南第 8 章),风荷载的标准值为:

跨中

$\psi_0 F_{Wk,x} = 0.6 \times 10.6 = 6.36\ kN/m$

桥墩处

$\psi_0 F_{Wk,x} = 0.6 \times 21.12 = 12.67\ kN/m$

B2.3　示例3:高墩桥

考虑一个跨径120m的多跨桥,如钢-混凝土组合桥梁。场地类别Ⅱ,地形系数 $c_0 = 1$,基本风速 $v_b = 24m/s$。最高的桥墩为140m。对于这样结构,有几个问题需要考查:

- 施工阶段的稳定性核查(见本设计指南第8章);
- 确定持久设计状况的风荷载(系数 $c_s c_d$ 的估计较困难);
- 整个结构的气动特性(上部结构和下部结构)。

使用公式计算风力:

$$F_W = c_s c_d \times c_f \times q_b(z_e) \times A_{ref,x} \tag{5.3}$$

式中,$c_s c_d$ 为结构系数。$h_{pier} > 60 \sim 70m$,应依照 EN 1991-1-4 附录 B(方法1)来计算结构系数。

(a)结构系数

$$B^2 = \frac{1}{1 + 0.9\left(\dfrac{b+h}{L(z_s)}\right)^{0.63}} \tag{B.3}$$

式中:b、h——结构的宽度和高度;

$L(z_s)$——EN 1991-1-4 图6.1中定义的参照高度 z_s 处(B.1(1)给出)的紊流积分尺度(图B2.8)。

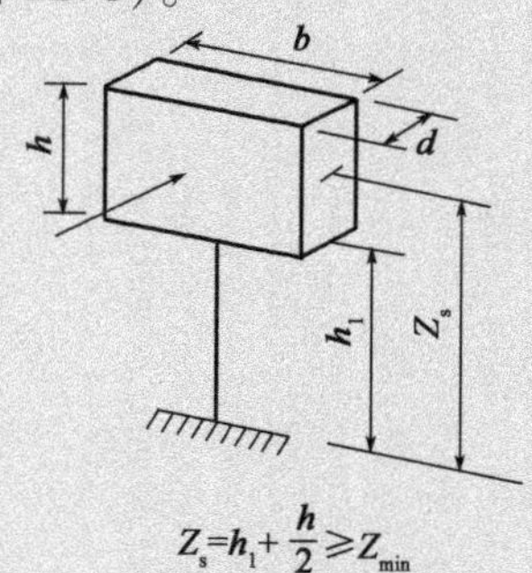

图 B2.8　点状结构示意

为了安全起见,采用 $B^2 = 1$。

因此:

$h_1 = 120m, h = 4m, z_s = 140 + 2 = 142m$

实际应用中取 $b = 120m$,其中 b 代表跨径。

对于 $z_s = 142m$:

$$L(z_s) = 300\left(\frac{z_s}{200}\right)^{0.67+0.05\ln(z_0)} = 300\left(\frac{142}{200}\right)^{0.52} = 251m \tag{B.1}$$

因此：

$$B^2=\frac{1}{1+0.9\left(\frac{b+h}{L(z_s)}\right)^{0.63}}=\frac{1}{1+0.9\left(\frac{124}{251}\right)^{0.63}}=0.63$$

且

$$I_v(z_s)=\frac{1}{c_0(z_s)\ln(z_s/z_0)}=\frac{1}{\ln(142/0.05)}=0.126 \tag{4.7}$$

$$c_s=\frac{1+7I_v(z_s)\sqrt{B^2}}{1+7I_v(z_s)}=\frac{1+7\times0.126\times0.794}{1+7\times0.126}=0.90 \tag{6.2}$$

由于结构上峰值风压非同时出现，风荷载减小约 10%。

(b)动力系数

$$c_d=\frac{1+2k_pI_v(z_s)\sqrt{B^2+R^2}}{1+7I_v(z_s)\sqrt{B^2}} \tag{6.3}$$

式中：z_s——确定结构系数的参照高度，见图 B2.8；

k_p——峰值系数，定义为响应波动部分的最大值与其标准差之比；

I_v——前面计算过的紊流强度；

B^2——背景因子，考虑结构表面上的压力缺乏完全相关性，已计算；

R^2——共振响应因子，考虑紊流引起的模态共振；

$$k_d=\sqrt{2\ln(\nu T)}+\frac{0.6}{\sqrt{2\ln(\nu T)}} \tag{B.4}$$

ν——下式给出的上穿越频率。

$$\nu=n_{1,x}=\sqrt{\frac{R^2}{B^2+R^2}}\quad 且\ \nu\geq0.08\text{Hz} \tag{B.5}$$

式中：$n_{1,x}$——结构固有频率，$\nu\geq0.8$Hz 对应于峰值系数取 3.0；

T——平均风速的时距，$T=600$s。

共振响应因子 R^2 考虑紊流激起某阶模态共振，由下式算得：

$$R^2=\frac{\pi^2}{2\delta}S_L(z_sn_{1,x})R_h(\eta_h)R_b(\eta_b) \tag{B.6}$$

式中：δ——结构阻尼对数衰减率；

S_L——无量纲功率谱密度函数；

R_h、R_b——气动导纳函数。

所有这些变量均通过以下方法计算：

$$v_m(z_s)=k_r\ln\left(\frac{z_s}{z_0}\right)v_b$$

$$\delta=\delta_s+\delta_a+\delta_d \qquad \text{EN 1991-1-4,(F.15)}$$

对于组合桥，$\delta_s=0.04$(表 A2.1)。

$$\delta_a = \frac{c_f \rho v_m(z_s)}{2n_1\mu_e}$$ EN 1991-1-4,(F.16)

对于目标桥梁,$\delta_d = 0$。

$$f_L(z_s, n_{1,x}) = \frac{n_{1,x}L(z_s)}{v_m(z_s)}$$

$$S_L(z,n) = \frac{nS_v(z,n)}{\sigma_v^2} = \frac{6.8f_L(z,n)}{[1+10.2f_L(z,n)]^{5/3}}$$

取 $z = z_s \quad n = n_{1,x}$(B.2)

$$\eta_h = \frac{4.6h}{L(z_s)}f_L(z_s, n_{1,x}) \quad \eta_b = \frac{4.6b}{L(z_s)}f_L(z_s, n_{1,x})$$

$$R_h = \frac{1}{\eta_h} - \frac{1}{2\eta_h^2}(1 - e^{-2\eta_h}) \quad 当\ \eta_h = 0\ 时, R_h = 1 \tag{B.7}$$

$$R_b = \frac{1}{\eta_b} - \frac{1}{2\eta_b^2}(1 - e^{-2\eta_b}) \quad 当\ \eta_b = 0\ 时, R_b = 1 \tag{B.8}$$

在本示例中,直接计算得 $n_{1,x} = 0.3$。

$$v_m(z_s) = k_r \ln\left(\frac{z_s}{z_0}\right)v_b = 0.19\ln\left(\frac{142}{0.05}\right) \times 24 = 36.26\text{m/s}$$

$$\delta_a = \frac{c_f \rho v_m(z_s)}{2n_1\mu_e} = \frac{1.3 \times 1.25 \times 36.26}{2 \times 0.3 \times 900} = 0.11$$

(结构单位面积等效质量取为 900kg/m^2。)

$\delta = 0.11 + 0.04 = 0.15$

$$f_L(z_s, n_{1,x}) = \frac{n_{1,x}L(z_s)}{v_m(z_s)} = \frac{0.30 \times 251}{36.26} = 2.08$$

$$S_L(z,n) = \frac{nS_v(z,n)}{\sigma_v^2} = \frac{6.8f_L(z,n)}{\left(1+10.2f_L(z,n)\right)^{5/3}}$$

$$= \frac{6.8 \times 2.08}{(1+10.2 \times 2.08)^{5/3}} = 0.0806$$

$$\eta_h = \frac{4.6h}{L(z_s)}f_L(z_s, n_{1,x}) = \frac{4.6 \times 4}{251} \times 2.08 = 0.152$$

$$\eta_b = \frac{4.6b}{L(z_s)}f_L(z_s, n_{1,x}) = \frac{4.6 \times 120}{251} \times 2.08 = 4.574$$

$$R_h = \frac{1}{\eta_h} - \frac{1}{2\eta_h^2}(1 - e^{-2\eta_h}) = 0.906$$

$$R_b = \frac{1}{\eta_b} - \frac{1}{2\eta_b^2}(1 - e^{-2\eta_b}) = 0.195$$

$$R^2 = \frac{\pi^2}{2\delta}S_L(z_s, n_{1,x})R_h(\eta_h)R_b(\eta_b) = \frac{\pi^2}{2 \times 0.15} \times 0.0806 \times 0.906 \times 0.195$$

$$= 0.47$$

$$\nu = n_{1,x}\sqrt{\frac{R^2}{B^2+R^2}} = 0.30\sqrt{\frac{0.47}{0.47+0.63}} = 0.196 \geqslant 0.08\text{Hz}$$

$$k_p = \sqrt{2\ln(\nu T)} + \frac{0.6}{\sqrt{2\ln(\nu T)}} = \sqrt{2\ln(600\times 0.196)} + \frac{0.6}{\sqrt{2\ln(600\times 0.196)}}$$

$$= 3.28$$

最后：

$$c_d = \frac{1+2k_p I_v(z_s)\sqrt{B^2+R^2}}{1+7I_v(z_s)\sqrt{B^2}} = \frac{1+2\times 3.28\times 0.12\sqrt{0.63+0.47}}{1+7\times 0.126\sqrt{0.63}} = 1.098$$

$$c_s c_d = 0.90\times 1.098 = 0.98$$

本例表明：系数 $c_s c_d$ 在大多数情况下非常接近 1。

B2.4　示例 4：系杆拱桥

本例主要由 PierreSpehl 教授，SECO 总工程师及 EN 1991-1-4 项目团队成员编制。公路双钢拱肋系杆拱桥，场地类别 II，$z_0 = 0.05$m，$z_{min} = 2$m（表 4.1）。

$v_b = 26.2$m/s（来自国家附件）

跨径：$L = 135$m。

桥面系为钢-混凝土组合结构，由两个 I 形截面钢梁和混凝土板组成。桥面尺寸：宽度 $d = 10$m；高度 $b = 1.8$m（附录 E 的记法）。

桥面参照高度在参照水位之上 $z_e = 10$m。

每延米质量 $m = 8200$kg/m。

每延米质量惯性矩 $I_p = 105000$kg · m^2/m。

频率为：

- 模态 1（弯曲，第二阶模态）：0.498 Hz
- 模态 2（扭转，第一阶模态）：0.675 Hz
- 模态 3（弯曲，第三阶模态）：0.937 Hz
- 模态 4（扭转，第三阶模态）：1.034 Hz
- 模态 5（扭转，第二阶模态）：1.293 Hz

涡激共振判别准则：

$$\frac{d}{b} = \frac{10}{1.8} = 5.55 \Rightarrow St \approx 0.11$$

$$v_{crit,1} = b\frac{n_{1,z}}{St} \tag{E.2}$$

对于模态 1：

$$\frac{1.8\times 0.498}{0.11} = 8.15\text{m/s}$$

对于模态 5：

$$\frac{1.8\times 1.293}{0.11} = 21.2\text{m/s}$$

$$k_r = 0.19\left(\frac{z_0}{0.05}\right)^{0.07} = 0.19 \tag{4.5}$$

$$c_r = k_r \ln\left(\frac{z_e}{z_0}\right) = 0.19\ln\left(\frac{10}{0.05}\right) = 1 \tag{4.4}$$

$$v_m(z_e) = c_r v_b = 26.2\text{m/s} \tag{4.3}$$

$$1.25v_m = 32.75\text{m/s} \tag{E.1}$$

需要对固有频率小于以下值的每个模态进行涡激共振检查:

$$\frac{32.75 \times 0.11}{1.8} = 2\text{Hz} \tag{E.1}$$

最大竖向挠度:

$$z_{F,max} = \frac{bKK_W c_{lat}}{St^2 Sc} \tag{E.7}$$

斯柯顿数:

$$Sc = \frac{2\delta_s m_{i,e}}{\rho b^2} \tag{E.4}$$

$$\delta_s = 0.03 \quad m_{i,e} = 8200\text{kg/m} \Rightarrow Sc = \frac{2 \times 0.03 \times 8200}{1.25 \times 1.8^2} = 121.5 \tag{表 F.2}$$

$$c_{lat} = 1.1 \tag{表 E.2}$$

$$K = 0.10 \tag{表 E.5}$$

$$K_W = \cos\left[\frac{\pi}{2}\left(1 - \frac{6}{(135/1.8)}\right)\right] = 0.125 \tag{表 E.5}$$

竖向变形:

$$z_{F,max} = \frac{1.8 \times 0.1 \times 0.125 \times 1.1}{0.11^2 \times 121.5} = 0.0168\text{m}$$

相关长度的核查:

$$\frac{z_{F,max}}{b} = \frac{0.0168}{1.8} = 0.009 < 0.10 \tag{表 E.4}$$

满足标准。

竖向加速度:

$$j_z = (2\pi n_{1,z})^2 z_{F,max} = (2\pi \times 0.675)^2 \times 0.0168 = 0.302\text{m/s}^2$$

对人群舒适度而言,该加速度不重要。

气动弹性不稳定性

驰振不稳定性系数

$$d/b \approx 5, a_G = 7 \tag{表 E.7}$$

$$v_{CG} = \frac{2Sc}{q_c} n_{1,z} b = \frac{2 \times 121.5}{7} 0.498 \times 1.8 = 31.11\text{m/s} < 32.75\text{m/s} \tag{表 E.18}$$

具有驰振不稳定性的风险:

$$\left(\text{极限}: a_G < \frac{7 \times 32.75}{31.11} = 7.37\right)$$

参考文献

1. Gulvanessian, H. , Formichi, P. and Calgaro, J. -A. (2009) *Designers' Guide to Eurocode 1: Actions on Buildings*. Thomas Telford, London.

文献目录

Calgaro, J. -A. (2000) *Projet et Construction des Ponts-Généralités, fondations, appuis, ouvrages courants-Nouvelle édition*. Presses des Ponts et Chaussées, Paris.

Calgaro, J. -A. and Montens, S. (1997) Gusty wind action on balanced cantilever bridges. *Proceedings of an International Conference on New Technologies in Structural Engineering*, LNEC and Portuguese Group of IABSE, Lisbon, 2-5 July.

Cook, N. J. (2007) *Designers' Guide to EN* 1991-1-4. *Eurocode* 1: *Actions on Structures, General Actions. Part* 1-4. *Wind actions*. Thomas Telford, London, 2007.

Cremona, C. and Foucriat, J. -C. (2002) *Comportement au Vent des Ponts-AFGC*. Presses des Ponts et Chaussées, Paris.

Del Corso, R. and Formichi, P. (2004) A proposal for a new normative snow load map for the Italian territory. In *Proceedings of the 5th International Conference on Snow Engin-eering, Davos, Switzerland*, 2004. A. A. Balkema, Rotterdam.

Del Corso, R. and Formichi, P. (1999) Shape coefficients for conversion of ground snow loads to roof snow loads. *Proceedings of the* 16*th International Congress of the Precast Concrete Industry*, Venice, Italy, May.

CEN (2002) EN 1991-1-1. *Eurocode* 1. *Actions on Structures -Part* 1-1: *General Actions-Densities, self-weight, imposed loads for buildings*. European Committee for Standard-isa-tion, Brussels.

CEN (2003) EN 1991-1-3:2003. *Eurocode* 1 - *Actions on Structures -Part* 1-3: *General Actions-Snow loads*. European Committee for Standardisation, Brussels. Presses des Ponts et Chausse' es, Paris.

CEN (2005) EN 1991-1-4:2005. *Eurocode* 1: *Actions on Structures -Part* 1-4: *General Actions-Wind actions*. European Committee for Standardisation, Brussels.

CEN (2003) EN 1991-1-5:2003. *Eurocode* 1: *Actions on Structures -Part* 1-5: *General Actions-Thermal actions*. European Committee for Standardisation, Brussels.

第 3 章　施工荷载

3.1　概述

EN 1991-1-6 涵盖了本章的主要内容。本章给出了用于验算建筑、土木工程结构以及施工阶段临时辅助结构而应考虑的作用的确定原理和一般规则。按照 Eurocode 的规定,施工阶段的临时辅助结构是*与施工过程相关的工程结构,并在相关的施工活动完成后,不再使用而可以被拆除的结构。这类结构包括,临时支架,脚手架,支撑(系统),围堰,横撑,顶推施工的导梁。*

条款1.5.2.1:
EN 1991-1-6

以下几类作用会在施工过程中出现,在 EN 1991-1-6 有规定,但对每种作用的描述详细不一:

- 结构和非结构构件搬运过程中的荷载
- 土的作用
- 预应力引起的效应
- 预加变形
- 温度、(混凝土)收缩、水化作用
- 风荷载
- 雪荷载
- 水引起的作用
- 冰引起作用
- 施工荷载
- 偶然作用
- 地震作用

两类作用需要区分开来:

在 Eurocode 1 中规定水引起的作用和施工荷载(注意无论以何种方式,由水引起的作用并非特定为施工阶段;该规则也可用于持久设计状况)

除施工荷载和水引起的作用外的其他荷载(自重,温度,风,偶然作用,雪荷载)由 Eurocode 1 的其他部分规定,而土体移动,土压力,预应力,混凝土收缩/水化作用,地震作用由其他 Eurocode 规定,冰致荷载由其他国际标准规定。

作用组合需参考 EN 1990 附录 A2(见本设计指南第 8 章)进行,结构设计应遵循相关设计规范的规定进行。

3.2 作用分类

根据 EN 1990 规定,除施工荷载外,作用可分为永久或可变、直接或间接,固定或不固定的,静力或动力。表 3.1 摘自 EN 1991-1-6 的表 2.1,并对其进行细化。

施工阶段作用的分类(除施工荷载)(数据来自 EN 1991-1-6 表 2.1) 表 3.1

作用	分类				备注	出处
	随时间变化情况	分类/来源	空间变化情况	性质(静态/动态)		
自重	永久	直接	固定(带允许偏差)/自由	静态	运输/存储中自由下落时为动态作用	EN 1991-1-1
土体位移	永久	间接	自由	静态		EN 1997
土压力	永久/可变	直接	自由	静态		EN 1997
预应力	永久/可变	直接	固定	静态	用于局部设计为可变作用(锚具)	EN 1990, EN 1992 至 EN 1999
预加变形	永久/可变	间接	自由	静态		EN 1990
温度	可变	间接	自由	静态		EN 1991-1-5
收缩/水化效应	永久/可变	间接	自由	静态		EN 1992, EN 1993, EN 1994
风荷载	可变/偶然	直接	固定/自由	静态/动态	(*)	EN 1991-1-4
雪荷载	可变/偶然	直接	固定/自由	静态/动态	(*)	EN 1991-1-3
由水产生的作用	永久/可变/偶然	直接	固定/自由	静态/动态	永久/可变视项目情况确定。如果与水流相关则视为动态作用	EN 1990
大气结冰引起的作用	可变	直接	自由	静态/动态	(*)	ISO 12494
偶然作用	偶然	直接/间接	自由	静态/动态	(*)	EN 1990, EN 1997-1-7
地震作用	可变/偶然	直接	自由	动态	(*)	EN 1990(4.1), EN 1998

注:(*)来源文件需与国家附件核对后方可确定,因为国家附件中可能提供了额外相关信息。

施工荷载用一个单独的符号 Q_c 来表示,归为直接可变作用。根据作用的性质,它一般为不固定的,在某些环境下可能为固定的,可能是静力的或动力的。表 3.2是施工荷载分类的概览。

条款2.2.1:EN 1991-1-6

施工荷载的分类(数据来自 EN 1991-1-6 表 2.2;其余数值见 EN 1991-1-6) 表 3.2

作用(简短描述)	分类				备注	出处
	随时间变化情况	分类/来源	空间变化情况	性质(静态/动态)		
人员及手持工具	可变	直接	自由	静态		
存储可移动物体	可变	直接	自由	静态/动态	物体坠落荷载视为动态作用	EN 1991-1-1
非永久性设备	可变	直接	固定/自由	静态/动态		EN 1991-3
可移动的重型机械和设备	可变	直接	自由	静态/动态		EN 1991-2, EN 1991-3
废弃材料堆积	可变	直接	自由	静态/动态	也可对竖直表面施加荷载	EN 1991-1-1
由处于临时状态的结构部分产生的荷载	可变	直接	自由	静态	不包括动力效应	EN 1991-1-1

3.3 设计状况和极限状态

条款3.1(1)P: EN 1991-1-6

桥梁的施工为短暂状况,如果桥梁逐步架设,则为系列短暂状况。然而,可能存在偶然作用或出现偶然状况,例如,由于构件坠落,稳定设施失效,地震发生,风暴出现等导致静力失稳。

因此在桥梁的设计中,需要选择、定义并考虑合理的短暂、偶然和有关地震设计状况。

3.3.1 可变作用标准值确定的背景

针对短暂设计状况,选择可变作用标准值的主要问题是,采用比持久设计状况更短的重现期所定义的标准值存在风险,特别是气候作用。换言之,是否能够接受、多大程度接受:在施工期间,或更常见的短暂设计状况下,对可变作用的标准值进行折减?

该问题源于两个考虑:1)短期内(常指施工期间的设计状况)这些作用不大可能出现那么大的值,2)有些情况下,按这么大值去考虑,造价高昂。

本节中,使用以下记号和定义(Eurocode 本身并未使用):

$Q_{k,pers}$为持久设计状况下可变作用的标准值;

$Q_{k,trans}$为短暂设计状况下可变作用的代表值;

T_{dwl}为结构设计使用年限;

$T_{Q,pers}$为持久设计状况下可变作用代表值的重现期;

$T_{Q,trans}$为短暂设计状况下可变作用代表值的重现期;

$T_{Q,real}$为可变作用代表值真实的(或实际的)重现期;

T_{trans}为短暂设计状况的持续时间。

参考持久设计状况的标准值来确定短暂设计状况合理的标准值,以下几点需要考虑:

- 多种短暂设计状况可预见的持续时间。
- 根据短暂设计状况的持续时间和日期,可收集到的、与作用大小有关的额外信息。
- 确定的风险,包括(人为)干预的可能性。

尽管设计使用年限不直接涉及 $Q_{k,pers}$ 的选择,但标准值的对比基于各自持续时间 T_{trans} 与 T_{dwl} 的比较。只要作用服从稳态随机过程,则 Q 的任意较大值 Q^* 超越概率近似与下列比值成正比:

$$\frac{T_{trans}\text{ 时间段内}(Q > Q^*)\text{ 的概率}}{T_{dwl}\text{ 时间段内}(Q > Q^*)\text{ 的概率}} \approx \frac{T_{trans}}{T_{dwl}}$$

有关气候作用的额外信息通常与下列情况有关:

- 季节方面,周期可以月计,;情况允许时,T_{trans} 的标称值可为 3 个月。
- 或者如有可靠的气象资料,可仅以数天或数小时作为周期;理想状况,T_{trans} 标称值为 1 天。

对于人为作用,额外信息通常与控制作用及其效应的(大小)有关;持续时间不是对比的主要参数。

一般地,可把 T_{trans} 的标称值设为 1 年;该时间尺度内,作用过程可视为静止的,从而与持久状况相同。

风险评估的基本原理通常仍是适用的,但大部分情况下数据却非常具体的;特别是,常常为了避免或减小突发事件引起的不利后果,而去解释:考虑这类不利事件而采用更高概率(做法)是正确的。

短暂和持久设计状况的其他区别也应考虑,例如:

- 最大值服从耿贝尔法则的可变作用,变异系数在较短周期内比比在 T_{dwl} 内要大(标准差与周期长短无关,但(在分母上的)平均值更小);因而可变作用的分项系数值 γ_F 应略有增加。
- 在抗力方面,(虽然)施工阶段混凝土强度尚未达到其最终值是不利效应,但尤其像钢材这样的材料未发生劣化却是有利效应。

对于稳态过程,1 年期短暂设计状况的标准值可基于重现期采用数值方法确定。

与 EN 1990 一致,持久设计状况下气候作用的标准值可基于 0.02 的年超越率(即重现期 $T_{Q,pers}=50$ 年)而确定。

虽然持久状况中有一些特定的基础变量,,短暂状况的失效概率与持久设计状况的失效概率却并非完全相互独立的。然而,已经形成共识的是:一般情况下,与可变作用 Q 的影响相比,仅当永久作用 G 的影响绝对占优时,短暂设计状况和持久设计状况的相互依赖对可靠度水平的显著影响才体现出来。如果粗略的假定短暂和永久设计状况的失效概率是完全独立的,那么似乎就有:将两个设计状况的设计年限按短暂状况的重现期同比例折减(即均乘以 T_{trans}/T_{dwl}),即可近似地得到短暂和持久设计状况的失效概率是相同的(这一结论)。

然而,如果能够接受短暂和持久设计状况的失效概率相同的假定,那么似乎就有:虽然年失效概率是相互依赖的,因包含多个短暂状况(如 50 个)的持久状况的累计失效概率将大幅增加。相反地,如果取 $Q_{k,trans}$ 等于 $Q_{k,pers}$,短暂状况中失效次数明显会比持久状况低得多。

因此,1 年期短暂设计状况的标准值与持久设计状况组合值相等。组合方式按照克斯特拉法则:$Q_{1k}+\psi_{0.2}Q_{2k}$,且单独作用时,Q_{1k}应与同重现期的值相近。两个作用存在两个组合,因此组合效应的重现期应除以 2。但实际采用作用系数 ψ_0 来考虑 Q_1 和 Q_2的所有可能的影响系数(见 EN 1990 设计指南);而且失效概率的差异对可靠性来说并不重要。

ψ_0的取值可能受到一些主观倾向的影响:对于规范制定者,某个作用值比规范的标准值小,可能视为正常的,因为一般认为规范值是可接受状态与不可接受的状态的界限值。于是,在承载力极限状态(ULS)的检验中,$\gamma_F\psi_0$的乘积不能小于 1。短暂状况下的标准值同样如此。

- 气候作用数值上取 EN 1990 建筑结构设计基础给定的值,$\psi_0=0.7$,易得:如某个作用的变异系数等于 50 年内的最大值 0.2(风和雪荷载通常适用),且其服从耿贝尔分布,则 $\psi_{01}Q_{1k}$的名义重现期近似等于 5 年,即 $0.1T_{Q,nom}$。
- 当 $\psi_0=0.7$ 时,$\gamma_Q\psi_0$的乘积等于 1.5,这一值偏于保守,因而可以接受。

1 年期短暂设计状况,主要是气候作用,重现期(代替 50 年)可取为 5 年。对更短的短暂状况(如 3 个月或 3 天),可基于各种补充信息进一步折减代表值。在某些情况下,由于可靠性水平的优化,这些折减的标准值可能需要重新考虑。

3.3.2 EN 1991-1-6 的设计原则

EN 1991-1-6 给出了简化的设计规则以便设计者使用,但从上文背景推导的数值通常是保守的。

第一步是分析各种施工阶段,这些需要单独考虑。第二步给每个选出来的阶段设定一个大于或等于真实持时的名义持时。Eurocode 有四种名义持时:小于 3 天,3 天至 3 个月,3 个月至 1 年和超过 1 年。表 3.3 给出了各名义持时的重现期以确定标准值。

确定气候作用标准值的建议重现期(数据来自 EN 1991-1-6 表 3.1) 表 3.3

持 时	重现期(年)	年 概 率
≤3 天	2[a]	0.5
≤3 个月(但 >3 天)	5[b]	0.2
≤1 年(但 >3 个月)	10	0.1
>1 年	50	0.02

注:[a]为短施工阶段选择 3 天的名义持时,对应于场地位置的气象预测可靠的时间尺度。如果采取适当的施工组织,该选择可用于略长一点的施工阶段。平均重现期的概念一般不适用于短期持时。
[b]最大到 3 个月的名义持,确定作用大小是,需要适当考虑季节因素和短期气象气候变化的影响。例如,一条河流的洪水流量取决于所考虑的年周期。

如果采用适当的施工组织,则略长一点的施工阶段的名义持时可选择3天,例如,钢梁,这种相当轻结构的顶推。

不过,风荷载与EN 1991-1-4一致,建议最小风速持时为3个月(20m/s),甚至取3天。最小风速用于确保提升或搬运以及其他工期较短的施工操作的安全。

这些信息可以从附近的气象台的天气预报和当地风观测中获得。

Eurocode 1相关部分给出了气候作用标准值和重现期之间的关系:

- 雪荷载

附录D:EN 1991-1-3

如果数据显示,年最大雪荷载服从耿贝尔概率分布,那么地面雪荷载的标准值(50年重现期)与n年平均重现期的地面雪荷载值间的关系如下式:

$$s_n = s_k\left(\frac{1 - V\frac{\sqrt{6}}{\pi}\{\ln[-\ln(1-P_n)] + 0.57722\}}{(1+2.5923V)}\right)$$

式中:s_k——地面雪荷载标准值(50年重现期);

s_n——n年重现期的地面雪荷载;

P_n——年超越概率(近似等于$1/n$,其中n为以年为单位的重现期);

V——年最大雪荷载变异系数。

例如:当$P_n = 0.2$(对应于5年的超越概率),$V = 0.4$时:

$$s_{5年} = 0.632s_k$$

- 风荷载

条款4.2(2)P:EN 1991-1-4

用基本风速v_b乘以概率系数c_{prob},得到年超越率为p的10分钟平均风速。概率系数c_{prob}如下式得到:

$$c_{prob} = \left\{\frac{1 - K\ln[-\ln(1-p)]}{1 - K\ln[-\ln(0.98)]}\right\}^n$$

式中:K——形状参数,由极值分布的变异系数决定;

n——指数。

K和n的建议值为:$K = 0.2$,$n = 0.5$。

例如,当$p = 0.2$(对应于5年的重现期)时:

$$c_{prob} = \left\{\frac{1 - 0.2\ln[-\ln(1-0.2)]}{1 - 0.2\ln[-\ln(0.98)]}\right\}^{0.5} = 0.85$$

意味着:风速乘以0.85,而动压需乘以$0.85^2 = 0.72$。

- 温度作用(见本设计指南第2章和EN 1991-1-5)

也可见TTL出版的《Eurocode 1设计指南:建筑上的作用》引言和第6章。

3.3.3 承载能力极限状态

EN 1991-1-6中没有给出承载能力极限状态(ULS)的具体验算规则,但根据EN 1990,设计人员有责任在施工期间选择适当的设计状况。这些设计状况要么明确地包括偶然作用,要么参考发生偶然事件后的状况而定。在地震区,施工阶段考虑的地震设计状况需要通过设计地震重现期等基本信息来定义。

条款3.2(1)P:EN 1991-1-6

条款3.2(2)P:
EN 1991-1-6

显然,结构验算要就相应的设计状况,根据结构建成的程度,选择适当的几何尺寸和抗力来进行。

3.3.4 正常使用极限状态

条款3.3:
EN 1991-1-6

Eurocode(即 EN 1992 ~ EN 1995)的条文中规定了施工阶段所需验算的正常使用极限状态。一般地,这些验算的目的是缓解裂缝以及早期挠度,它们可能对耐久性、适用性以及成桥阶段的美观性有不利影响。因此,设计中应考虑收缩和温度引起的荷载效应,且通过适当的细节设计将其降到最低。

条款3.3(5):
EN 1991-1-6

作用的频遇组合通常与桥梁的施工阶段无关。因此,大多数的验算是基于作用的标准值以及准永久组合作用(例如混凝土桥面板中计算收缩和徐变效应)。

条款3.3(6):
EN 1991-1-6

为了避免任何意外的变形或位移影响到外观或者结构的有效使用,或者导致表面装饰或非结构构件的损坏,(Eurocode)对施工中的辅助建筑物也作出了适用性要求。

3.4 作用代表值

施工阶段中许多作用代表值的确定遵循永久设计状况采用的原理和方法。风荷载,水引起的荷载和施工荷载需要特别注意。这些作用的确定在 3.4.1 ~ 3.4.3中详细说明。其他作用在 3.4.4 中涵盖。

3.4.1 风荷载(Q_W)

在许多桥梁类型的施工阶段,风荷载可能是主导荷载。事实上,它可能因动力效应且在顶推阶段或下列风险情况中起不利作用:

- 静力失衡。
- 结构在临时支承上失稳。
- 风致振动引起的不稳定,如涡激振动,大幅颤振和导致细长结构疲劳的风雨振动。Eurocode 建议:当存在动力作用时,有必要针对施工阶段进行抗风设计验算,并应计及(桥梁)结构的拼装率以及结构和诸多构件的稳定性。

条款4.7(1):
EN 1991-1-6

EN 1991-1-6 或 EN 1991-1-4 中未给出不平衡风作用的处理方法。这类荷载对采用平衡悬臂节段施工法建造的预应力混凝土桥梁极其重要。事实上,平衡悬臂施工大跨高墩混凝土桥梁可能横跨多风山谷或者其他多风地区。此时的结构一般比较柔,在施工阶段对阵风敏感。长悬臂,脉动风导致风压(沿桥轴向)不均匀(分布)。两侧的悬臂就可能产生不平衡阻力和升力(图 3.1)。有时还需要考虑桥梁轴向风荷载。

EN 1991-1-6 声明:

条款4.7:
EN 1991-1-6

(2)当不需要采用动力响应设计法时,静力风荷载标准值Q_W应根据合适的重现期按照EN 1991-1-4 确定。

(3)对于起吊、移动操作或其他持续时间短的施工阶段,应规定操作的最大允许风速。

(4)对于风引起的振动，例如涡流引起的横风向风振、驰振和风雨振，其振动效应，包括柔性构件的疲劳可能性，应予以考虑。

……

(6)当确定风荷载时，应考虑承风的设备、脚手架及其他辅助性施工工程的挡风面积。

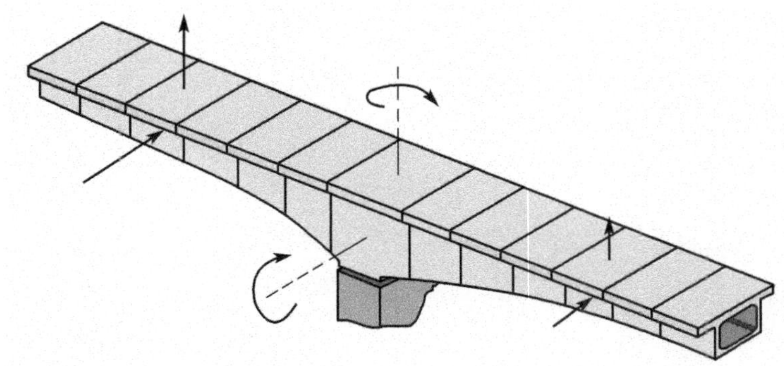

图 3.1　不平衡风效应示意(阻力和升力)

根据作者的桥梁设计经验，如果桥墩高度和最长悬臂长度的一半之和超过 200m，则可能需要做动力响应分析。拟静力方法可采用基于 EN 1991-1-4(条款 8.3.2)定义的简化方法。

大多数情况下选择 5 年的重现期。基本风速为：

$$v_b = c_{dir} c_{season} v_{b,0.5}$$

一般地，

$$v_b = v_{b,0.5}$$

式中：$v_{b,0.5}$——对应于 5 年重现期的基本值。

简化方法(见本设计指南的第 2 章和 ***EN 1991-1-4 条款 8.3.2***)给出下列公式：

条款 8.3.2：EN 1991-1-4

$$F_W = \frac{1}{2}\rho v_b^2 C A_{ref,x} \quad 其中\ C = c_e \times c_{f,x}$$

引入两个峰值风压：

$$q_{p,x} = \frac{1}{2}\rho v_b^2 c_e \times c_{f,x} \quad 且\ q_{p,z} = \frac{1}{2}\rho v_b^2 c_e \times c_{f,z}$$

x 和 z 方向上用同样的假设来计算：

- 场地类别Ⅱ
- $c_0 = 1$
- $k_1 = 1$
- $\rho = 1.25 kg/m^3$

考虑 c_e 的表达式：

$$q_{p,x} = v_b^2 \times c_{f,x} \times [0.02256 \ln^2(20z) + 0.158 \ln(20z)]$$

$$q_{p,z} = v_b^2 \times c_{f,z} \times [0.02256 \ln^2(20z) + 0.158 \ln(20z)]$$

为了获得不平衡风的最不利效应，建议将这些压力(标准值)沿水平和竖向施加到悬臂一半的长度上。

案例 3.1

变高度预应力混凝土箱梁桥的 b/d_{tot} 在 1 ~ 3 范围内。5 年重现期的基本风速为 $0.85\times26=22.1\text{m/s}$。采用两个不利值 $c_{f,x}=2$ 和 $c_{f,z}=0.9$。如果桥梁的参照高度为 80m,则公式为:

$$q_{p,x}=22.1^2\times2\times[0.02256\ln^2(1600)+0.158\ln(1600)]$$
$$=2.338\text{kN/m}^2$$

$$q_{p,z}=22.1^2\times0.9\times[0.02256\ln^2(1600)+0.158\ln(1600)]$$
$$=1.052\text{kN/m}^2$$

这些值可能偏于保守,但与针对高墩桥设计的研究实际是相符的。当然,这些值属于标准值。

在 EN 1992-2(*混凝土桥 - 设计与细则* - 条款 113.2)的 113 节中,给出了作用在悬臂上的上举或水平压力的建议值,用于结构平衡的承载能力极限状态验算。静力平衡验算的建议标准值为 0.2kN/m^2。这个值相对较低,但应该注意到:用此值的风荷载是一个伴随荷载,主导作用是引起非平衡效应的自重(见本设计指南第 8 章)。

3.4.2 水作用(Q_{wa})

地下水视为岩土作用大类(见 Eurocode 7 和 TTL 出版的 EN 1997 设计指南),EN 1991-1-6 给出了以下的确定规则:

- 水流对浸没结构的拟静力作用。
- 淤积漂浮物对浸没结构的拟静力作用。

这些作用对短暂设计状况不明确,但它们是施工过程的辅助结构的主导作用效应。波浪作用引起的力在 ISO/DIS 21650 中有阐述。地震引起的水作用和波浪作用(海啸)不是 Eurocode 系列的讨论内容。

水流对浸没结构的作用

首先,确定水深时应该考虑适当的冲刷深度。通常,应该区分一般冲刷深度与局部冲刷深度。水流引起的冲刷深度称为一般冲刷深度,与是否有障碍物无关(冲刷深度取决于洪水量级,见 ***EN 1991-1-6 条款1.5.2.3***)。局部冲刷深度指水流中在障碍物(如桥墩等)附近产生的水漩涡所引起的冲刷深度(图 3.2)。

条款1.5.2.3:EN 1991-1-6
条款1.5.2.4:EN 1991-1-6

水引起的作用,包括动力效应,是水流垂直作用在结构与水接触的表面上的力,见图 3.3。

式(4.1):EN 1991-1-6

水流施加在垂直面上的总水平力 F_{wa}(N)大小通过下式给出:

$$F_{wa}=\frac{1}{2}k\rho_{wa}hbv_{wa}^2$$

式中:v_{wa}——沿深度平均的水流速度(m/s);

ρ_{wa}——水的密度(kg/m^3);

h——水的深度，但不包括局部冲刷(m)；

b——物体(桥墩)宽度(m)；

k——形状系数：

正方形或矩形截面，$k=1.44$；

圆形截面，$k=0.70$。

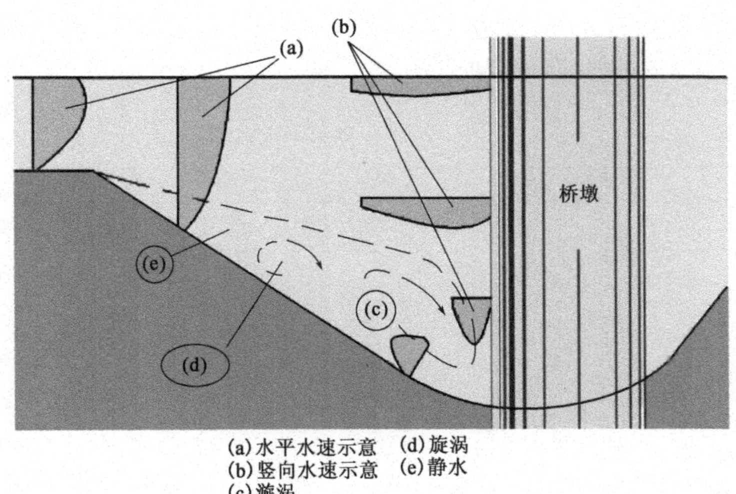

图3.2 桥墩附近的局部冲刷

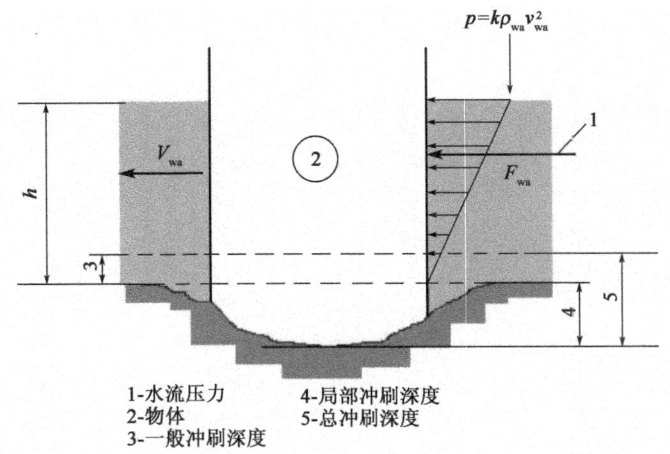

图3.3 因水流引起的压力和外力(经BSI许可，转载自EN 1991-1-6)

通常，水流引起的外力不是桥墩稳定性的决定因素。然而，它可能对围堰的稳定性非常重要。

淤积的漂浮物对浸没结构的作用

有些河道中淤积的漂浮物对浸没结构的作用时有发生。EN 1991-1-6建议用一个外力F_{deb}(N)来表示这种效应，例如，矩形物体(如围堰)通过下式来计算：

$$F_{deb}=k_{deb}A_{deb}v_{wa}^2 \qquad \text{EN 1991-1-6,(4.2)}$$

式中：k_{deb}——漂浮物密度参数(kg/m³)，建议值$k_{deb}=666\text{kg/m}^3$；

v_{wa}——按水深平均的水流速度(m/s)；

A_{deb}——阻水面积(m²)，包括缠绕的漂浮物和支架。

3.4.3 施工荷载(Q_c)

条款1.5.2.2:
EN 1991-1-6

如 ***EN 1991-1-6 条款1.5.2.2*** 定义,施工荷载是因施工活动引起,施工活动结束则消失的荷载。从该定义可知,施工荷载属于可变作用(表 3.2)。施工荷载可能有垂直分量也可能有水平的分量,可能有静力效应,也可能有动力效应。

一般地,施工荷载变化较大。为方便考虑,EN 1991-1-6 定义了 6 种类型,有些类型还给出了数学模型。表 3.4(摘自 EN 1991-1-6 表 4.1)列举了这些施工荷载类型。设计者需要确定某座具体桥梁的施工荷载;然而,一些重型荷载只能在承包商确定之后才能知道,因为他们要为具体项目设计施工荷载。

施工荷载(Q_c)(数据来自 EN 1991-1-6 表 4.1) 表 3.4

施工荷载(Q_c)				
作用			表示方法	附注及备注
类型	符号	描述		
人及手提二具	Q_{ca}	施工人员、工作人员、来访人员及可能的手持工具或其他现场设备	用均布荷载 q_{ca} 模拟且以产生最不利效应的方式施加	**注1**:均布荷载标准值 $q_{ca,k}$ 可在国家附件或具体项目中规定。 **注2**:推荐值为1.0kN/m^2,见 4.11.2
可移动物体存储	Q_{cb}	存储可移动物体,例如: —建筑和施工材料、预制构件; —设备	用自由作用模拟,应采用以下适当的方式表示: —均布荷载q_{cb}; —集中荷载F_{cb}	**注3**:均布荷载和集中荷载标准值可在国家附件或具体项目中规定。对于桥梁,最小推荐值为: —$q_{cb,k}$ = 0.2kN/m^2; —$F_{cb,k}$ = 100kN。 其中$F_{cb,k}$可作用于详细设计规定的公称面积内。施工材料的密度见 EN 1991-1-1
非永久设备	Q_{cc}	施工过程中使用的非永久设备, —或静态(例如,建筑模板、脚手架、临时支架、机械、容器); —或在移动过程中(例如移动模板、顶推梁、导梁、配重)	用自由作用模拟,应采用以下适当的方式表示: —均布荷载 q_{cc}	**注4**:此荷载可根据供货商提供的信息在具体项目中规定。如果没有更准确的信息,可以用均布荷载模拟并采用最小推荐标准值 $q_{cc,k}$ = 0.5kN/m^2。 CEN 的一系列设计标准可供使用,例如模板设计见 EN 12811,脚手架设计见 EN 12812
可移动的重型机械和设备	Q_{cd}	可移动的重型机械和设备,通常指轮式或履带式机械(例如:起重机、电梯、车辆、升降车、电力装置、千斤顶、重型起吊设备)	除非特殊说明,应根据 EN 1991 相关部分的信息进行模拟	如果项目没有具体规定,车辆引起的作用可按 EN 1991-2 确定;起重机引起的作用可按 EN 1991-3 确定

续上表

施工荷载（Q_c）				
作用			表示方法	附注及备注
类型	符号	描述		
废弃材料堆积	Q_{ce}	废弃材料（例如：剩余的建筑材料、开挖弃土、拆除的残料）堆积	考虑可能作用于水平、倾斜和竖向构件（例如墙）的质量效应	**注5**：这类荷载可能短期内显著变化，取决于如材料种类、气候条件、建设速度和清除率等因素
由结构中的临时部分产生的施工荷载	Q_{cf}	最终设计荷载生效之前由结构中的临时部分产生的施工荷载（例如：因吊装操作引起的荷载）	根据计划的施工工序进行模拟，包括考虑建设工序的结果（例如装配等特殊建设进程的荷载和预留荷载效应）	因新浇混凝土引起的附加荷载见4.11.2

在为具体项目确定施工荷载之后，这些荷载要在适当的设计状况下体现，要么作为单个的可变作用，要么将各类型施工荷载打包成荷载组而等代为单独的可变作用。单个施工荷载以及单个施工荷载组应与其他非施工荷载同时作用。施工荷载一般用符号 Q_c来表示。

第一部分 Q_{ca}对应的是工人、管理人员、参观者引起的施工荷载，他们有可能会携带手持工具或小型现场设备（图3.4）。

EN 1991-1-6 建议用一个均布荷载 $q_{ca}=1kN/m^2$（标准值）来模拟该荷载以获得最不利效应。该建议值较高，可能包含有限的动力效应。同样是该类荷载，用于脚手架设计时取值为0.75kN/m²。

第二部分 Q_{cb}对应于临时堆放的物件。一般地，难以得知这些荷载的细节，大小也是随机的。图3.5是预应力钢筋堆在桥上，上面盖了一层塑料薄膜。然而，如果有降雨，薄膜里可能充满水，（预应力钢筋的）重量会显著增加。

图3.4　施工荷载 Q_{ca}

图3.5　施工荷载 Q_{cb}示例

这些作用模拟为自由作用，且如下酌情表示为：

- 作为均布荷载 q_{cb}，标准值建议取0.2kN/m²。
- 为得到最不利效应，认为集中荷载 F_{cb}，大小为100kN。

第三部分 Q_{cc}对应于施工中所动用的临时设备，以下二选一：

- 静力荷载(例如:模板、脚手架、工作架、机械,容器)。
- 移动荷载(如移动模架、顶推的主梁及其导梁、配重)。

图 3.6 是希腊安提利翁斜拉桥施工时采用的移动模架。Q_{cc}是施工开始后才知道的荷载。在初步设计阶段这些荷载值难以确定;然而,常见的桥型中,这些施工荷载的占比设计者应都知道。例如,节段悬臂浇筑施工的桥梁,挂篮的重量大约是最重节段重量的 50%。

图 3.6 施工荷载 Q_{cc}示例(里翁-安提利翁大桥)

如果设计者完全不了解拟采用的施工系统,Eurocode 建议用一个随意均布荷载 Q_{cc}来考虑(施工荷载),其标准值 $q_{cc,k}=0.5kN/m^2$。然而,需要明确的是,该均布荷载没有实际物理意义。

第四组 Q_{cd}对应于可移动的重型机械设备,通常指轮式或轨道类的机械(如起重机、电梯、车辆、升降机、供电装置、千斤顶、重型提升设备)。图 3.7 给出了这类荷载的示例。为了在施工阶段进行适当的验算,需要明确这类荷载。如果施工过程已知,则可在设计阶段做出估计。Eurocode 中未给出该类荷载的模型。

(a)提升系统(诺曼底大桥)

(b)施工中的钢-混凝土组合结构桥面板上的吊车

图 3.7 施工荷载 Q_{cd}示例

第五组 Q_{ce}对应于废料堆积:该荷载通常不会施加于桥梁,但它在特殊情况(市区的桥梁)和某些桥梁(如厚实的板桥)里需要考虑。Eurocode 也未定义该类荷载模型。

最后,第六组 Q_{cf}对应于临时状态下的结构构件湿重产生的荷载。这类施工荷载的一个较好,也是非常常见的例子就是某个构件的混凝土硬化过程。图 3.8

是桥梁节段施工的混凝土浇筑。图中，有同时作用的 Q_{ca} 荷载（作业人员），Q_{cc} 荷载（移动模板）和 Q_{cf} 荷载（混凝土湿重）。

图3.8　某个混凝土桥节段施工——$Q_{ca}+Q_{cc}+Q_{cf}$组合示例

EN 1991-1-6 为这类荷载推荐了一个详细的程序，如表3.5（摘自 EN 1991-1-6 表4.2）所示。桥面板上作业区的荷载就是堆积在桥面板上混凝土的湿重。与 EN 1991-1-1 一致，普通混凝土的重度为 26kN/m³。然而，可能根据实际情况取值，例如，当有些桥梁使用自密实混凝土构件或者预制构件时（混凝土密度取值是不同的）。

现浇混凝土施工荷载引起的作用建议标准值　　表3.5

（数据来自 EN 1991-1-6 表4.2）

作用	荷载范围	荷载[kN/m²]
(1)	工作区域之外	0.75，包含 Q_{ca}
(2)	工作区域之内，3m×3m（如果跨度较小，则取跨度值）	取10%的混凝土自重，并不小于0.75且不大于1.5，包含 Q_{ca} 和 Q_{cf}
(3)	实际区域	承重构件和模板自重（Q_{cc}）以及设计厚度的新浇筑混凝土重量（Q_{cf}）

3.4.4　其他作用的代表值

EN 1991-1-6 就施工阶段针对下列作用强调了的几点，而在 EN 1991 的其他部分也给出了规定：

- 结构和非结构构件的施工作业引起的作用。　***条款4.2;EN 1991-1-6***
- 岩土作用（沉降见 EN 1997 以及 TTL 出版的 Eurocode 7 设计指南）。　***条款4.3;EN 1991-1-6***
- 施加预应力引起的作用。施工阶段的预加应力应视为永久作用，在锚固区设计时，千斤顶施加在结构上的力，应视为可变作用。该规则与以前不同，意味　***条款4.4;EN 1991-1-6***

着承载能力极限状态下锚固区的钢筋验算,应该将最大预加力乘以一个分项系数(大概 1.35)。

条款4.5:
EN 1991-1-6

- 预加变形。
- 温度、收缩和水化效应。对于桥梁而言,需要格外注意的是某个现浇混凝土构件与另一个已硬化构件间的时间差。一般地,验算极限状态是为了防止出现过大宽度的裂缝,特别是钢-混凝土组合结构。需注意过大的支座摩阻力引起的约束。

条款4.6:
EN 1991-1-6

- 雪荷载。如图 3.9 所示,山区道路桥梁的雪荷载可能是施工阶段的主要作用:实际上,如果数月没有人工除雪,积雪可能导致静力平衡问题。

图 3.9　作用在施工中的桥面上的雪荷载

条款4.8:
EN 1991-1-6

EN 1991-1-6 附录 A2 作出了以下规定。施工过程中桥上雪荷载应根据 EN 1991-1-3 的规定并考虑相应的重现期来取值。如果每天(包括周末或公共假日)都有除雪工作的要求,那么应对 EN 1991-1-3 中规定的雪荷载标准值进行折减。EN 1991-1-3 建议施工阶段的标准值是持久设计状况标准值的 30%。然而,依据 EN 1990 验算静力平衡极限状态(EQU),需通过天气情况和预期工期进行调整。为得到最不利效应,雪荷载按均匀分布,其大小取 EN 1991-1-3 中持久设计状况标准值的 75%。

条款4.10:
EN 1991-1-6

- 冰作用包括:水面结冰(浮冰),缆索或塔杆的覆冰。EN 1991-1-6 主要参照 ISO 12494 标准。[7]

条款4.12:
EN 1991-1-6

- 偶然作用。根据 EN 1991-1-6,*必要时,应考虑偶然作用[例如:来自施工车辆、起重机、建筑设备或运输过程中材料(如新拌混凝土洒落)的冲击作用,和/或永久支撑或临时支撑的局部破坏]及可能导致结构承重构件倒塌的动力效应。*
- 设计者的责任是根据桥型,选择偶然设计状况以及施工阶段偶然作用的设计值。最关键的偶然作用是:

—由于临时支座滑落,顶推过程中桥面失稳。

—设备(如移动过程中的移动模板,见图3.10)跌落,包括动力效应。

图3.10 移动模板坠落

—结构构件坠落(如在最后的预应力持力之前,某个预制节段坠落),包括动力效应(图3.11)。

—吊车坠落。

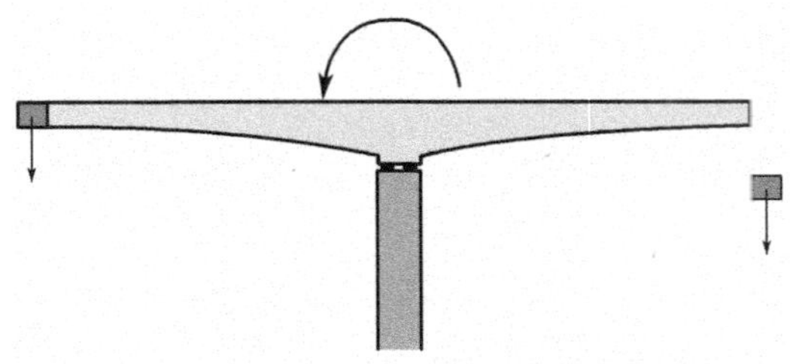

图3.11 预制节段坠落

一般利用乘以动力放大系数(取为2)考虑动力效应。这意味着坠落(如移动模板)的作用效应与其自重大小相等,方向相反。当然,结构及构件是线弹性特性的。特殊情况下需要进行动力分析。最后,需要注意的是,以上提及的许多作用可能会引起结构的移动:需要评估移动的大小以及连续倒塌的可能性。 *条款4.12(1)P注:EN 1991-1-6*

- 地震作用。EN 1991-1-6 提到,如果没有在全国范围内使用国家附件定义,那么需要确定具体项目的地面加速度设计值以及重要性系数 γ_I。然而,针对短期或局部效应的项目细则一般不相干。

3.5 具体规则

EN 1991-1-6 附录 A2 提供了桥梁的补充规定。施工阶段的雪荷载已在本设计指南3.4.4中细述。但设计指南未就于悬臂施工的预应力混凝土桥梁,给出专门规定。最重要的验算是基于适用性要求:避免过大的裂缝和变形,EN 1992-2 以及相应的 TTL 出版的设计指南中亦有规定。[8]

静力失衡是最重要的设计状况之一。静力平衡极限状态需要与基本设计状况以及偶然设计状况同时验算。常见的偶然设计状况可能是移动模板在移动中坠落,或者预制合拢段在预加力生效之前坠落。这两种情况都需要考虑动力效应。

图3.12是预应力悬臂桥在施工阶段通常要考虑的荷载。第8章给出了一个工程案例。

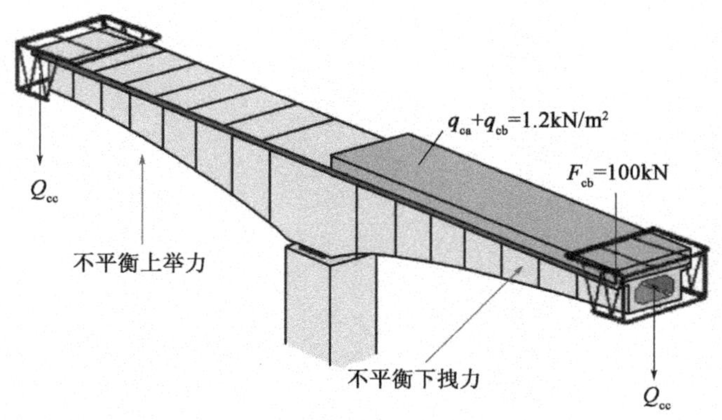

图 3.12　施工阶段考虑的多种作用

如表 3.2 中的解释,一些局部验算的影响面积 $F_{cb,k}$(取值)要在项目细则中给出。

有时,预制节段施工的桥梁项目(实施)细则中给出了预制模板的几何不定值。这些不定值通过确定两个预制节段间的角度差效应,例如定为 0.5×10^{-3}rad 而得到。

EN 1991-1-6 附录 A2 给出了节段顶推施工预应力混凝土或组合桥的补充法则。

- 挠度
- 摩擦效应

预应力混凝土桥顶推施工(见图 3.13 中给出的例子)有几种方法。顶推过程有几种系统,但不管怎么样,主梁总是在现浇区(支撑)梁上的或桥墩临时支承的钢板上滑移。

图 3.13　有导梁的顶推施工

节段顶推法施工的预应力混凝土桥可不考虑静力失衡问题。设计状况需要考虑的是设置临时预应力束满足(施工期间)的典型极限状态。这些极限状态的验算需要考虑因临时支承(反力)的不均匀而引起的挠度(不均匀)。纵向和横向挠度的标准值建议如下:

A.2.3:
EN 1991-1-6

- 单个支承线纵向为:±10mm(其他临时支座垫块均在理论高程)。
- 单个支承线侧向为:±0.25mm(其他临时支座垫块均假设在其理论高程)。

图3.14为设计中需要考虑的一些作用和变形。

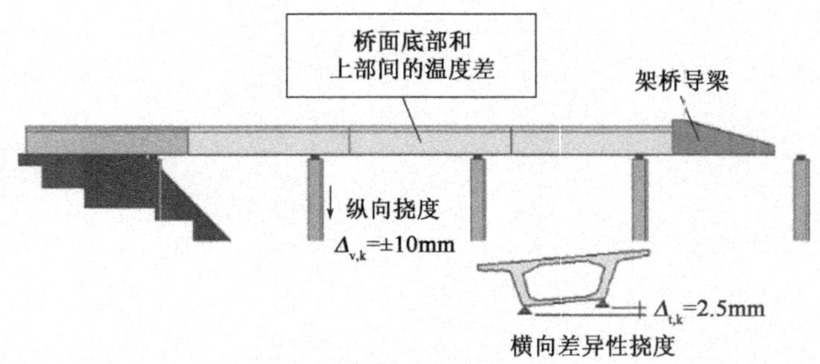

图3.14　预应力混凝土桥顶推施工的作用

通常，桥梁顶推施工不是一个连续性过程，每个顶推阶段需要验算挠度。不过，这对长度大的桥梁来说可能会比较复杂，可以确定桥梁最终位置总的效应（最大值和最小值）。该"简化"方法比EN 1991-1-6附录A2中的规则（得到的结果）更保守。

如果采取了特定的施工控制措施，则可能要调整挠度的标准值。需要注意的是，箱梁端部（如桥台上）对侧向变位非常敏感。任何情况下，纵向和侧向的变位要分别考虑。在某些情况下，可能需要考虑基础沉降。

在一些情况下，静力平衡问题可能是至关重要的（图3.15）。

图3.15　跨铁路线组合桥的钢梁顶推

钢梁顶推通常需要配重，因为钢梁相当轻（图3.16）。本设计指南的第8章中给出了静力平衡的详细验算方法。

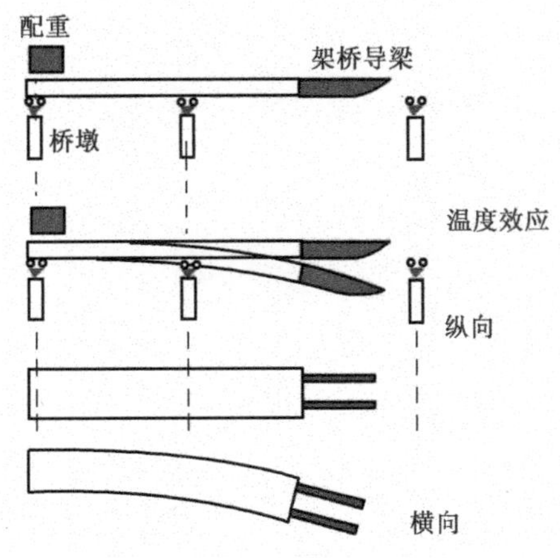

图3.16　有配重的钢梁顶推

主梁和下部结构间的摩擦效应取决于接触面的特性:带有四氟板的橡胶支座与不锈钢板之间滑动,钢板与抛光的钢板之间的滑动等。

A2.5:EN 1991-1-6

EN 1991-1-6 附录A2 给出了以下确定摩擦力的建议值:

- 纵向力取竖向荷载的 10%。
- 通过摩擦系数的上限值 μ_{max} 和下限值 μ_{min} 来确定每个桥墩处的摩擦力。建议值 $\mu_{min}=0$,$\mu_{max}=0.04$。

这些建议值看上去不一致。然而,采用新的顶推系统,桥墩处的摩擦力很低,即使顶推启动时也如此。不过,主梁制作区域(图 3.17)的(支撑)梁上的摩擦效应较高。

图 3.17 施工区域的梁上的摩擦效应较重要

总之,主梁制作区域(支撑)构件设计的摩阻力应该采用总水平摩擦力的设计值。

在所有情况下,项目(实施)细则中给出了施工阶段的温度作用。实际上,温度作用可能在超静定结构上产生结构效应。例如,需要给出临时拉索的温度效应细则。

Eurocode 未定义施工阶段所考虑的温度作用标准值。需要参照以往经验在项目(实施)细则中给出规定。例如,传统预应力混凝土桥,顶板与底板间的温度差的标准值,可以取 68℃。

参考文献

1. European Committee for Standardisation (2005) EN 1991-1-6. *Eurocode 1:Actions on Structures. Part 1-6:General Actions-Actions during execution*. CEN, Brussels.
2. European Committee for Standardisation (2005) EN 1990/A1. *Eurocode:Basis of Structural Design-Annex 2:Application for bridges*. CEN, Brussels.
3. Gulvanessian, H., Calgaro, J.-A. and Holický, M. (2002) *Designers' Guide to EN 1990-Eurocode:Basis of Structural Design*. Thomas Telford, London.
4. Gulvanessian, H., Formichi, P. and Calgaro, J.-A. (2009) *Designers' Guide to Eurocode 1:Actions on Buildings*. Thomas Telford, London.

5. Frank, R., Baudin, C., Driscoll, R., Kavvadas, M., Krebs Ovesen, N., Orr, T. and Schuppener, B. (2004) *Designers' Guide to EN* 1997-1 - *Eurocode* 7: *Geotechnical Design-General rules*. Thomas Telford, London.
6. International Standards Organization (2007) ISO 21650. *Actions from Waves and Currents on Coastal Structures*.
7. Hendy, C. R. and Smith, D. A. (2007) *Designers' Guide to EN* 1992: *Eurocode* 2: *Design of Concrete Structures. Part* 2: *Concrete bridges*. Thomas Telford, London.

文献目录

Association Franc, aise de Génie Civil (1999) *Guide des Ponts Poussés*. Presses des Ponts et Chaussées, Paris.

第 4 章　道路桥梁交通荷载

4.1　概述

本章介绍道路桥梁持久设计状况和短暂设计状况所用车辆荷载的模型。《Eurocode 1:结构上的作用　第 2 部分:桥梁上的交通荷载》(EN 1991-2)的相关章节和附录涵盖了本章的内容。本设计指南的第 8 章给出道路桥梁交通作用组合的系数 ψ 和 γ,EN 1990 涵盖此内容。

EN 1991-2 第 4 章规定了:

- 竖向荷载的四种模型(记为 LM1 至 LM4),用来验算除疲劳外的正常使用极限状态和承载能力极限状态。
- 水平力模型(制动力,加速和离心力)。
- 疲劳验算的五种竖向荷载模型(记为 FLM1 至 FLM5)。
- 偶然设计状况的作用(重车交通事故发生的位置,桥上或桥下车辆的碰撞力)。
- 行人护栏上的作用。
- 桥台及侧墙的荷载模型。
- 桥下车辆的撞击力见本设计指南第 7 章以及 EN 1991-1-7。

前言:EN 1991-2

一般来说,EN 1991-2 第 4 章中所给的荷载模型可用于新建桥梁的设计,包括桥墩,桥台及其前墙、翼墙和侧墙等,以及它们的基础。然而,有些情况需要给出具体的(实施)细则,例如,公铁两用桥,圬工拱桥,埋入式结构,挡土墙和隧道。

条款2.1(3):EN 1991-2
条款2.1(4):EN 1991-2

道路桥、人行桥和铁路桥的交通作用包括可变作用和偶然作用(或与偶然设计状况有关的作用)。不过在正常条件下使用,可将其当作在一定范围内自由的可变作用。此外,交通作用是有多分量的作用,即交通作用会引起竖向和水平、静态和动态的作用力。为了便于作用组合,EN 1991-2 引入了道路桥、人行桥和铁路桥的“荷载组”的概念。

4.2　应用领域

条款4.1(1):EN 1991-2

EN 1991-2 第 4 章中定义的荷载模型的适用加载长度小于 200m。该限制并非真正的技术性限制。

除疲劳外的极限状态下，主要的两种竖向荷载模型（即 LM1 和 LM2）的标定是在长度小于 200m（见本章附录）（桥的）影响线及其面积上加载得到效应（的基础上完成的）。本章中使用了该加载长度来定义所有模型（包括疲劳模型）的应用范围。事实上，这些荷载模型可能用于超过 200m 的加载长度，但超过 300m 的双车道或三车道使用系数 $\alpha = 1$（见以下 4.3.5）的 LM1 可能会偏于保守。为此，Eurocode指出国家附件或者具体项目定义的荷载模型不在此应用范围。在 EN 1991-2 英国国家附件中，荷载模型 1（LM1）的最大适用长度达 1200m。

条款4.1(1)注2：EN 1991-2

通常认为 Eurocode 涵盖了一般可预见的公路交通效应，但不包括施工的荷载效应。具体项目需要具体验算。

4.3　竖向荷载模型（适用于非疲劳极限状态）

4.3.1　概述

竖向荷载的四种模型为：

条款4.3.1：EN 1991-2

- 主要荷载模型（LM1），集中力（多轴系统，称为 TS）和均布荷载（称为 UDL），适用于所有桥梁。
- 双轮单轴模型（LM2）+上述 LM1 模型用于短构件（3～7m）的验算。
- 特殊车辆组模型（LM3），用于考虑特殊车队引起的效应。
- 桥梁表面均布荷载（$5kN/m^2$）模型（LM4），用于考虑人群荷载（含动力放大）效应。

LM3 和 LM4 通常仅在业主要求时，在具体项目中按照说明选用。

4.3.2　荷载模型 LM1 和 LM2 的量级水平

对应不同的重现期，LM1 和 LM2 有不同的量级水平，分别用于多种作用组合。

- 标准值水平对应 1000 年的重现期，这意味着 50 年内的超越概率为 5%，100 年内的超越概率为 10%，见 TTL 出版的《EN 1990 设计指南：结构设计基础》。（注意在 ENV 阶段，起草 Eurocode 2 第 2 部分：混凝土桥的专家要求了一个附加水平；该“罕遇的”水平对应 1 年的重现期。EN 1991-2 和 EN 1990 附录 A2 中提及该罕遇值；目前似乎一些国家在使用这些值。）
- 频遇水平对应一周的重现期。
- 交通荷载的准永久值一般等于 0。需要记住的是，根据《Eurocode：结构设计基础》（EN 1990），可变作用的准永久值定义如下：在设计基准期内被超越的总时间占设计基准期比率较大的作用值。可通过使用系数 $\psi_2 \leqslant 1$ 对标准值进行折减来表示。显然，大多数道路桥梁的交通荷载准永久值为 0。然而，有繁忙和持续交通的道路桥梁，准永久值不取 0 是合理的。密集交通的震区桥梁（***EN 1998-2 条款4.1.2***）车辆荷载的准永久值系数 ψ_2 建议取 0.2。

条款4.1.2：EN 1998-2

标准值、频遇值和准永久值的量值水平的概念如图 4.1 所示,也可见 TTL 出版的 EN 1990 设计指南第 4 章。

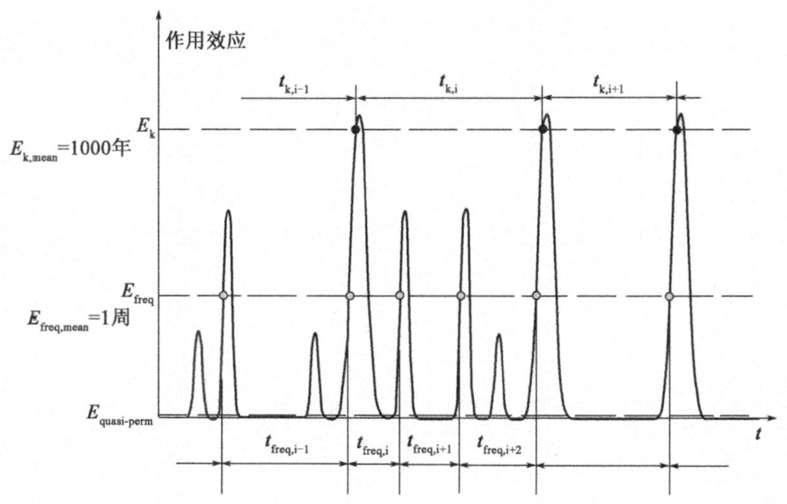

$t_{k,i}$-连续两次超过标准值之间的时间;
$t_{k,mean}$-$t_{k,j}$的平均值,即标准值的重现期;
$t_{freq,mean}$-$t_{freq,i}$的平均值($t_{freq,i}$为连续两次超过频遇值之间的时间),即频遇值的重现期

图 4.1　交通荷载效应不同水平的定义

背景信息

一般地,建设工程设计的气候作用标准值是基于 50 年的重现期(即每年的超越概率为 2%)而确定的。至于道路交通荷载,负责编写 EN 1991-2 的专家们是基于 50 年内超越概率 5%(或 100 年内 10%),对应 1000 年的重现期而确定的标准值。这种选择的主要动机是:降低基准期(50 年)内无法挽回(损失)的正常使用极限状态的发生率。并根据以下事实作出了调整,即公路交通荷载由荷载效应评估得到,而不像气候作用是从部分代表作用的参数估计得到的(如风速)。考虑到可变作用模型暗含了安全储备,气候作用重现期的数量级为 200 ~ 300 年。此外,交通效应的概率分布曲线尾部非常窄(重车最大重量的离散度有限),使得 1000 年和 100 年的作用效应标准值之间没有明显差异(见本章附录)。简言之,所选重现期是为了降低无法挽回(损失)的正常使用极限状态发生率。有理由推测该荷载将来会增大(也可见本设计指南第 1 章)。

4.3.3　行车道的划分

条款4.2.3: *EN 1991-2*

行车道划分为名义车道是(使用)各种荷载模型(进行桥梁分析)的基础。

条款4.2.3(1): *EN 1991-2*

首先,行车道的宽度 w 是安全防护系统或路缘石之间的内侧界限(图 4.2)。国家规范建议这些路缘石的高度不小于 100mm。

行车道宽度 w 除以名义车道宽度,取整得到名义车道数 n_1。一般名义车道宽

度 $w_1=3$m，当行车道宽度为 5.4m≤w<6m 时，名义车道宽度不再取 3m，如表 4.1（摘自 EN 1991-2 表 4.1）所示。

条款4.2.3(2)：EN 1991-2

名义车道的数量和宽度（数据来自 EN 1991-2 表 4.1）　　表 4.1

行车道宽度 w	名义车道数目	一个名义车道的宽度 w_1	剩余区域宽度
$w<5.4$m	$n_1=1$	3m	$w-3$m
5.4m≤w<6m	$n_1=2$	$\frac{w}{2}$	0
6m≤w	$n_1=\text{Int}\left(\frac{w}{3}\right)$	3m	$w-3\times n_1$

注：例如，一个行车道宽度等于 11m，$n_1=3$，则剩余区域宽度为 $11-3\times3=2$m。

行车道宽度与所有名义车道总宽度的差即为剩余宽度。

行车道宽度可变的，同样遵循该原则划分名义车道。

桥上行车道被中央分隔带分为两部分的：

条款4.2.3(3)：EN 1991-2

- 如果两部分被永久道路防护装置分隔开，则每个部分，包括所有的路肩和停车带，应分别划分名义车道。

- 如果两个部分被临时道路防护装置分隔开，则整个行车道，包括中央分隔带，应该划分进名义车道。

条款4.2.3(4)：EN 1991-2

图 4.2 是行车道宽度划分成名义车道的例子。

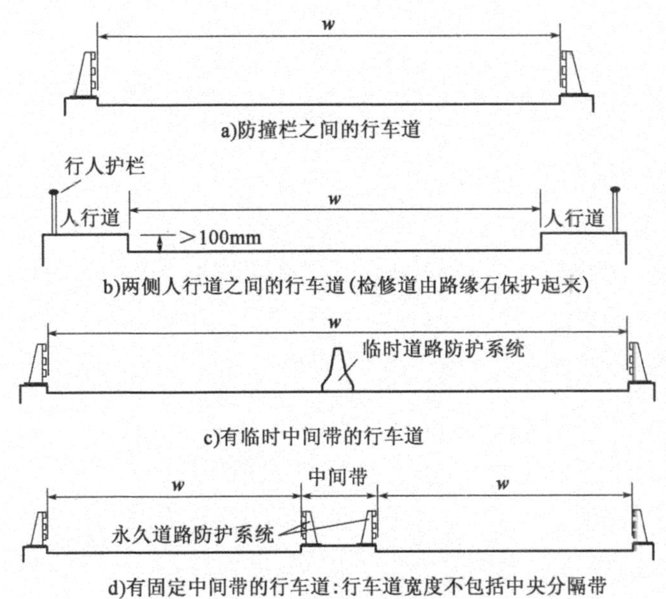

图 4.2　行车道宽度示意

4.3.4　荷载模型的作用车道数、作用位置确定原则

定义并校准荷载模型 LM1 和 LM2 目的是希望给出的效应尽可能与真实交通量观测确定的“外推目标效应”（调整至所选重现期）接近。需要明确的是，荷载模型所加载的名义车道并非实际车道，名义车道数也取决于荷载模型的适用条件，最终目的是获得最不利效应（工况条件）。换言之，没有“实质的”名义车道数目。但是，名义车道的位置和数量确定遵循以下原则：

条款4.2.4 和条款4.2.5：EN 1991-2

条款4.2.4(4):
EN 1991-2

- 荷载模型 LM1 和 LM2 适用于出疲劳外的极限状态,产生最不利效应的车道记为车道 1,产生次最不利效应的车道记为车道 2,以此类推。

条款4.2.4(3):
EN 1991-2

- 根据正常状况的交通预测确定疲劳验算时荷载的车道作用位置和作用车道数。此外,在设计阶段需要考虑行车道可能的变化(如桥面拓宽)。

条款4.2.4(5):
EN 1991-2

- 桥上行车道被中央分隔带分隔,是固定中央分隔带的,每个部分,包括所有硬路肩或停车带,分别划入名义车道;是临时中央分隔带的,则整个行车道,包括中央分隔带,划入名义车道。
- 任何情况下,同一桥上行车道由两个分隔部分组成的,整个行车道只能统一编号,即只能有一个车道 1(当然,这两个车道可以依次称为车道 1)。

条款4.2.4(6):
EN 1991-2

- 不同的桥面系由共同的桥墩或者桥台支撑,桥墩或桥台的设计只用一种车道编号系统,但是,桥面设计时需要用不同的车道编号系统。例如,如果图 4.2c)和 d)中的行车道在相同的桥面上,那么整个行车道只有一个编号系统。

虽然 Eurocode 中未指出,但需要明确的是,对除疲劳外的极限状态,车道编号取决于荷载模型的竖向标准值来确定。这种车道编号方法也可用于荷载模型的其他代表值(如频遇值)的验算。图 4.3 是行车道划分的例子。

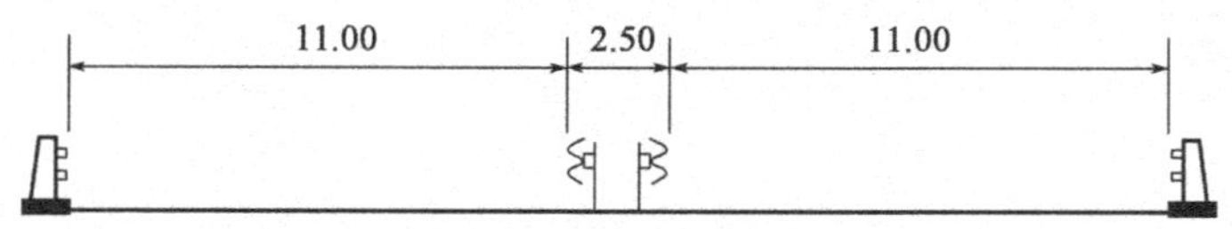

图 4.3 行车道的划分示例(尺寸单位:m)

案例 4.1 行车道的划分

- 单一桥面板和临时中央隔离带:

$w = 24.50\text{m}$, $n_1 = 8$ 车道 + 剩余区域 0.50m

- 单一桥面板和永久中央隔离带:

$w = 2 \times 11.00\text{m}$, $n_1 = 3$ 车道 + 每边的剩余区域 2m

总计:6 车道 + 剩余区域 4m(仅一个慢车道—车道 1)

- 同一桥墩支承的两单独的桥面系:

$w = 2 \times 11.00\text{m}$, $n_1 = 3$ 车道 + 每边的剩余区域 2m

上部结构计算时,两个单独的车道编号(2 条车道 1)。

下部结构设计时,单一的车道编号(1 条车道 1)。

4.3.5 荷载模型 1(主要的典型模型)

条款4.3.2:
EN 1991-2

主要典型模型(LM1)见图 4.4。该模型可涵盖有一定安全储备的绝大部分交通荷载效应。(该荷载模型)基于真实数据和各种理论的科学研究而得到。行车道定义了名义车道后,车道加载如下:

条款4.3.2(1):
EN 1991-2

- 均布荷载(UDL)
- 两轴的车队(TS)

三条名义车道的荷载最大值为在每条车道加载一列车队,这意味着具体项目或者国家附件中可仅使用一列(不建议)或两列车队。

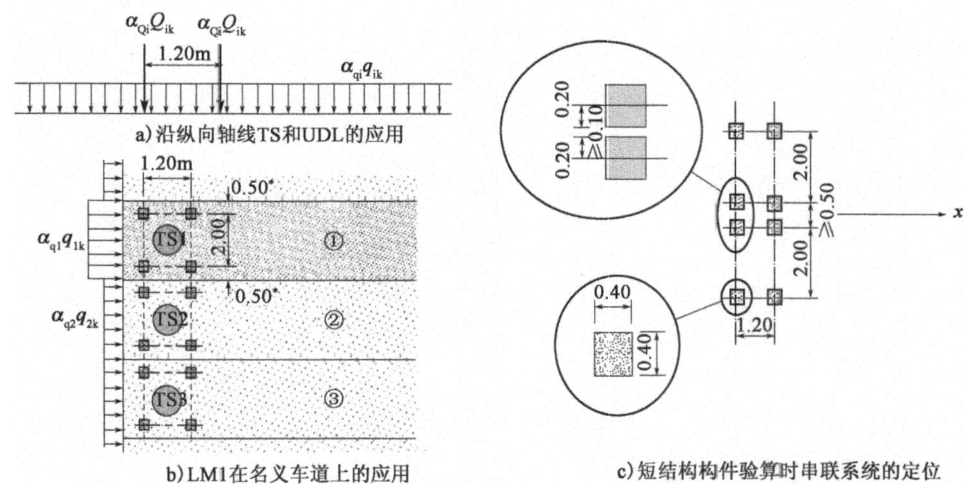

图 4.4　荷载模型 1

案例 4.2　CMA 应用规则

图 4.5 是使用 LM1 计算三跨桥弯矩的例子。

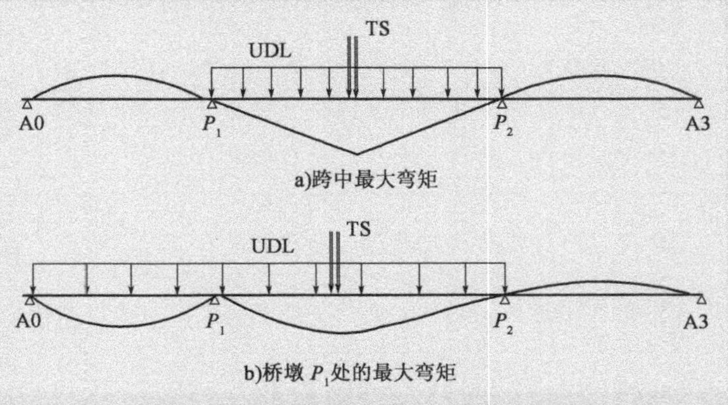

图 4.5　三跨连续桥弯矩最大时 LM1 的布置

车道编号为车道 1、车道 2、车道 3 等,这样,车道 1 产生最不利效应,车道 2 产生次最不利效应,以此类推,总荷载影响随车道编号的增加而减小,如图 4.6 所示。

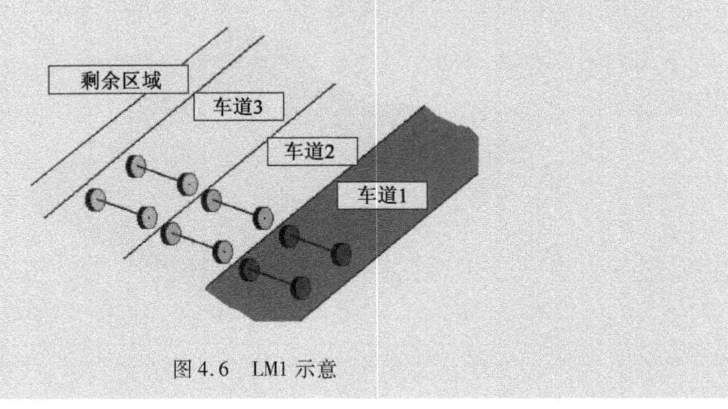

图 4.6　LM1 示意

条款4.3.2(1)a:
EN 1991-2

车队荷载必须完整加载,即不能单轴加载或者单轮加载。如果一个车队荷载加上去,得到最不利效应,则只要一个车队荷载。如果考虑了车队荷载后,未能得到最不利效应,则不需要车队荷载。

车队荷载一般假设沿着名义车道轴线中心施加。

位于第 i 号车道的车队荷载,每个轴重标准值记为 $\alpha_{Q,i}Q_{ik}$,该轴的两个车轮分担相同的荷载 $\alpha_{Q,i}Q_{ik}/2$。第 i 号车道均布荷载的标准值记为 $\alpha_{q,i}q_{ik}$,非车道区均布荷载记为 $\alpha_{q,r}q_{rk}$。

$\alpha_{Q,i}$,$\alpha_{q,i}$,$\alpha_{q,r}$为桥梁上考虑多种交通类型的调整系数。

条款4.3.2(1)b:
EN 1991-2

均布荷载仅施加在引起纵向或者横向最不利效应的位置,这意味着(均布荷载施加区间比实际要小)。例如,(为获得最不利效应),横向均布荷载施加的宽度可能比名义车道宽度要小。

施加荷载模型 LM1 时,有效加载车道数量取决于能否获得最不利效应,进而又取决于(选择)适当的影响区域。大部分情况下,(加载)车道不是紧挨着。

定义并标定 LM1 是为了它既可以用于总体验算又可以用于局部验算。如前所述,总体验算的车队荷载沿车道中心施加,但一些局部效应验算时,不同车道上的车队荷载可以靠得更近,可两相邻车轮距离不小于 0.50m。

表 4.2 中给出荷载(基本值)的标准值,该表摘自 EN 1991-2 表 4.2。它反映了繁忙的国际长途交通,(该值)已计入了动力效应。

荷载模型 1:'基本'标准值(数据来自 EN 1991-2 表 4.2) 表 4.2

位　　置	串联系统(TS) 轴重 Q_{ik}(kN)	均布荷载系统 q_{ik}(或 q_{rk}) (kN/m^2)
车道 1	300	9
车道 2	200	2.5
车道 3	100	2.5
其他车道	0	2.5
剩余区域	0	2.5

轮子与桥面接触面是 0.4m × 0.4m 的正方形,(下文背景说明)会对此给出解释。尽管 EN 1991-2 的英国国家附件采用了建议轴重的车队荷载(集中力),但依然将其换算成均布荷载值。

车轮接触面尺寸的背景材料

车道 1 的车队荷载的车轮着地压力基本值为 150/0.16 = 937.5kN/m^2,约等于附着桥面轮胎的动态压力(等于轮胎的膨胀压力与轮胎结构反力之和)。1989 年(有人)详细研究了重车车轮传递到行车道板的局部荷载。卡车轮胎是子午轮胎,它们的特点是挤压时仅在纵向发生变形。重车轮胎近似认为横向尺寸是恒定的正方形或矩形,如图 4.7 所示。

理论上,轮胎的着地面积(行车道板表面)横向尺寸一般是 400mm,动态情况纵向尺寸稍微大于横向尺寸。下列公式给出了轮重 Q(kN)与动态平均压力 p(MN/m^2)之间的关系:假设车辆速度为 60 ~ 80km/h,这样接触面比 400mm × 400mm 稍大。

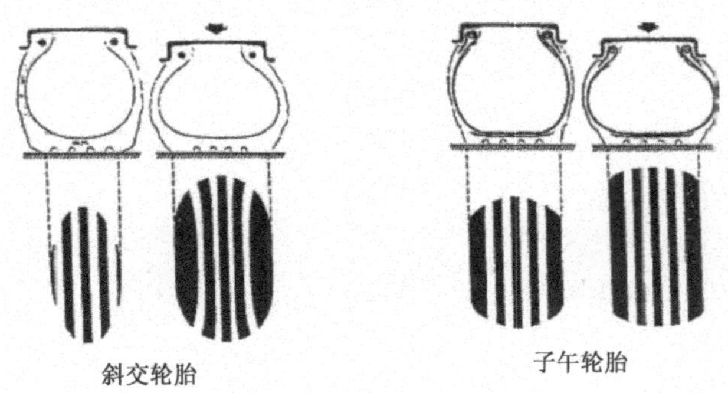

图 4.7　轮胎类型

$$p=\frac{Q}{220}-0.07 \quad Q\leqslant 140\text{kN}$$

接触压力在接触面上并不总是均匀分布。对一些特殊情况，例如紧急制动、车轮打滑、车纶局部脱空、车轮漂滑，轮胎局部压力集中，轮载剧烈作用在混凝土桥面板或钢桥面板上。出于这些原因，LM1 的轮重较为保守，但也不是脱离实际。

LM1 标准值的调整：背景和建议

国家当局颁布的各种 α_Q（轴重）和 α_q（分布荷载）调整系数需根据相应的道路等级（交通等级）或荷载等级进行取值。此后，某些指南就道路等级分类提出建议，当然仅限于那些依照主要荷载（LM1）和单轴荷载（LM2）模拟给出的效应而进行分类的道路等级。

此外，（标准值调整）仅涉及引起大多数效应的那一部分荷载，即引起效应的特征荷载。该类荷载特性与产生主要疲劳效应的荷载特性相同。

反映道路桥梁交通荷载特征的参数有以下几种：

- 成分组成，例如卡车的占比。
- 密度，例如年均交通量或者年均日交通量。
- 交通状况，例如交通拥堵频率。
- 极端车重或极端轴重。
- 以及拟建道路标志的影响。

每个参数可量化描述，但或有些许误差；然而，最困难的是通过它们的组合来确定交通（荷载的）等级。

单向交通和双向交通之间区别需要（事先）明确。如果有关部门能够随时进行交通管制（交通情况），则对于具体项目，单双向交通的区别可视为已知情况。

车重大于 3.5t 的卡车占比，大多数公路上年均值在 10% 到 25% 之间变化。表 4.3 给出了交通场景信息，用于标定荷载 LM1 和荷载 LM2。

干道上交通流量较大（例如日交通量大于 2000 辆），在桥梁设计使用年限内无法预测地方因素对（卡车）占比变化的影响。当然，交通流量小的道路不存在该问题。值得注意的是白天卡车占比可能随时间不同而发生很大变化。

校准荷载模型 LM1 和 LM2 的基础　　表 4.3

道路类型（记录的车道数）	卡车比例(%)	与车辆等级有关的比例(%)*				每天卡车最大载重的平均值(kN)
		1	2	3	4	
高速公路(1 车道)	32	22.7	1.3	65.2	10.8	630
国道(1 车道)	17	26.7	2.5	59.9	10.9	490
长距离交通的高速公路(1 车道)	32	14.4	6.4	66.9	12.3	570
高速公路(1 车道)	47	41.4	7.0	29.0	22.6	590
高速公路(1 车道)	43	16.6	1.6	40.2	41.6	650
高速公路(1 车道)	26	52.3	14.5	33.2	0.0	400

注:* 卡车等级定义如下:等级 1:两轴的单个车辆;等级 2:超过两轴的单个车辆;等级 3:铰接车辆;等级 4:带一个拖车的车辆。

交通拥堵发生频次可能与两个因素有关:交通流量超过表 4.3(尽管这些值可能已不是正常设计值)所列的上限值,或者当地的条件(与是否有桥梁无关),例如桥梁附近有信号灯十字路口。

一般地,除了特殊状况(突发情况,交通管制,交通事故)以及某些城区,双向同时拥堵的频率比单向要小得多(小 10 到 100 倍)。桥长时应考虑(桥上)交通拥堵频率(这对小桥或小构件不重要)(对桥梁的影响)。

如果确定系数 α_q 时没有改变系数 α_Q,那么(在荷载计算时)应当把单向交通拥堵的预期频率的影响考虑进去。

而对于双向交通的桥梁,用仅计单条名义车道 1 的 LM1 荷载模型来考虑桥上发生双向交通拥堵频率的影响。

某些桥梁上难以确定极端车重和极端轴重,除非这些桥梁位于路况非常糟糕的区域,例如纵坡大于 15%(或更大)的路段。

条款4.3.2.3 注1:
EN 1991-2

为此,EN 1991-2 规定 α_{Q1} 不应小于 0.8,荷载小的用 0.9,由于同时出现荷载密度低、荷载分布有利的情况,该系数才能如此取值。

然而,通过比较标定 LM1 和 LM2 所用的统计数据与全国(该国)统计数据,有些国家重新考虑极端车辆荷载似乎也是合理的。系数 α_{Q1}(它可能是极端荷载的重要参数)以及系数 α_{q1} 和 α_{Q2} 很可能要根据比较结果来修订。卡车最大荷载与其他参数没有直接关系;例如,可能车流量小,但是车辆非常重。

区分系数 α_{q1} 对交通荷载等级的确定特别重要。为了简化,系数 α 的选择(方式)会导致它对所有代表值和设计值的影响是成正比的。这意味着所有荷载等级的系数 γ 和 ψ 值在每个国家都一样。

然而,可以合理地认为一个国家宁愿只调整对项目有重要影响的部分系数值。在这种情况下,Eurocode 桥梁部分的内容应该与交通数据一同考虑。

此外,有些车群在有些国家只是偶尔出现,这种状况只需通过承载能力极限状态下安全系数的折减来考虑。这应该是基于技术数据作出社会经济决定的实例,而不仅仅由技术决定。另一方面,在给定的交通环境,给定时间间隔内荷载最大值离散系数小,保留相同的分位数可对系数 ψ 产生重要的影响。

LM1 标准值的调整案例

一般地,定义过多荷载等级并不好。理想的是定义两种荷载等级(表 4.4):

- 一个等级针对有国际重型交通的公路网。
- 一个等级针对或多或少出现普通重型交通的所有道路(即使预期卡车荷载相对轻,在短期内采用较重的荷载会带来更理想的安全储备和耐久性)。

道路桥梁的加载等级示例　　表 4.4

等级	α_{Q1}	$\alpha_{Qi}(i \geqslant 2)$	α_{q1}	$\alpha_{qi}(i \geqslant 2)$	α_{qr}
第一等级	1	1	1	1	1
第二等级	0.9	0.8	0.7	1	1

考虑交通荷载实际增长以及动力作用的交通荷载等级的确定,意味着,相应(等级)交通荷载的预期效应在桥梁设计使用年限内不会被超越。例如,这种选择取决于:下列情况其中一种,在设计使用年限内发生一次的可能性:

- 一级:根据预期交通荷载构成,桥上车道 1 重车日益增多。该等级应该存在罕遇情况。该等级对应于重型商业用车(工业,农产品或林业)占比很高的道路,特别是国际交通(荷载)占沿线重车总数的大部分(的空车运行会很少)。需要注意的事实是,参照过去几十年荷载重量增加(的情况),荷载 LM1 在单跨 25 ~ 50m 之间桥梁上引起的效应与实际效应非常接近。
- 二级:与上述情况相似,干线道路与高速路网上的普通交通荷载也日益增长。两个以上车道以及行车道至少 6m 宽的桥梁,或者该类车道的连接线应该用该等级(荷载)(进行计算)。通常认为剩余区域均布荷载的布载已经涵盖了附属交通荷载的效应。

EN 1991-2 的英国国家附件不允许 LM1 使用(调节)系数 α。简言之,LM1 在给定影响面上布载原则如下:

- 车道加载位置,加载的车道号、加载范围,包括(桥上)空余区域,必须按能得到最不利效应的(原则加载)。
- 空余区域上的效应计算,荷载应可以在纵向、横向上自由(移动)。

从实用性角度(见下文 4.10 节中的例子):

- 应首先确定串联系统车队荷载位置,这样才会得到最不利总效应(不考虑均布荷载)。
- 车道 1 可根据首个车队荷载的位置来定义,然后在该车道适当位置施加相应的均布荷载以获得最不利效应。
- 将其他均布荷载施加在除车道外桥面板上,以获得该处的最不利荷载效应;在 $i > 1$ 的名义车道以及剩余(非车道)区域用同样值(加载),以简化该区域效应的计算。

LM1 的简化　　*条款 4.3.2(6):* ***EN 1991-2***

如果国家附件允许,可使用以下简化荷载模型。

综合效应和局部效应若能分别计算,综合效应可用下列简化的原则(进行计算):

- 可先将下列值替换第二车队的轴重,再将替换轴重的第二车队荷载替代第二车队与第三车队(共同)作用:

$$(200\alpha_{Q2} + 100\alpha_{Q3})\,\text{kN} \qquad \text{EN 1991-2,(4.5)}$$

- 对长度超过 10m 的桥跨,每条车道上的每个车队荷载由一个等于两轴总重的单个集中荷载代替,即车道 1:600α_{Q1}kN,车道 2:400α_{Q2}kN,车道 3:200α_{Q3}kN。

第二种简化的方法(单轴替代双轴)可用于桥的纵向上内力的初步计算。

条款4.3.3:
EN 1991-2

4.3.6 荷载模型 2(典型模型)

主要荷载模型的车队荷载(双集中力)不包含各类车辆(引起)的局部效应。因此,短构件(特别是正交各向异性板)的局部验算,需要给荷载模型 LM1 补充一个荷载模型(LM2)。这样荷载模型就可以考虑宽轮胎(双轮胎情况)对应的接触面,并能修正 LM1 的短影响线效应。这个荷载模型增加了一个标准荷载等于 400kN 的单轴(集中力)。根据具体项目(所采用)的预期荷载等级,并引入系数 β_Q(图 4.8)对该标准荷载进行调整。该荷载在两个车轮(等效接触压力等于 0.952βMPa)内均匀分布。一般建议系数 $\beta_Q = \alpha_{Q1}$,系数 α_{Q1}用于调整 LM1 最大的车队荷载(双轴集中力);特殊情况下,它等于 1,相应荷载等级更高。

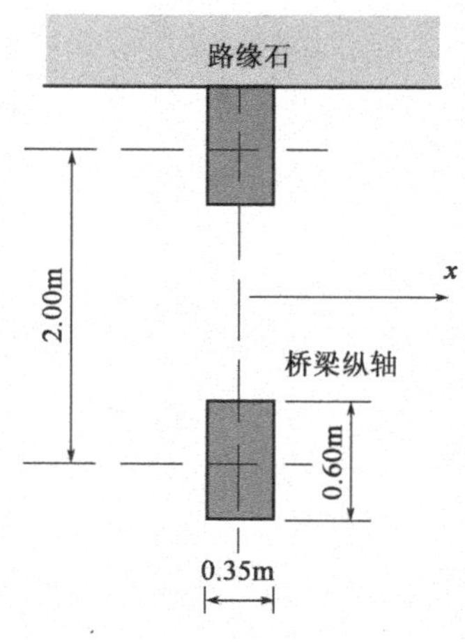

图 4.8 荷载模型 2(LM2)

条款4.3.4:
EN 1991-2
附录A:
EN 1991-2

4.3.7 荷载模型 3(特殊车辆)

荷载模型 3 事实上是一系列标准车辆,旨在包含特殊车队的效应。EN 1991-2 附录 A 中定义了这些标准的车辆:它们并非真实车辆,各国使用时有必要考虑该附录中没有包括的特殊重型荷载。表 4.5、表 4.6 和图 4.9 中定义了这些标准车辆;车辆这些特性是综合现行国家规范的内容而得到的。当然,荷载模型 LM3 仅限于业主指定范围。当将系数 α_{Qi}和 α_{qi}取为 1 时,荷载 LM1 的效应就包含了 600/150 标准模型的效应。对总重超过 3600kN 的车队,项目(实施)细则或从国家层面要给出具体规则。

特殊车辆(数据来自 EN 1991-2 表 A1.2;其余值见 EN 1991-2)　　表 4.5

总重(kN)	构　　成	记　　号
600	150kN 的 4 个车轴线	600/150
900	150kN 的 6 个车轴线	
1200	150kN 的 8 个车轴线 或者 200kN 的 6 个车轴线	1200/150 1200/200
1500	150kN 的 10 个车轴线 或 200kN 的 7 个车轴线和 100kN 的 1 个车轴线	1500/150 1500/200
1800	150kN 的 12 个车轴线或 200kN 的 9 个车轴线	
2400	200kN 的 12 个车轴线 或 240kN 的 10 个车轴线 或 200kN 的 6 个车轴线(距离为 12m)和 200kN 的 6 个车轴线	2400/200 2400/240 2400/200/200
3000	200kN 的 15 个车轴线 或 240kN 的 12 个车轴线和 120kN 的 1 个车轴线 或 200kN 的 8 个车轴线(距离为 12m)和 200kN 的 7 个车轴线	
3600	200kN 的 18 个车轴线 或 240kN 的 15 个车轴线 或 200kN 的 9 个车轴线(距离为 12m)和 200kN 的 9 个车轴线	3600/200 3600/240 3600/200/200

特殊车辆(数据来自 EN 1991-2 表 A2;其余值见 EN 1991-2)　　表 4.6

重量(kN)	150kN 的车轴线	200kN 的车轴线	240kN 的车轴线
600	$n=4\times150$ $e=1.50$m	—	—
900	$n=6\times150$ $e=1.50$m	—	—
1200			
1500	$n=10\times150$ $e=1.50$m	$n=1\times100+7\times200$ $e=1.50$m	—
1800	$n=12\times150$ $e=1.50$m	$n=9\times200$ $e=1.50$m	—
2400	—		
3000	—	$n=15\times200$ $e=1.50$m $n=8\times200+7\times200$ $e=7\times1.5+12+6\times1.5$	$n=1\times120+12\times240$ $e=1.50$m
3600	—		

注:n:每组每个轴的重量(kN)乘以轴数。
e:每组之间的内轴距(m)。

Eurocode 给出一个新规定,用于考虑行车道上同时出现特殊车辆和正常交通荷载,以及车辆以许可车速行使引起的动力效应。

动力效应是车辆按照正常速度(约 70km/h)行驶引起的动力放大效应。此时,动力放大系数按下式计算:

$$\varphi=1.40-\frac{L}{500}\varphi\geqslant1$$

A.3(5):
EN 1991-2

式中,L 为影响长度(m)。

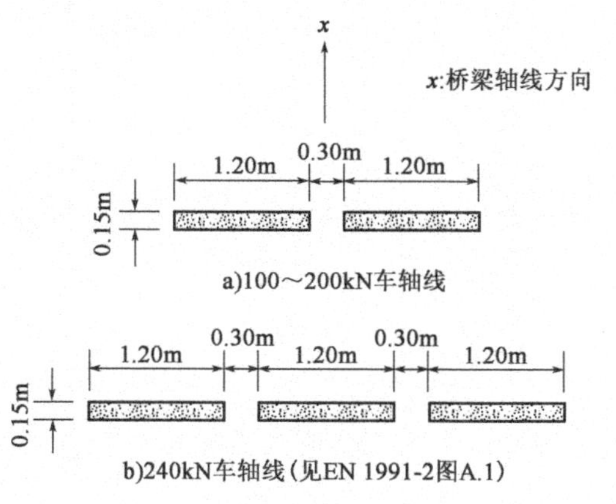

图 4.9　LM3 的车轴线布置和车轮接触区域的定义

图 4.10 和图 4.11 清晰地给出了名义车道上施加特殊车辆以及荷载 LM1 和特殊车辆同时施加规则。名义车道上的荷载 LM1 的最不利效应尽可能与布置在行车道上不利效应一致。此时,行车道宽度将不包括硬路肩、停车带和标线带。

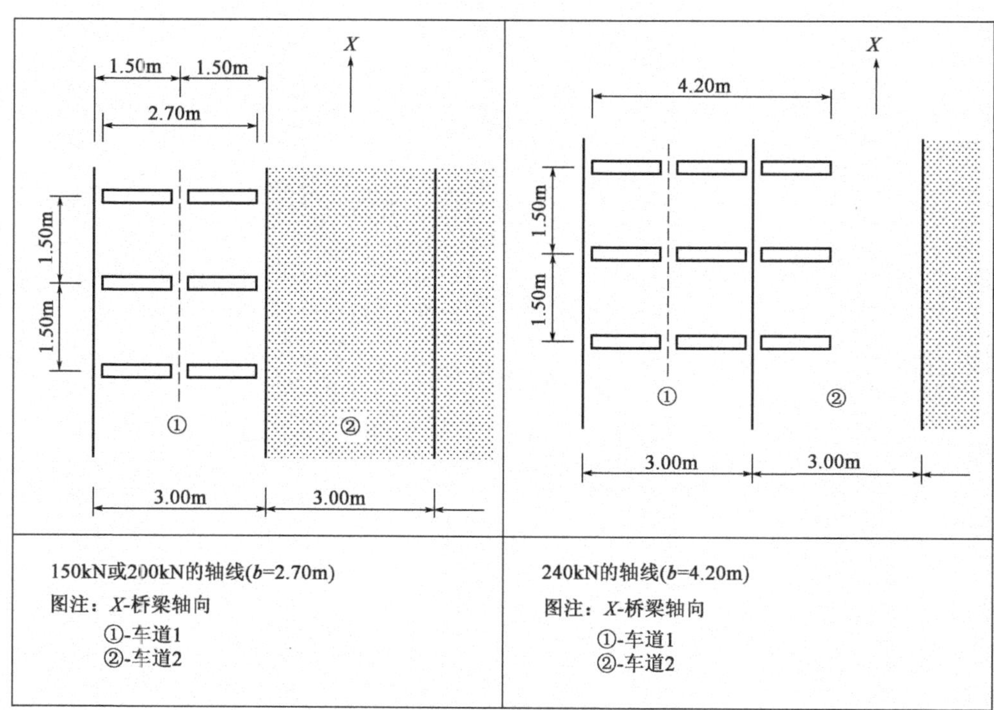

图 4.10　LM3 的特殊车辆在名义车道上的应用(见 EN 1991-2 图 A.2)

4.3.8　荷载模型 4(人群荷载)

荷载模型 4 是 $5kN/m^2$的均布荷载。该荷载代表人群的效应,包括相互无关的动力放大效应,业主有规定时,也适包括中央分隔带。该模型用于有可能举办体育赛事或者进行文化活动的城市桥梁(图 4.12)。

现有国家规范给出的人群荷载为 $5kN/m^2$,对应于人群荷载的极限(相当于每平方米站 6 或 7 人)。同时可以参照 TTL 出版的 EN 1991-1-1 设计指南第 6 章。该体系仅在超过某些结构尺寸时起主导作用。

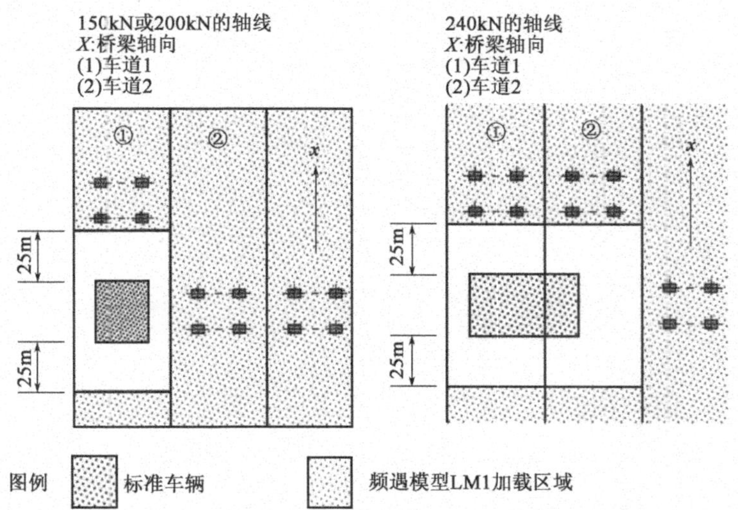

图 4.11　车轴线布置以及 LM3 车轮接触面的定义(经 BSI 许可,转载自 EN 1991-2)

图 4.12　桥上人群荷载,纽约马拉松,韦拉扎诺海峡大桥

4.3.9　集中荷载的传递

条款4.3.6:
EN 1991-2

集中荷载(LM1 和 LM2)的扩散方式应尽可能简化,集中荷载穿过铺装层和混凝土或钢桥面板到达主梁顶板中性面(见图 4.13 的④)是按 45°角扩散的。接触面上的压力为均匀分布,见图 4.13。

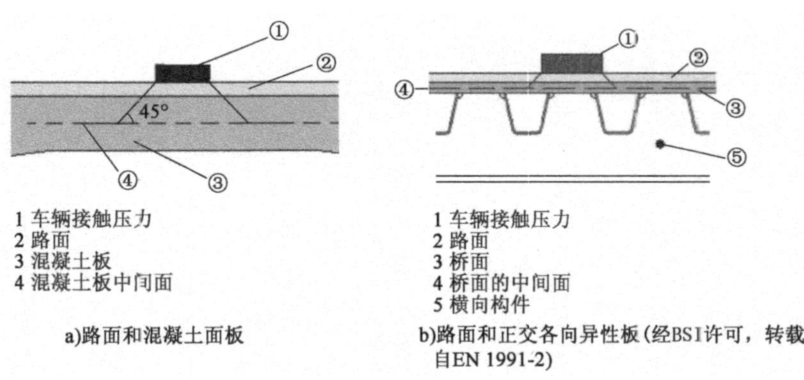

图 4.13　集中荷载的传递

4.4　水平力

条款4.4:
EN 1991-2

4.4.1　制动或惯性力

条款4.4.1:
EN 1991-2

纵向力(制动力或加速力)作用在行车道表面,其最大值是 900KN,可以通过在

车道 1 上荷载 LM1 的竖向力最大值乘上小于 1 的系数计算得到,计算公式如下:

$$Q_{1k} = 0.6\alpha_{Q1}(2Q_{1k}) + 0.10\alpha_{q1}q_{1k}w_1 L$$

$$180\alpha_{Q1}(\mathrm{kN}) \leqslant Q_{1k} \leqslant 900(\mathrm{kN}) \qquad \text{EN 1991-2,(4.6)}$$

式中:L ——行车道的长度或所考虑的行车道的长度;

$2Q_{1k}$——车道 1 的车队荷载双轴重($L>1.2$m,否则,用单轴重);

q_{1k}——车道 1 的均布荷载集度;

w_1——车道 1 的宽度(一般情况下为 3m);

α_{Q1}——调整系数,取决于荷载等级。

图 4.14 是制动力和加速力的大小,所有调整系数等于 1。

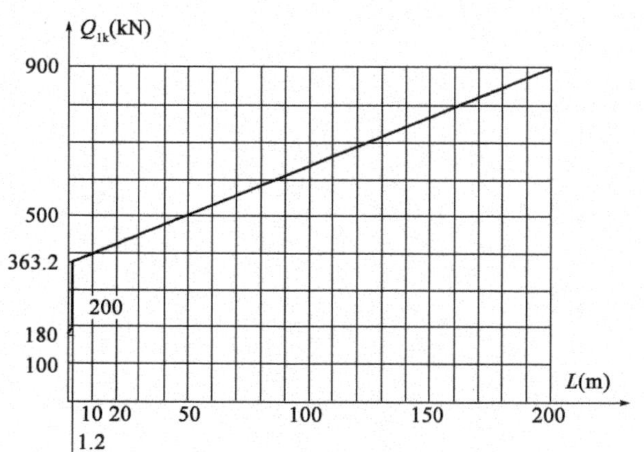

图 4.14 制动力或加速力

> ***背景文件***
>
> 上述纵向力计算基于一个简化模型,瑞士的试验也证实了该模型(是可靠的)。该模型使用了如下几点假定:
>
> - 在车队的头车车制动前,由 n 个相同卡车、相同间距组成的车队匀速通过桥梁。
> - 反应时间(相邻两卡车制动的时间差)为卡车间距与它们的初始速度(同时制动的车辆数量有限)之商。
> - 卡车制动力与其重量成比例。比例系数大小,根据卡车类型和实际车重,在 0.6 到 1 之间选取。
> - 通过并联弹簧、吸震器和耗能单元形成滞变模型来考虑动力车-桥耦合振动。
>
> 用各种参数进行了各种模拟,得到以跨度为变量的制动力表达式。EN 1991-2 式(4.6)出自这些研究。STANAG(军用标准协议 STANAG 2021)规定了军用车辆的制动力上限。

条款4.4.2:
EN 1991-2

4.4.2 离心力

EN 1991-2 给出了横向力 Q_{tk} 标准值,如表 4.7 所示。该横向力作用在成桥车道的表面,方向垂直于行车道。

离心力的标准值(数据来自 EN 1991-2 表4.3,其余值见 EN 1991-2)　表4.7

$Q_{tk}=0.2Q_v$(kN)	若 $r<200$m
$Q_{tk}=$(kN)	若 $200\leqslant r\leqslant1500$m
$Q_{tk}=0$	若 $r>1500$m

注:*r*-行车道水平半径(m)。

Q_v 为 LM1 车队荷载竖向集中力的最大总重,即 $\sum_i \alpha_{Qi}(2Q_{ik})$。

这些公式来自等式:

$$Q_t=\frac{V^2}{gr}Q_v$$

式中:V——车辆速度(m/s);

Q_v——相应的竖向力;

$g=9.81\text{m/s}^2$。

Q_{tk}相当于车速70km/h的计算值。选择该车速的原因是只有重车会产生明显的离心力,而小汽车(按此车速行使)则不会有明显的离心力。

4.5 道路桥梁上的交通荷载组

条款4.5:
EN 1991-2

如4.1节中所述,EN 1991-2 定义了“交通荷载组”的概念以便于作用的组合(见本设计指南第8章)。“交通荷载组”类似于将交通荷载作用视为一个“全集”,而“交通荷载组”则是其“子集”,从而与非交通荷载作用进行组合。荷载组(“子集”)之间互不包含,并作为可变作用(“全集”)的“子集”与其他作用进行组合。

EN 1991-2 表4.4a 列举了交通荷载组的特性,表4.4b 则定义了频遇交通荷载组。图4.15 解释了频遇荷载组的特性。频遇荷载组见本设计指南的表4.8,该表摘自 EN 1991-2 表4.4b。

交通荷载组的评估(多成分作用的频遇值)(数据来自 EN 1991-2 表4.4b)　表4.8

荷载类型		行车道		人行道和自行车道
		竖向力		
参照 EN 1991-2		4.3.2	4.3.3	5.3.2(1)
荷载系统		LM1(串联及均布荷载系统)	LM2(单轴)	均布荷载
荷载组	gr1a	频遇值		
	gr1b		频遇值	
	gr3			频遇值[a]

注:[a] 见5.3.2.1(3)。如果一条人行道加载的效应比两车道加载的效应更不利,则只考虑一条人行道。

需要注意的是,为人行道和自行车道规定了频遇荷载组的取值(gr3):该值对一些(构件)服役标准的验算可能有用,特别是混凝土构件。然而无法给出 gr4(人群荷载)和 gr5(特殊车辆)的频遇值。

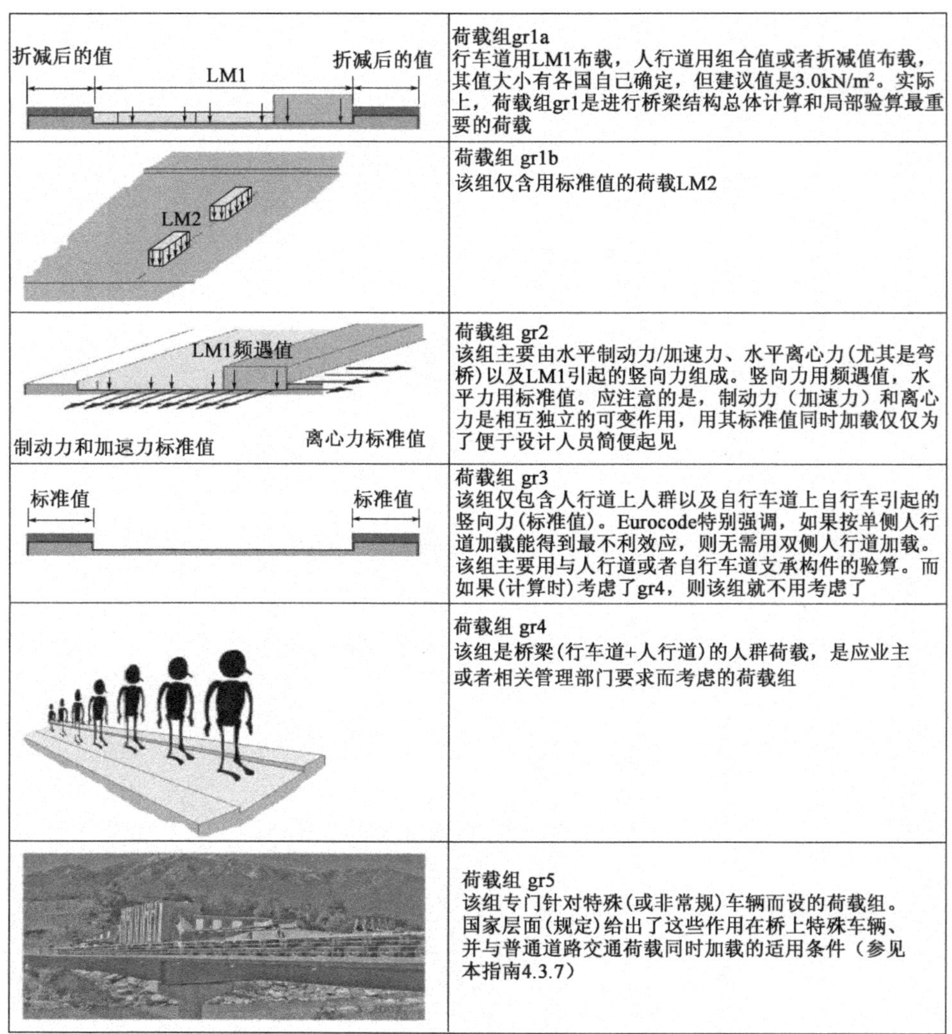

图示	说明
折减后的值　LM1　折减后的值	荷载组gr1a 行车道用LM1布载，人行道用组合值或者折减值布载，其值大小有各国自己确定，但建议值是3.0kN/m²。实际上，荷载组gr1是进行桥梁结构总体计算和局部验算最重要的荷载
LM2	荷载组 gr1b 该组仅含用标准值的荷载LM2
LM1频遇值 制动力和加逗力标准值　离心力标准值	荷载组 gr2 该组主要由水平制动力/加速力、水平离心力(尤其是弯桥)以及LM1引起的竖向力组成。竖向力用频遇值，水平力用标准值。应注意的是，制动力（加速力）和离心力是相互独立的可变作用，用其标准值同时加载仅仅为了便于设计人员简便起见
标准值　标准值	荷载组 gr3 该组仅包含人行道上人群以及自行车道上自行车引起的竖向力(标准值)。Eurocode特别强调，如果按单侧人行道加载能得到最不利效应，则无需用双侧人行道加载。该组主要用与人行道或者自行车道支承构件的验算。而如果(计算时)考虑了gr4，则该组就不用考虑了
	荷载组 gr4 该组是桥梁(行车道+人行道)的人群荷载，是应业主或者相关管理部门要求而考虑的荷载组
	荷载组 gr5 该组专门针对特殊(或非常规)车辆而设的荷载组。国家层面(规定)给出了这些作用在桥上特殊车辆、并与普通道路交通荷载同时加载的适用条件（参见本指南4.3.7）

图 4.15　道路桥梁的荷载组

条款4.6:
EN 1991-2

4.6　疲劳验算的竖向荷载模型

EN 1991-2 规定了疲劳验算的五种荷载模型,记为 FLM1 ~ FLM5。原则上这些模型(分别)对应于不同的用途。只要确定了(验算目的),Eurocode 就应该给出:

- 一个或多个相当“保守的”荷载模型用来快速识别结构的哪些部分可能会出现疲劳问题。
- 一个或多个模型进行常规的简单验算。
- 一个或多个模型进行精确验算(基于破坏计算)。

一些疲劳荷载模型校准的背景文件可在本章附录中查询。

条款4.6.2 和
条款4.6.3:
EN 1991-2

4.6.1　FLM1 和 FLM2

FLM1 使用了 LM1 轴重标准值的 70% 和均布荷载标准值的 30% 。该模型不用调节 α 系数。它用来单独验算的最大和最小应力(表 4.9)。

疲劳荷载模型 1　　　　表 4.9

位　　置	串联系统(TS)轴重 $0.7Q_{ik}$(kN)	均布荷载系统 $0.3q_{ik}$(或 $0.3q_{rk}$)(kN/m^2)
车道 1	210	2.70
车道 2	140	0.75
车道 3	70	0.75
其他车道	0	0.75
剩余区域(q_{rk})	0	0.75

如 EN 1991-2 所述,FLM1 的荷载值类似于荷载模型 LM1 的频遇值。然而,不经调整采用 LM1 频遇值显得过于保守,尤其是有较大加载面的情况。不过 FLM1 定义仍然非常保守。

疲劳荷载模型 2 由五个卡车系列组成,记为“频遇卡车”,表 4.10 和表 4.11 中给出了其几何尺寸和重量特征。

频遇卡车的定义(数据来自 EN 1991-2 表 4.6,其余值见 EN 1991-2)　表 4.10

1	2	3	4
卡车轮廓	轴距 (m)	频遇轴重 (kN)	车轮类型 (见表 4.1)
	4.5	90	A
		190	B
	3.20	90	A
	5.20	180	B
	1.30	120	C
	1.30	120	C
		120	C
	4.80	90	A
	3.60	180	B
	4.40	120	C
	1.30	110	C
		110	C

FLM2 和 FLM4 的车轴和车轮(数据来自 EN 1991-2 表 4.8) 表 4.11

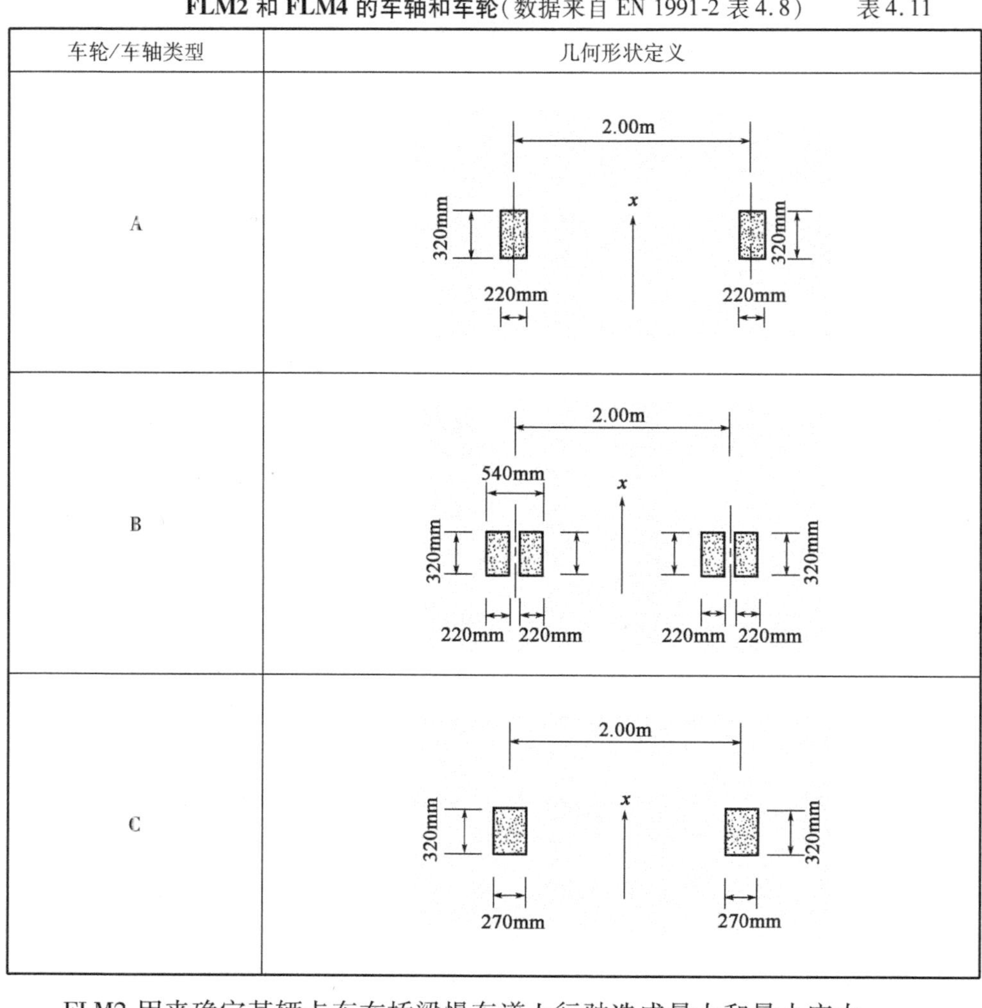

车轮/车轴类型	几何形状定义
A	
B	
C	

FLM2 用来确定某辆卡车在桥梁慢车道上行驶造成最大和最小应力。

在 EurocodeENV 阶段,FLM1 和 FLM2 均用来检查钢桥的疲劳寿命是否如常幅疲劳极限 S-N 曲线那样无限的。事实上,仅仅在 EN 1993-1-9 定义的 S-N 曲线里,循环次数为 5×10^6 次疲劳极限是这样(图 4.16)。

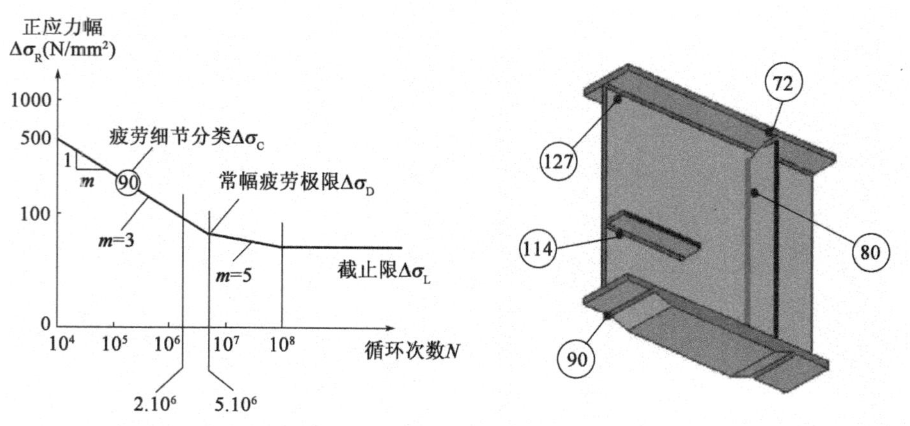

图 4.16 有关标准应力的 S-N 曲线

因此,如果 FLM1 或 FLM2 单独加载引起的应力幅小于横坐标 5×10^6 处对应 S-N 曲线上的值,则认为考虑的构件不会出现疲劳极限状态。因此,已经非常保守地校准过这两个模型，其效应与真实交通的效应十分接近。

FLM2 是为了修正 FLM1 在短影响线情况下的缺点。标定"频遇"卡车以期其能够涵盖未受控制交通荷载造成99%以上的破坏，如在奥塞尔(法国)附近的标定校准 LM1 数据。

需要注意以下几点：

- 仅钢骨架的 S-N 曲线有恒幅疲劳极限；因此，疲劳荷载模型1和2不能用于混凝土桥。
- 标定测试并未准确给出何时使用哪个模型，就 FLM1 而言，可能用于大的加载面。
- 当使用常幅疲劳极限的 S-N 曲线时，依据 Eurocode 为类似结构的疲劳寿命设计时，可能出现不明显的间断点。

鉴于以上原因，FLM1 和 FLM2 不应视为最常规验算的模型。

4.6.2 疲劳荷载模型3的描述(FLM3)

条款4.6.4：EN 1991-2

主要疲劳模型 FLM3 用于无损的常规验算(图4.17)。它由4个120kN的轴载组成，每个轴有两个车轮，车轮接触面为0.40m×0.40m的正方形。

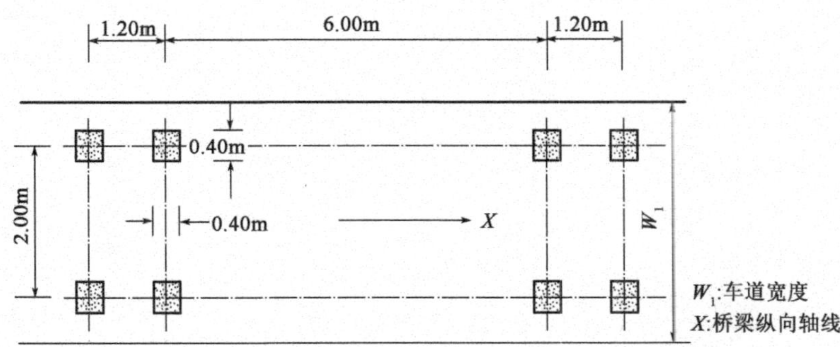

图4.17 FLM3的定义(见EN 1991-2图4.8)

确定该荷载模型最初出发点是：用一辆疲劳"单车"，以常规频次(例如2×10^6)，车过桥并辅以适当的数值调整系数，在桥梁设计寿命内获得与真实交通荷载作用下相同的破坏程度。

因此，设计人员用 FLM3 穿越桥梁计算应力的极值(最大值和最小值)，从而估算其应力幅：

$$\Delta\sigma_{FLM} = |\max\sigma_{FLM} - \min\sigma_{FLM}|$$

然后将应力幅乘以考虑桥面粗糙的动力放大系数 φ_{fat} 该应力范围乘以一个考虑行车道粗糙度的和一个荷载系数 λ_e，得到等效应力幅：

$$\Delta\sigma_{fat} = \lambda_e\varphi_{fat}\Delta\sigma_{FLM}$$

将该应力幅与 S-N 曲线中循环次数 2×10^6 对应的应力幅 $\Delta\sigma_c$ 进行比较(图4.18)。

系数 λ_e 通过四个系数相乘得到：

$$\lambda_e = \lambda_1\lambda_2\lambda_3\lambda_4$$

式中:λ_1——考虑交通的破坏效应,由影响线或面的长度(跨度)决定;

λ_2——考虑预期年交通流量;

λ_3——桥梁设计使用年限的函数(100 年的 $\lambda_3=1$);

λ_4——考虑多车道效应。

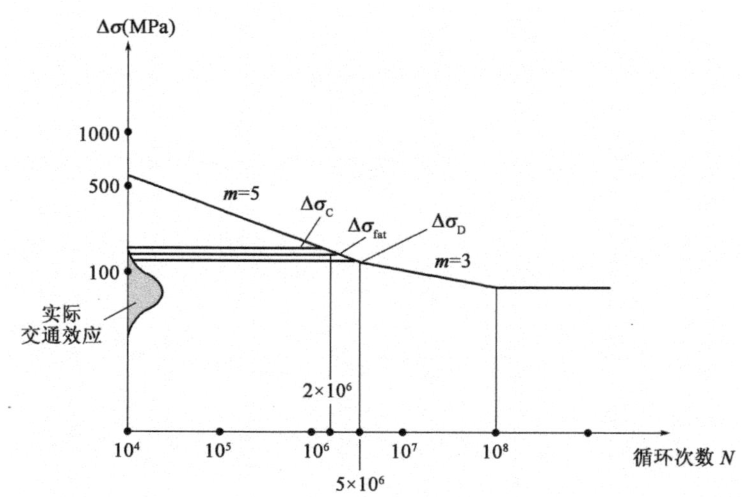

图 4.18　使用 FLM3 进行疲劳验算的原理

为了估计预期交通流量(系数 λ_2),EN 1991-2 给出了每个慢车道重车的预期年示数(一审注:每年过桥次数)。这些示数如表 4.12 所示,该表摘自 EN 1991-2 表 4.5。

每个慢车道重车的预期年示数　表 4.12

(数据来自 EN 1991-2 表 4.5(n);其余值见 EN 1991-2)

交通分类		每年和每个慢车道
1	每个方向有两条及以上车道的公路和高速公路,卡车流通量大,	2×10^6
2	公路和高速公路,卡车流通量中等	
3	主要公路,卡车流通量低	0.125×10^6
4	地方公路,卡车流通量低	

条款 4.6.1(3):
EN 1991-2

表中疲劳验算的交通分类依据下述(情况)分类:

- 慢车道数量。
- 每年每个慢车道重车观测或估计量(车辆最大总重超过 100kN)N_{obs}。

条款 4.6.1(3)注 1:
EN 1991-2

每个快车道上的 N_{obs} 需另加 10%。

各种 Eurocode 的记号并不等价,但验算过程相似。为了说明,表 4.13 给出了 EN 1992-2(混凝土桥梁)与 EN 1993-2(钢桥)对应的记号。

EN 1992-2 和 EN 1993-2 之间记号的对应　表 4.13

本设计指南中的记号	EN 1992-2 中的记号	EN 1993-2 中的记号
应力范围: $\Delta\sigma_{FLM}=\lvert\max\sigma_{FLM}-\min\sigma_{FLM}\rvert$	$\sigma_{s,Ecu}$	$\Delta\sigma_p=\lvert\sigma_{p,max}-\sigma_{p,min}\rvert$
"等效"应力范围: $\Delta\sigma_{fat}=\lambda_e\varphi_{fat}\Delta\sigma_{FLM}$ $\lambda_e=\lambda_1\lambda_2\lambda_3\lambda_4$	$\Delta\sigma_{s,equ}=\lambda_s\Delta\sigma_{s,EC}$ $\lambda_s=\varphi_{fat}\lambda_{s,1}\lambda_{s,2}\lambda_{s,3}\lambda_{s,4}$	$\Delta\sigma_{E2}=\lambda\Phi_2\Delta\sigma_p$ $\lambda=\lambda_1\lambda_2\lambda_3\lambda_4$

对于作用效应的估计：

• 将疲劳荷载模型置放在项目细则中定义的名义车道轴线上以得到总效应。

条款4.6.1(4)：EN 1991-2

• 疲劳荷载模型置放在名义车道的轴线上，但该车到可以在行车道任意位置。还要考虑疲劳荷载模型在名义车道内横向位置按统计(规律)分布，如正交异性板(图4.19)。

条款4.6.1(5)：EN 1991-2

疲劳荷载模型(FLM1 ~ FLM4)都包括了动力放大作用，(即使桥面铺装质量良好的路段，也要考虑动力放大作用)。伸缩缝附近的荷载都需再附加放大系数 $\Delta\varphi_{fat}$，由下式和图 4.20 给出：

附录B：EN 1991-2

$$\Delta\varphi_{fat} = 1.30\left(1 - \frac{D}{26}\right) \quad 且\ \Delta\varphi_{fat} \geqslant 1$$

式中，D 为所考虑截面到伸缩缝的距离(m)。

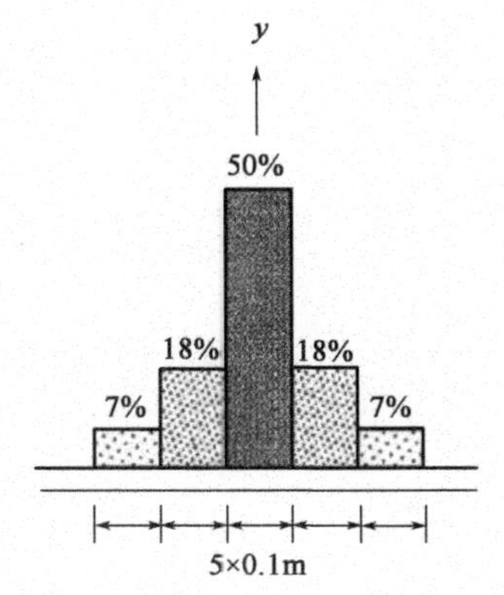

图 4.19　车辆中线的横向位置分布频率(见 EN 1991-2 图 4.6)

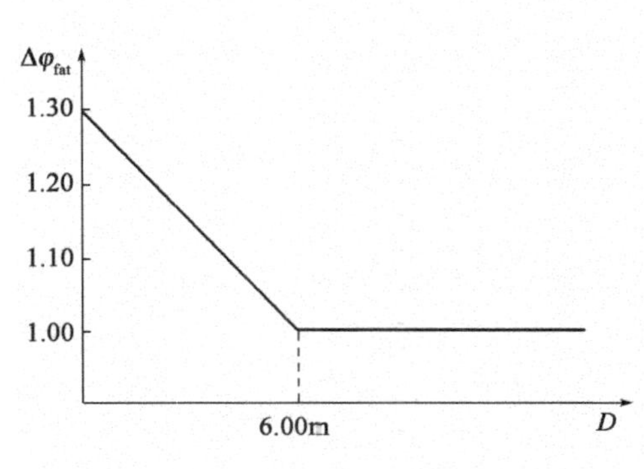

图 4.20　附加放大系数(见 EN 1991-2 图 4.7)

4.6.3　疲劳荷载模型 4 和 5 的描述

条款4.6.4 和条款4.6.5：EN 1991-2

进行基于米勒法则破坏计算的精确验算时，采用疲劳荷载模型 4 和 5。FLM4 由五辆卡车(称为"等效卡车车队")的车队组成，其可能模拟人工交通荷载。人工交通荷载是通过使用概率方法以及调整总体交通中各部分的比例而得到的。FLM5 直接通过交通观测数据得到。表 4.14(摘自 EN 1991-2 表 4.7)给出了等效卡车。

FLM4 的等效卡车系列　　表 4.14

(数据来自 EN 1991-2 表 4.7，其余值见 EN 1991-2)

表4.7 注3：EN 1991-2

车辆类型			交通类型			
1	2	3	4	5	6	7
卡车	轴距(m)	等效轴重(kN)	长距离卡车百分比	中等距离卡车百分比	当地交通卡车百分比	车轮类型
	4.5	70	20.0	40.0	80.0	A
		130				B

续上表

车辆类型			交通类型			
1	2	3	4	5	6	7
卡车	轴距(m)	等效轴重(kN)	长距离卡车百分比	中等距离卡车百分比	当地交通卡车百分比	车轮类型
	3.20	70	50.0	30.0	5.0	A
	5.20	150				B
	1.30	90				C
	1.30	90				C
		90				C
	4.80	70	10.0	5.0	5.0	A
	3.60	130				B
	4.40	90				C
	1.30	80				C
		80				C

车轮类型如上文表 4.11 中所定义。

表4.7 注3:
EN 1991-2

EN 1991-2 表4.7 的注3 及该表给出以下信息:

- "长距离"表示几百公里。
- "中等距离"表示 50 ~ 100km。
- "当地交通"表示小于 50km 的距离。

但在实际中,可能出现混合交通类型。

4.6.4 交通(观测)数据的使用条件

基于交通(观测)数据的疲劳寿命估计应满足特定的规则。内容丰富的 EN 1991-2 附录 B 中给出了部分规则。

该方法首先要确定应力历程;这些数据通常在高速公路的车道上采集的,为了考虑桥梁动力特性和路面平整度影响,有必要将数据乘以动力放大系数 φ_{fat}。但是,这些数据(本身)难免已包含了大约 10% 动力放大效应(见本章附录)。

Eurocode 中提到一个(确定路面平整度引起动力放大作用的)更精确方法,该方法在 ISO 8608 有叙述。该方法(重点是)按照路面纵断面平整度 G_d 的功率谱(PSD)将路面进行分类。可以依据以下几点,快速粗略地确定路面平整度:

- 新建面层,例如,沥青或混凝土面层,可认为平整度好。
- 无养护的旧面层平整度:中等。

- 由鹅卵石或类似材料组成的面层可分类为中等（“普通”）或差（“糟糕”，“非常糟糕”）。

在最常见的情况下，可采用以下 φ_{fat} 值：

良好平整度的路面 $\varphi_{fat}=1.22$。

中等平整度的路面 $\varphi_{fat}=1.4$。

该动力放大系数与上文 4.6.2 和图 4.19 中所介绍的局部动力（放大）系数不同：当所考虑的断面与伸缩缝的距离小于 6.00 时，则使用这两个系数。

如果数据记录只是在一条车道上得到的，应该考虑其他车道交通（对该数据）的影响。可基于异地同类交通数据记录推定（这一影响）。应力历史应考虑桥上任意车道车辆同时出现这种状况数据（的影响）。当个别车辆荷载的数据基本依据时，所给出的方法中应该考虑（上述）情况的影响。

循环次数应使用雨流计数法或存储池法（图 4.21）来计数。

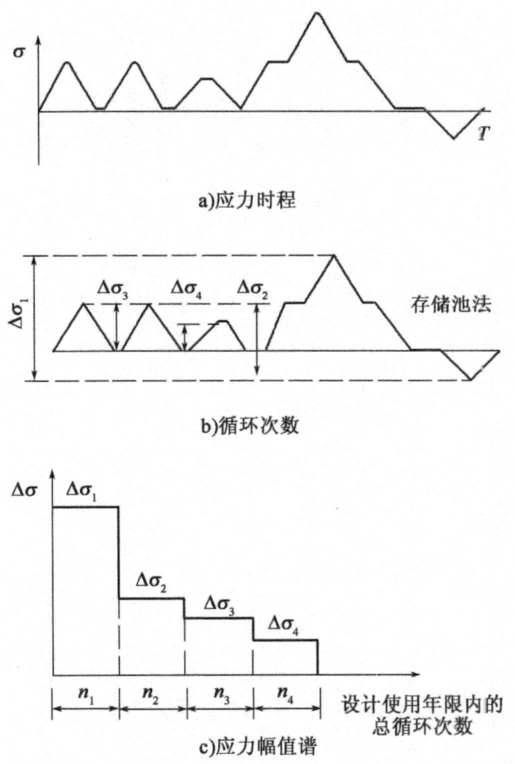

图 4.21　应力循环计数法

如果记录的持续时间不足一周，可能需用典型周所观测的交通流和混合变化情况来调整记录以及疲劳破坏率估计。需要一个调整系数考虑交通将来的变化。

使用数据记录计算的累积疲劳破坏应该乘以一个比例系数，该系数是设计使用年限与直方图中的持时之比。无详细信息时，建议卡车计数乘以系数 2，荷载水平乘以系数 1.4。

条款4.7:
EN 1991-2

4.7　偶然设计状况的作用

该条款涉及:

- 车辆对桥墩、桥梁下部结构、桥面系的撞击。人行道上出现重轮或重车。
- 车辆对路缘石,防撞栏和构件的撞击。

车辆的撞击力有:对包括桥墩和其他承重构件等的下部结构的撞击力,和对桥面系的撞击力(图 4.22)。EN 1991-2 仅给出了撞击力(计算)的建议或建议取值。(之所以如此),是因为 EN 1991-2 在 EN 1991-1-7(偶然作用)之前完善了。因此,有关桥下的车辆撞击问题,在本设计指南第 7 章中处理。下文仅讨论桥梁上的车辆作用。

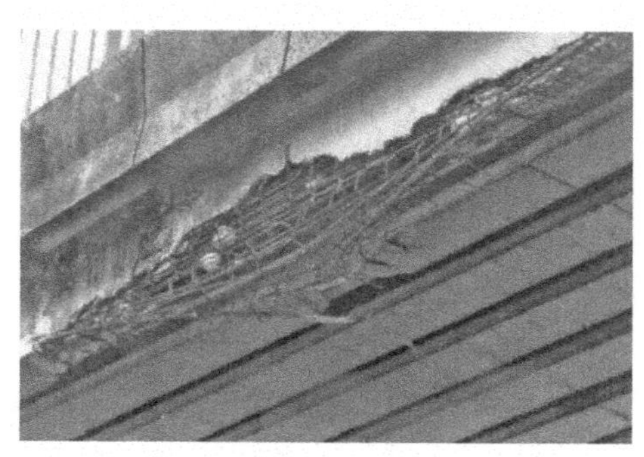

图 4.22　撞击桥面板的例子

4.7.1　道路桥梁上人行道和自行车道上的车辆

所有人行道与行车道间没有刚性防撞栏隔开的桥梁,需要考虑重轮或重车在人行道上出现这一偶然设计状况。

条款4.7.3.1(2):
EN 1991-2

该偶然作用是由名义车道 2 车队荷载的一个轴重引起,即 $\alpha_{Q2} Q_{2k} = 200\ \alpha_{Q2}$(见本设计指南 4.3.5)施加在未设防撞栏的桥面处产生的最不利效应。

图4.9:
EN 1991-2

该设计状况是设计人员与业主协商一致而确定的。图 4.23(摘自 ***EN 1991-2 图4.9***)给出这种偶然设计状况的两个示例。

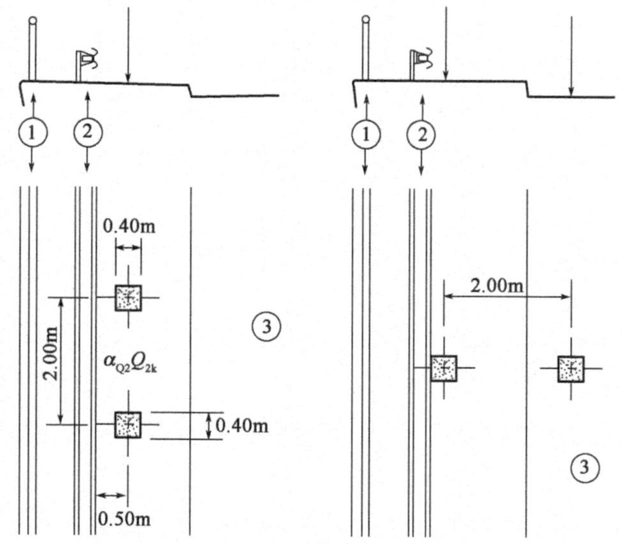

图 4.23　车辆荷载在道路桥梁上人行道和自行车车道上的位置示意

4.7.2　路缘石的碰撞力

条款4.7.3.2：EN 1991-2

该撞击力是 100kN 的水平力，作用于路缘石顶部以下0.05m，作用范围为纵向 0.5m。不利情况时，还需要增加 $75\alpha_{Q1}Q_{1k}=225\alpha_{Q1}$kN 的竖向交通荷载。这些作用力如图 4.24 所示（摘自 ***EN 1991-2 图 4.10***）。

图4.10：EN 1991-2

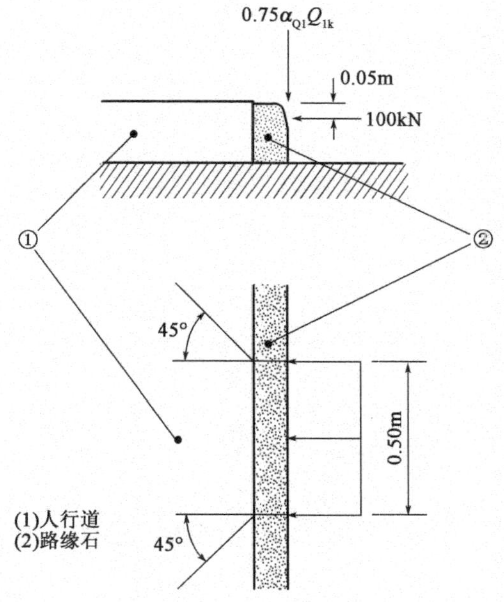

图 4.24　路缘石的车辆碰撞力（EN 1991-2 图 4.10）

Eurocode 中介绍了路缘石的车辆碰撞力，给出了路缘石支承构件的设计原则。刚性（混凝土）构件力的传递角度取为 45°，如图 4.24 所示。

4.7.3　车辆防撞栏的撞击力

条款4.7.3.3：EN 1991-2

桥梁的详细设计时，要给出防撞栏与桥梁结构构件之间连接的准确原则。然而事实上，仅在英国标准 BS EN 1317 第 2 部分通过防护等级定义了（相应的）性能等级。

Eurocode（表 4.15）规定了四个级别的侧向水平力用于连接件的设计。当然，这些建议值可用国家附件中的更精确的值替代，这些值依赖于收费设备或系统的测试结果。

车辆防撞栏的建议等级（数据来自 EN 1991-2 表 4.9（n））　　表 4.15

建 议 等 级	水平力（kN）
A	100
B	200
C	400
D	600

这些值总体上涵盖了实桥防撞栏的碰撞测试结果。Eurocode 指出这些值与防撞栏性能的等级无直接相关性。建议值更多取决于防撞系统与桥面系之间连接件的刚度。等级 D 对应的连接件非常强，例如，刚性的钢防撞栏。重车的防撞（装置）用普通防撞性能等级 H，最常用的性能等级为 H2 和 H3。C 级水平（撞击力）可能与这些性能等级对应。因此，EN 1991-2 建议防撞栏上横向水平撞击力作

用位置防撞栏顶部向下 100mm 或行车道/人行道之上 1.0m 处,且取位置较低者,纵向作用长度 0.5m。与其同时作用的竖向力建议取值 $0.75\alpha_{Q1}Q_{1k}$(图 4.25)。

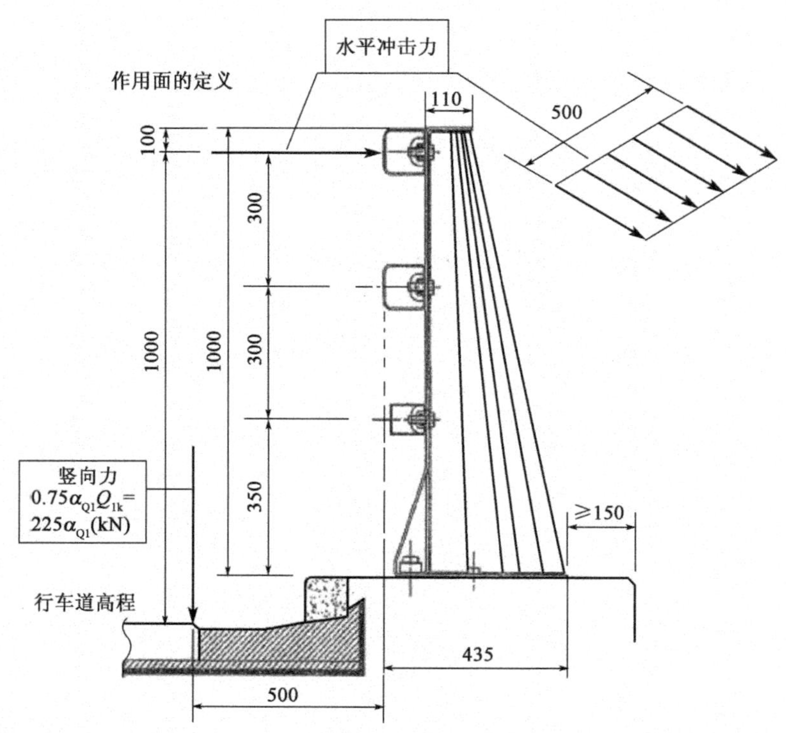

图 4.25　施加在防护栏上的设计力(尺寸单位:mm)

当然,如果防护栏被重车撞击,最好结构不出现劣化。因此,Eurocode 建议设计防护栏时,支承部件应能承受偶然作用的效应,该效应(不与其他可变作用进行组合)是防护栏本身抗力的 1.25 倍(护栏与结构连接的抗力)。(国家附件中给出的值更准确,不过,这些值是基于实测得到的。)

条款4.7.3.3(2):EN 1991-2

条款4.7.3.4:EN 1991-2

4.7.4　结构构件的碰撞力

当然,还要考虑行车道上方或者旁边无保护措施的结构构件的撞击;例如,桥梁格构梁设在侧边的桥梁(图 4.26)。Eurocode 建议撞击力大小与桥墩撞击力相同,作用位置在行车道上方 1.25m 处。然而,当行车道与这些构件间有额外的保护装置时,这个力可根据具体项目酌情减小。这个力属于偶然作用,当然不应与其他可变荷载组合验算(图 4.27)。

图 4.26　格构梁有保护设施的桥梁

图 4.27　悬索桥上的偶然状况

4.8　行人护栏上的作用

条款4.8：EN 1991-2

欧洲标准 prEN 1317 第 6 部分给出了几何和技术要求，明确了有人行道和自行车道的桥梁的行人护栏设计和制造的要求。该标准规定了水平和竖向的交通荷载。水平及竖向交通作用由均布荷载和集中荷载组成。Eurocode 定义了九个水平向均布荷载等级，大小从 $q_h=0.4\text{kN/m}$（等级 A）到 $q_h=3\text{kN/m}$（等级 J）不等。

EN 1991-2 建议等级 C（$q_h=1\text{kN/m}$）作为最小等级。竖向均布荷载也建议了相同的最小值。检修道建议最小值为 0.8kN/m，但最小值不包括特殊和偶然情况。

支承结构设计的竖向作用通常视情况而定。如果行人护栏因有充分保护（装置）而免于车辆碰撞，则护栏的水平力与人行道/自行车道或人行桥（见本设计指南第 5 章）的均布竖向力（标准值）应同时作为支承结构设计的荷载。反之，Eurocode建议，设计的支承结构应能承受相当于护栏抗力标准值 1.25 倍的偶然作用效应，但不再包括其他可变作用。

条款4.8(3)：EN 1991-2

4.9　桥台及附属挡墙上的荷载模型

条款4.9：EN 1991-2

4.9.1　竖向力

EN 1991-2 建议（桥台的）耳墙、侧墙以及其他与土接触部件的设计荷载为施加在台后行车道上的荷载模型 LM1。但为简化起见，可将其双联集中力等效成 3m 宽、2.20m 长矩形均布荷载 q_{eq}，如果台后填土密实，（路面荷载）竖向下传的扩散角可取 30°。

需要注意的是，用于评估桥的交通作用 LM1 标准值一般包含了动力放大效应，而路面上却不存在（动力放大效应）。因此，（台后的）交通作用 LM1 标准值可乘以折减系数，一般将本章附录中的数值乘以系数 0.7。

例如，对于图 4.28 中的车道 1，系数 α 取为 1（图 4.28）：

$$q_{eq}=\frac{600}{3\times2.2}\times0.7\approx63.6\text{kN/m}^2$$

该矩形之外用 $9\times0.7=6.3\text{kN/m}^2$ 的均布荷载来加载。

4.9.2　水平力

条款4.9.2：EN 1991-2

台后填土上的行车道表面无水平力，Eurocode 为就此给出几何表达式。但是卡车上桥后可能会制动，因此，桥台竖墙的设计（图 4.29），应有标准值为 $0.6\alpha_{Q1}Q_{1k}=180\alpha_{Q1}\text{kN}$ 的纵向制动力，且与 LM1 的轴重 $\alpha_{Q1}Q_{1k}=300\alpha_{Q1}\text{kN}$ 以及台后土压力同时作用。台后填土上不再同时施加其他作用。

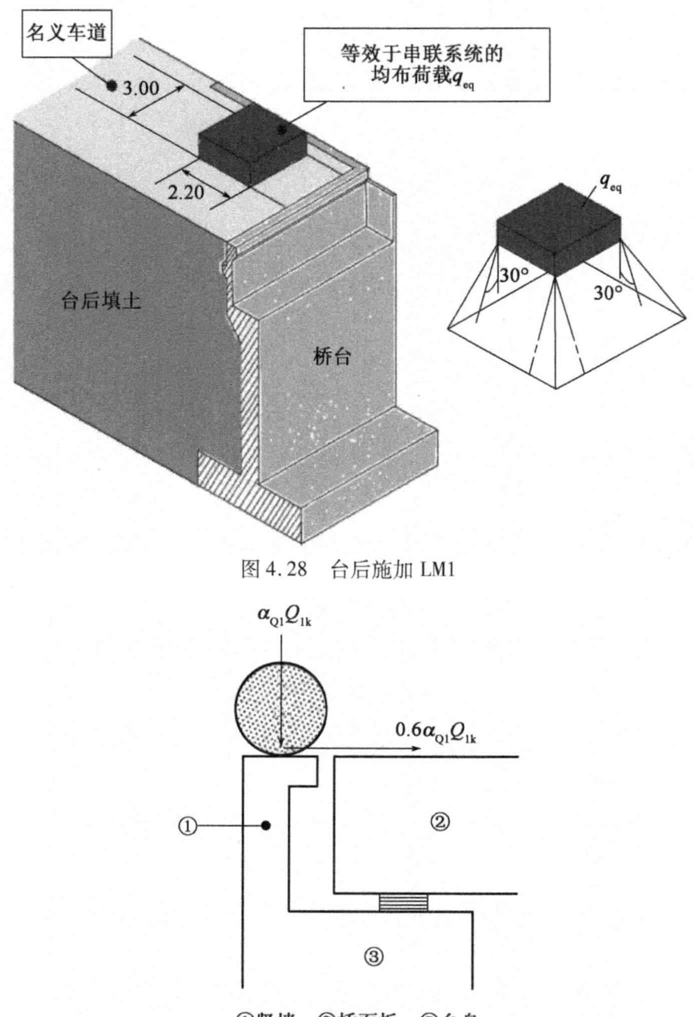

图 4.28　台后施加 LM1

①竖墙；②桥面板；③台身

图 4.29　竖墙上的荷载(经 BSI 许可,转载自 EN 1991-2)

4.10　示例

4.10.1　桥面板横向弯曲研究的 LM1 布置示例

假定是普通的双主梁钢-混凝土组合桥,其横截面如图 4.30 所示。行车道宽度被分为 3 条名义车道以及 2m 宽的剩余区域,在位置 S1 和 S2 处施加 LM1 以获取横向最不利弯矩。

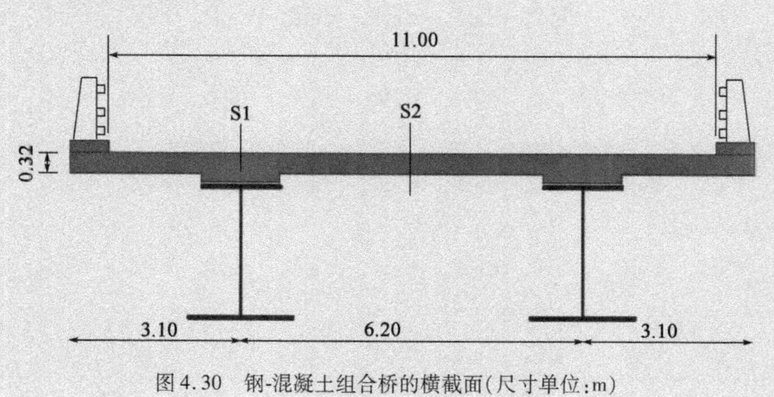

图 4.30　钢-混凝土组合桥的横截面(尺寸单位:m)

例如,该桥按二级道路(表4.3)设计,这意味着车道1,2,3的轴载分别等于0.9×300=270kN,0.8×200=160kN,0.8×100=80kN。至于均布荷载,车道1的值为0.7×9=6.3kN/m²;其他车道上仍用标准值2.5kN/m²。

以简化影响线/面的形状,本例的横断面用简支在双主梁上的桥面板模拟。

图4.31给出了一侧主梁最不利弯矩加载工况。图中车轮由竖向力作用的接触面来表示。事实上,影响面比本例影响面复杂得多,但用于桥面板钢筋计算的结果是正确的。

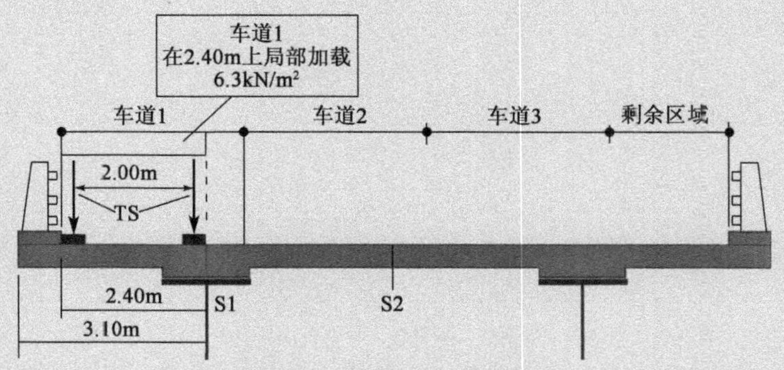

图4.31 截面S1的最大弯矩加载工况

图4.32是有限元分析的正方形板横向弯矩的影响面。

图4.32 正方形板横向弯矩的影响面

截面2最不利效应的加载位置如图4.33所示。

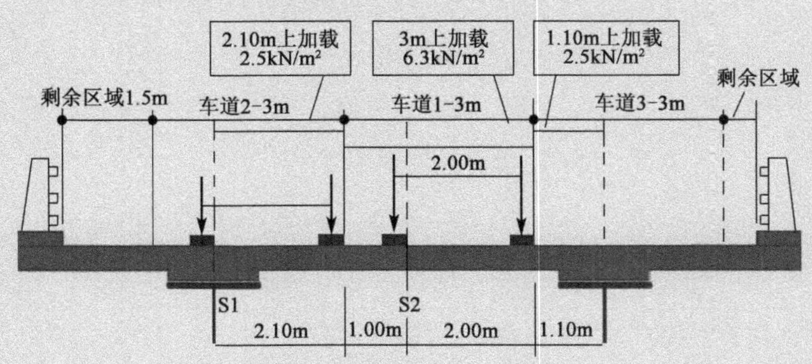

图4.33 截面S2的最大弯矩加载位置

先确定车道1的车队荷载位置,即让其一个车轮靠近(桥面板的)跨中(截面S2)。车道1位置确定的原则是获得最不利效应,即让荷载TS和荷载UDL之间产生(相对跨中)的最大偏心距。然后确定车道2和车道3的位置,并仅在

条款4.9.1:
EN 1991-2

影响线正号区用 UDL 加载。

局部效应的加载位置如图 4.34 所示,计算结果(单位:kN·m/m)如下:

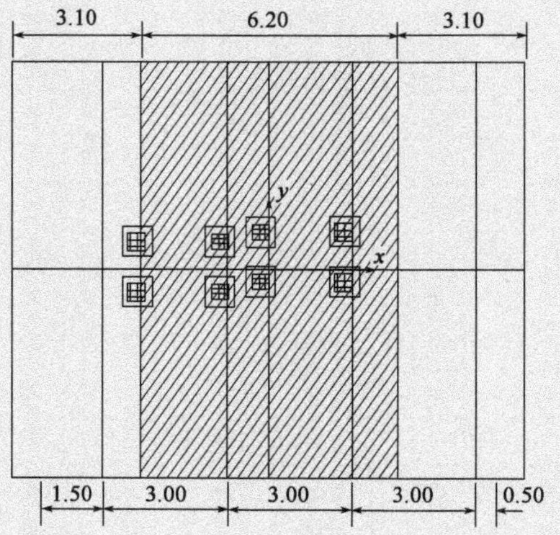

图 4.34　获得最不利效应的加载位置(尺寸单位:m)

4.10.2　混凝土门式刚架桥背后填土加载示例

门式桥如图 4.35 所示。

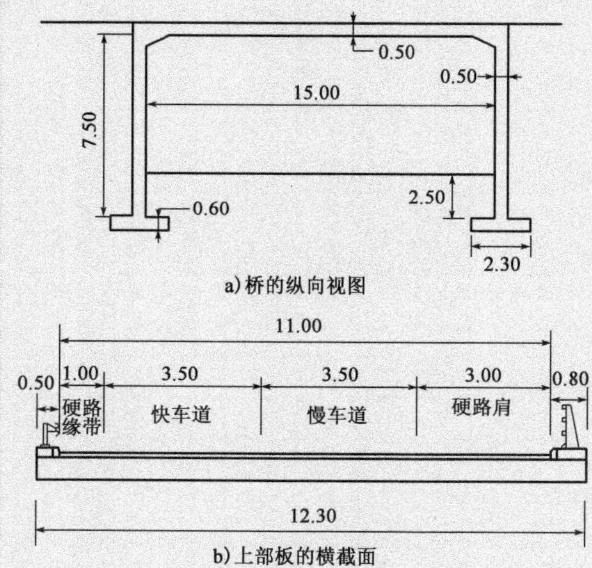

图 4.35　门式混凝土桥的描述(尺寸单位:m)

本例目的在于解释如何将主要荷载模型 LM1 施加到填土路基的道路上而计算竖墙的土压力。依照 Eurocode,按桥上的方法确定路上名义车道。均布荷载 UDL 施加方法也与桥上一致。不过,建议将车队荷载用等效矩形均布荷载替换,如上文 4.9.1 所述。图 4.36 是竖墙背后的车道加载方法。

当然,这些荷载按一定的扩散角向填土里传递,扩散角建议取值为 30°。图 4.37给出了纵向扩散的效应,当然也应该考虑等效荷载横向扩散效应。

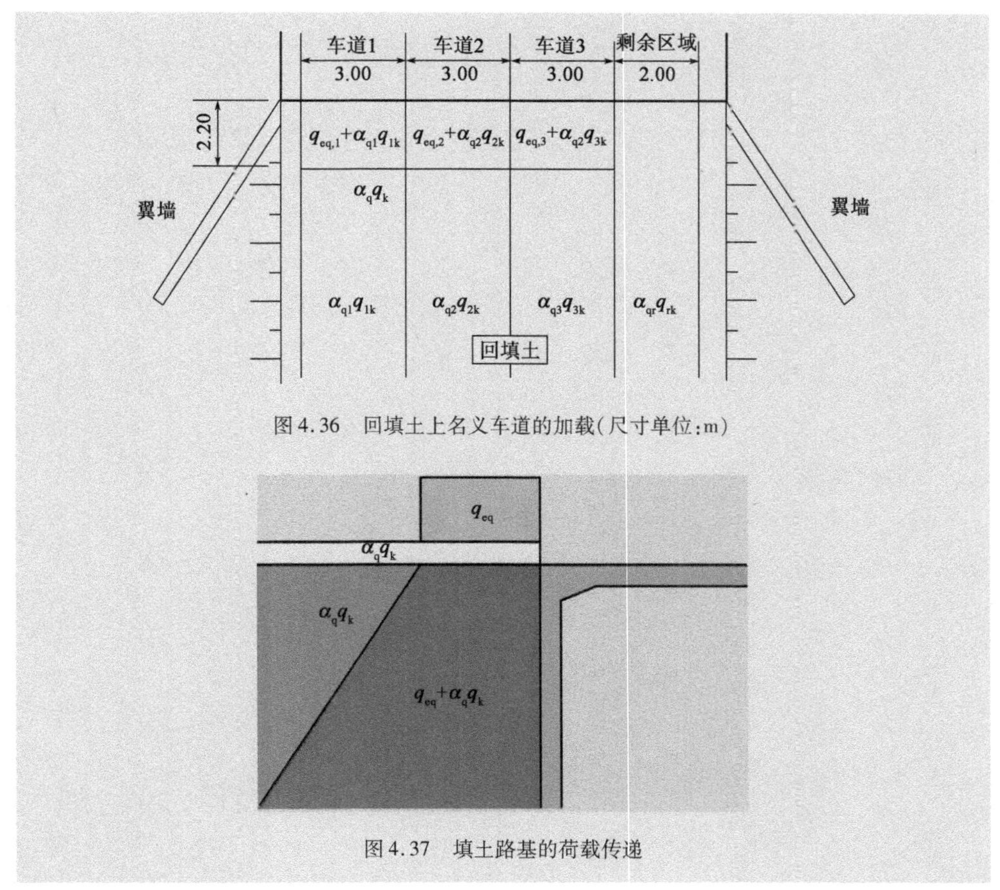

图 4.36　回填土上名义车道的加载(尺寸单位:m)

图 4.37　填土路基的荷载传递

第 4 章附录 A　EN 1991-2 中的主要交通荷载模型的校准背景资料

A4.1　交通数据

EN 1991-2 桥梁上的交通荷载(前身 ENV 1991-3)的编写工作始于 1987 年 9 月。各个国家提供的可用交通数据包括:

- 从 1977 到 1982 年法国,德国,英国,意大利和荷兰收集的数据。
- 较新的数据是 1986 至 1987 年间几个国家收集的数据。四个国家(法国,德国,意大利和西班牙)拥有完整自动记录的交通数据,包括重车轴重、轴距,车距以及车长等所需的信息。

大部分数据来自高速公路或主要道路“慢车道”(即最重车车道)的记录。记录的持续时间从数小时到 800 多小时不等。这些交通数据已用于确定主要荷载模型(LM1)和补充荷载模型的单轴荷载(LM2),并验算疲劳荷载模型 FLM3 的实用性。

已用较新的数据(主要收集自 1996 年到 1998 年)对标定结果进行了验算:尽管观察到交通增长,但增长非常有限,对交通荷载模型没有影响。这些荷载模型与 2000 年欧洲各国的真实交通效应吻合完美。

A4.1.1　交通组成

高速公路或主要道路慢车道上的重车中等流量,每天一般在 2500 到 4500 辆之间变化,其他所有道路上则是 800 到 1500 辆。在高速公路的"快车道"或二级公路上,该中等流量降至每天 100 到 200 辆。

卡车间距服从模态在 20 ~ 100m 之间的 γ 型分布,均值在 300 到 1000 余米范围内,变异系数较大(2 ~ 4)。为了分析交通组成,定义如下四种等级车辆:

- 等级 1:双轴车。
- 等级 2:有两个轴以上的刚性车。
- 等级 3:铰链式车辆。
- 等级 4:拖挂车。

虽然欧洲各国的交通组成略有不同,但出现最频繁的类型为双轴车和铰链式车。有拖挂的卡车在德国最常见。

每辆车的轴数取决于制造商且变化很大,轴距统计直方图显示如下三类车型的最大轴距变化不大:

- d = 1.3m,对应于双轴和三轴,标准差非常小。
- d = 3.20m,对应于铰接卡车的牵引轴,标准差较小。
- d = 5.40m,对应于其他间距,但离散度较大。

A4.1.2 轴重和车重

轴重的分布非常离散,均值在 60kN 左右。不过,不同地方 1 天重现期的最大重量则稳定得多。表 A4.1 为所观察到的每种车轴类型的最大重量全范围信息(重现期为一天)。

每天最大重量的范围 表 A4.1

车轴类型	单轴	串联	三联轴
一天中最大值的范围(kN)	140 ~ 200	220 ~ 340	300 ~ 380

注:大部分值在 250 到 300kN 之间变化。

不同地方的一天重现期车辆总重最大值相当恒定,基本上在 500 ~ 650kN 的范围内。所有观察的统计分布显示两种类型:第一种在 150kN 左右,第二种(卡车占比 20% 或 30%)在 400kN 左右。图 A4.1a) ~ 图 A4.1d)是一些交通参数的典型直方图。

最后,尽管各个国家的测量结果有些不同(这些不同大多源自交通样本的选择),但道路交通参数在数值上相近,特别是轴重和车辆总重的日最大值。这可能是由于:

- 各国卡车制造商生产同类型车辆并在欧洲国家间广泛出口。
- 运输公司为降低成本,尽可能重地装载他们的车辆。
- 重车借用高速公路和公路成为长途运输的主要方式,并日趋国际化。

大多数校准研究使用了奥塞尔附近的法国 A6 高速公路的交通样本,此处主要为国际交通。这种交通荷载对一个加载车道而言相当重,但它不是观察到的最重交通荷载;例如,德国 Brohltal 大桥慢车道上的交通最具"侵略性";而在巴黎环城路记录到的日最大轴重为 210kN,A6 高速公路的慢车道上为 195kN。

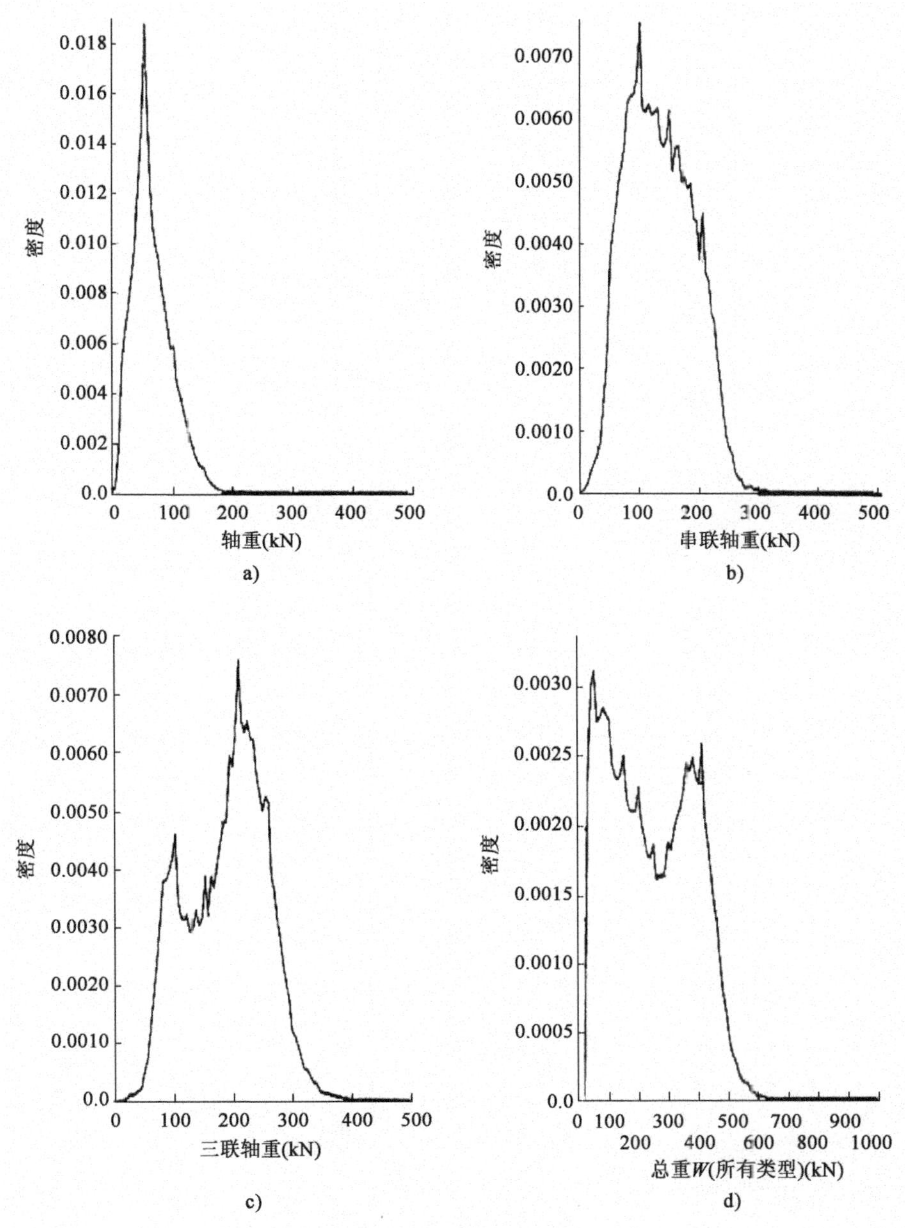

图 A4.1　典型交通参数的直方图

A4.2　实际交通荷载的竖向效应确定

A4.2.1　校准荷载模型 LM1 和 LM2 的影响线和面

初步研究显示所有国家的加载系统都有优缺点，因此需要建立有以下的全新荷载体系：

- 对于各种形状和尺寸的影响面，其效应能够非常精确地重现真实交通荷载（或所选代表值）引起的总极限效应。
- 如果系统只是施加在影响面的某个（重要）部分，其效应不应有显著变化（即鲁棒性），这样最不利加载工况可以较易确定。
- 其应用规则应该简单易懂且清晰可辨。

所测的荷载已加载到理论影响面(表 A4.2 以及图 A4.2 中所述的影响线)。

校准 LM1 和 LM2 所的影响线/面 表 A4.2

影响线编号	影响线的性质
11	简支梁跨中最大弯矩
12	两端固结的跨中弯矩最大值,其主梁惯性矩从跨中到两端变化很大
13	上述两端固结梁支点最大弯矩
14	简支梁跨中最小剪力
15	简支梁跨中最大剪力
16	总荷载
17	两跨连续梁(仅第二跨加载) 第一跨跨中最小弯矩
18	上述连续梁第一跨跨中最大弯矩
19	上述连续梁中间支点截面的弯矩

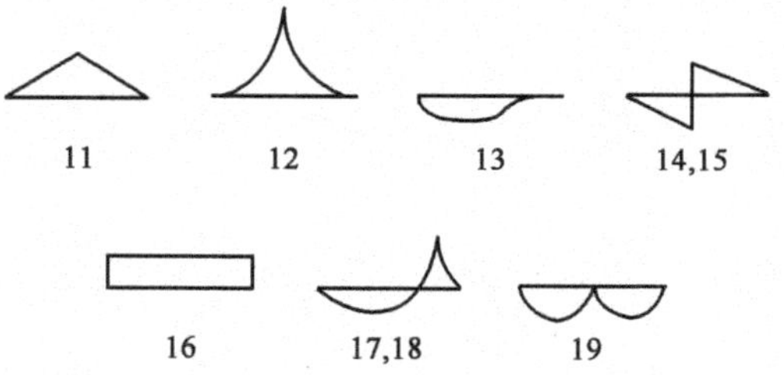

图 A4.2 影响线的形状

板桥(直桥和斜桥)弯矩影响面考虑了纵向和横向不同,但校准工作主要把整个桥面板当作梁的影响面。一般地,加载长度 L =5m,10m,20m,50m,100m,200m。

A4.2.2 校准 LM1 和 LM2 的交通荷载数据的外推

如上文解释,实测真实交通荷载的数据来自多地,而且持续记录时间也从数小时到 800 多小时不等。项目组专家决定标定荷载模型 LM1 和 LM2,以获得 1000 年重现期的效应标准值(见本设计指南 4.3.2),因此,需要外推实测数据得到交通荷载的效应。

使用了三种不同的外推方法。第一种方法假定局部极值分布的尾端服从正态分布。第二种方法用双模态或三模态的耿贝尔分布替代数据记录。最后一种方法用莱斯公式简化记录数据的尾端分布(图 A4.3)。

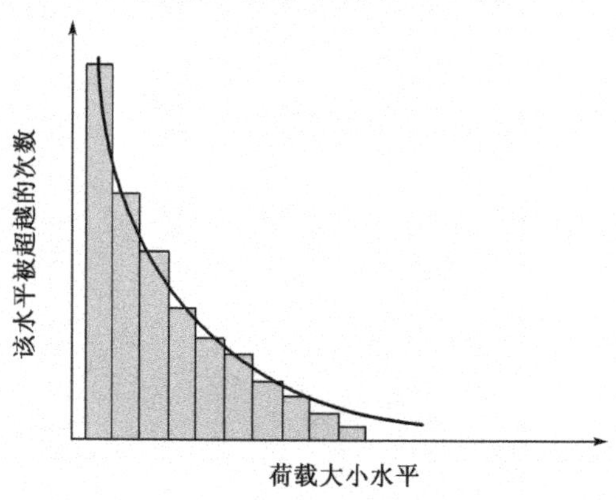

图 A4.3 直方图的 Rice 公式的拟合

所有对实测公路交通荷载效应外推的研究表明,各种方法或多或少都是用了等效结果。第一种方法思路是把所有(各部相同的)交通记录混在一起,得到“欧洲样本”,但基于数值模拟的交通荷载外推法(的交通荷载的样本)应该具有共性。奥塞尔城市附近的法国A6高速公路交通荷载数据记录,的确,属于“欧洲”交通,但如果仅仅依据这些交通数据而开展各种的统计性分析(是不合理的)。

表A4.3给出了20周、20年和2000年重现期的轴重和卡车总重外推值。这些值由第三种方法得到,另外两个方法给出的结果与其相近。

卡车轴重和总重的外推值 表A4.3

重现期	荷载类型	外推至周
20周	单轴	252
	串联	332
	三联	442
	总重	690
20年	单轴	273
	串联	355
	三联	479
	总重	736
2000年	单轴	295
	串联	379
	三联	517
	总重	782

注:20周和20年重现期之间的区别为7%~9%;20年和2000年重现期之间的区别为6%~8%。

某一个车道上未受控交通荷载的总效应,各种方法的结果彼此相同。表A4.4给出了同种车道上不同加载长度总荷载与加载长度之比的外推值(取三种结果的平均值)。

总重/加载长度之比的外推值 表A4.4

L(m)	外推至20年	外推至1000年
20	45.65	50.37
50	29.43	33.03
100	20.45	23.73
200	13.52	15.70

根据加载长度不同,该外推值随着加载长度增加而增加,重现期20年到1000年之间增长了10%~16%。

作用效应也进行了类似的研究。表A4.5给出了等效分布荷载(kN/m)的外推值,该荷载在单车道加载的简支梁上产生最大跨中弯矩。

产生梁跨中最大弯矩的等效分布荷载(kN/m)外推值 表A4.5

跨长(m)	重现期20周	重现期20月	重现期20年	重现期1000年
20	46.5	54.4	60.4	65.1
50	23.7	26.1	28.4	33.2

续上表

跨长(m)	重现期 20 周	重现期 20 月	重现期 20 年	重现期 1000 年
75	18.4	20.2	22.1	25.8
100	15.6	17.2	18.7	21.8
150	13.1	14.4	15.7	18.3
200	11.7	12.9	14.0	16.4

总结上述结果可拟合一个经验公式。该式将重现期 20 周的道路交通荷载某个效应值(记为 $E_{20周}$)与重现期 T 年的相同效应值(记为 E_{T})联系起来:

$$E_{\mathrm{T}} = [1.05 + 0.116\log_{10}(T)]E_{20周}$$

例如,$E_{100年} = 1.28E_{20周}$,而 $E_{1000年} = 1.40E_{20周}$,于是 $E_{1000年} = 1.09E_{100年}$,重现期 100 年和 1000 年的效应之间一般仅有 9% 的差异。

最后,任何桥梁都可能承受各种交通状况:畅通交通、密集交通、交通拥堵,因社会抗议(缓慢运行)的特殊情况等。利用法国奥塞尔附近的 A6 高速公路的观测数据,使用软件(基于蒙特卡罗方法)对这些状况同样进行模拟。

例如,表 A4.6 是 1000 年重现期,畅通交通、有轻型车和重车的拥堵交通以及无轻型车的拥堵交通的作用效应对比。这些值与等效分布荷载(单位:kN/m)引起的简支梁产生最大跨中弯矩对应。

各种交通状况的效应对比 表 A4.6

跨长(m)	畅通交通	有轻型车的拥堵交通	没有轻型车的拥堵交通
20	60.34	51.42	52.87
50	34.26	40.45	42.40
100	22.76	35.70	36.50
200	17.70	31.33	33.63

A4.3 “目标”效应的定义及确定

道路桥梁荷载模型的定义和校准不仅是实测荷载效应的外推问题:荷载模型同样需要考虑在桥梁设计使用年限内,桥上可能发生的各种可预见的交通状况。因此,需要对几种作用效应、几种加载车道和几种加载长度确定目标值,以达到荷载模型的精确校准。

需要解决三个问题:

- 真实的交通记录中可能包含何种的动力放大内容?
- 道路的各个车道上应该考虑何种交通荷载或交通状况?
- 如何考虑交通荷载效应的动力放大?

估算真实交通记录约包含 10% 的动力放大效应,因此实测的所有数值都除以 1.10。

考虑了两大类交通:畅通交通和拥堵交通。拥堵交通有多种情况:例如交通堵塞,拥堵塞时不断的启停或者低速缓行。交通堵塞模拟的两卡车间距取 5m。

畅通交通中，两个慢车道（高速公路或公路）考虑多个卡车占比。

当然，动力放大问题主要与畅通交通有关。事实上，不能忽略交通状况和类型而去估计交通荷载的动力效应。甚至交通状况完全一样时，弯矩和剪力的动力效应都不同。

最后，许多数值模拟方法（进行分析时）都考虑了车辆的振动特性、桥梁振动特性，且考虑了路面平整度以及路面质量。确定荷载标准值时，用平均平整度来考虑平整度的影响。长度小于15m的桥，局部不平整用一30mm厚的板来表示，例如，它可以表示行车道表面的局部缺陷或者缺失的接缝元件。

图A4.4中仅提出了一个通过等效动力放大系数表示荷载效应动力放大的想法。但在确定目标值时，未使用这些图形。

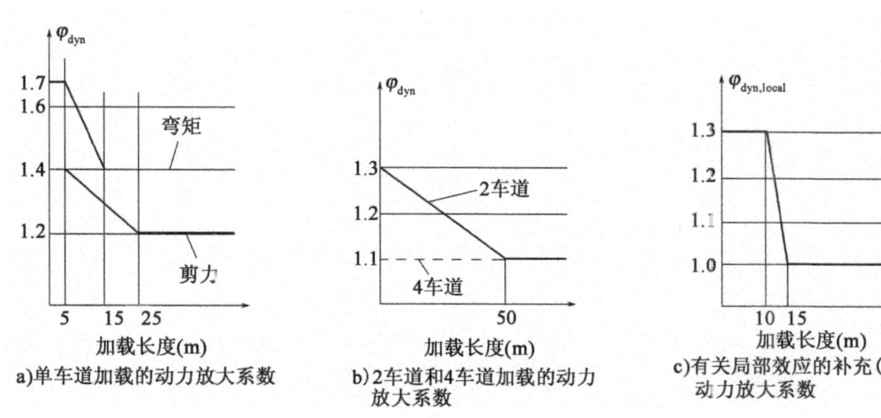

图A4.4 交通荷载静态效应的动力放大图解

图A4.4中，系数φ_{dyn}反映动力放大效应，取决于跨长和影响面类型。该值来自静态效应的统计学对比分析，因此动力效应的最大值与静态效应的最大值不必彼此对应。因此，可以直接考虑专门的动力计算结果，确定每个影响面和每个作用效应（所对应的）交通荷载效应“目标”值。

“拥堵”交通要么视为非常低速的交通，要么用类似交通情况来模拟（卡车和汽车的随机分布）。

作用效应的一系列“目标值”已从下述参数建立起来：

- 中小跨径（50～70m）桥梁上畅通交通荷载（包括动力放大）所有（分析）结果的包络图。
- 大跨径桥梁上拥堵交通状况所有（分析）结果的平均值。
- 平滑因缺乏部分跨径范围分析结果而引起不规则（分布）的结果。

此外发现极短跨径（1～10m）桥梁的目标值并不令人满意，特别是局部效应。通过提高其值而进行修正，形成了LM2的雏形。

3车道或者4车道加载效应主要来自：车道1或两个车道1上的拥挤情况下计算的综合荷载效应。因此，这些表格中没有出现畅通交通的结果。

A4 荷载模型LM1和LM2标准值的定义及校准

使用可操作的研究方法按步骤实施LM1和LM2的校准。不过一开始已

决定:

- 联合集中和均布荷载来定义荷载模型(自动包括动力放大)以实现同时进行局部和整体验算。
- 将分布荷载最小值设定为 2.5kN/m^2(该值在许多现行国家标准中采用)。

约定以下记号:

- E_{1i},各种跨径和影响线/面的效应的目标值。
- E_{2i},校准荷载模型推导出对应值。
- d_i 为 E_{1i} 和 E_{2i} 之间的"距离",定义为:

$$d_i = \left| \frac{E_{1i}}{E_{2i}} - 1 \right|$$

优化方法包括:为依赖多个参数的各种模型寻找一个函数 E_2,于是

$$d_m = \frac{\sum d_i}{n}$$

为最小,或

$$d_{max} = \max \left| \frac{E_{1i}}{E_{2i}} - 1 \right|$$

同为最小,或者 d_m 和 d_{max} 两者的最小值,且

$$\frac{E_{1i}}{E_{2i}} \geqslant 1 \quad 或 0.95$$

校准工作用到了许多梁和板的弯曲、扭转和剪切的实际和理论影响线或面,其长度在 5 到 200m 之间。

LM1 的校准逐步实施,从车道 1(最重的加载车道,或"慢"车道)开始,然后相继增加车道 2 并同时增加车道 3 和车道 4。计算快速揭示了最佳拟合模型由集中和均布荷载组成:轴间距为 1m 的两个轴载,均布荷载集度应是加载长度(记为 L)的递减函数。表 A4.7 概括了车道 1、车道 1+2、车道 1+2+3+4 的校准步骤。

LM1 的校准研究结果　　表 A4.7

	加载车道(s)	Q_i(kN)	q_i(kN/m)
	1	$Q_1 = 185$	$q_1 = 29.3 + \frac{375.6}{L}$
	1+2	$Q_1 = 185$	$q_1 = 29.3 + \frac{375.6}{L}$
		$Q_2 = 100$	$q_2 = 0.417 q_1$
		$Q_1 = 185$	$q_1 = 29.3 + \frac{375.6}{L}$
	1+2+3+4	$Q_2 = 100$	$q_2 = 0.417 q_1$
		$Q_3 + Q_4 = 150$	$q_3 + q_4 = 0.56 q_1$

逐步改进该(校准)方法,以放宽适用条件。虽然校准的精度略有下降,但是荷载模型易于使用。特别是参数 L 的选择有点模糊:要是能忽略加载长度对荷载集度的影响就更好了。通过研究均布荷载的校准得到一个可接受的解决方案(本章中描述的模型)。对长度小于 5m 的影响线/面的精确计算给出(改进校准方法):增大了车道 2 的集中荷载,降低了同车道上均布荷载的大小,且去掉车道 3 之后的集中荷载。而且,车道 1 到车道 3 的集中荷载的间距增至 1.20m。这个值似乎更适合卡车的真实轴间距,尽管集中荷载最初并非用于表示真实车辆的轴重。

为了解 LM1 的校准质量,图 A4.5a)～f)给出了 LM1 的一些效应与相应目标值之间的对比。影响线为本附录 A4.2.1 中定义的 I1,I2,I3,I7,I8,I9。仅针对 2 条和 4 条加载车道进行对比。加载长度在横坐标中表示。作用效应单位为 kN · m。

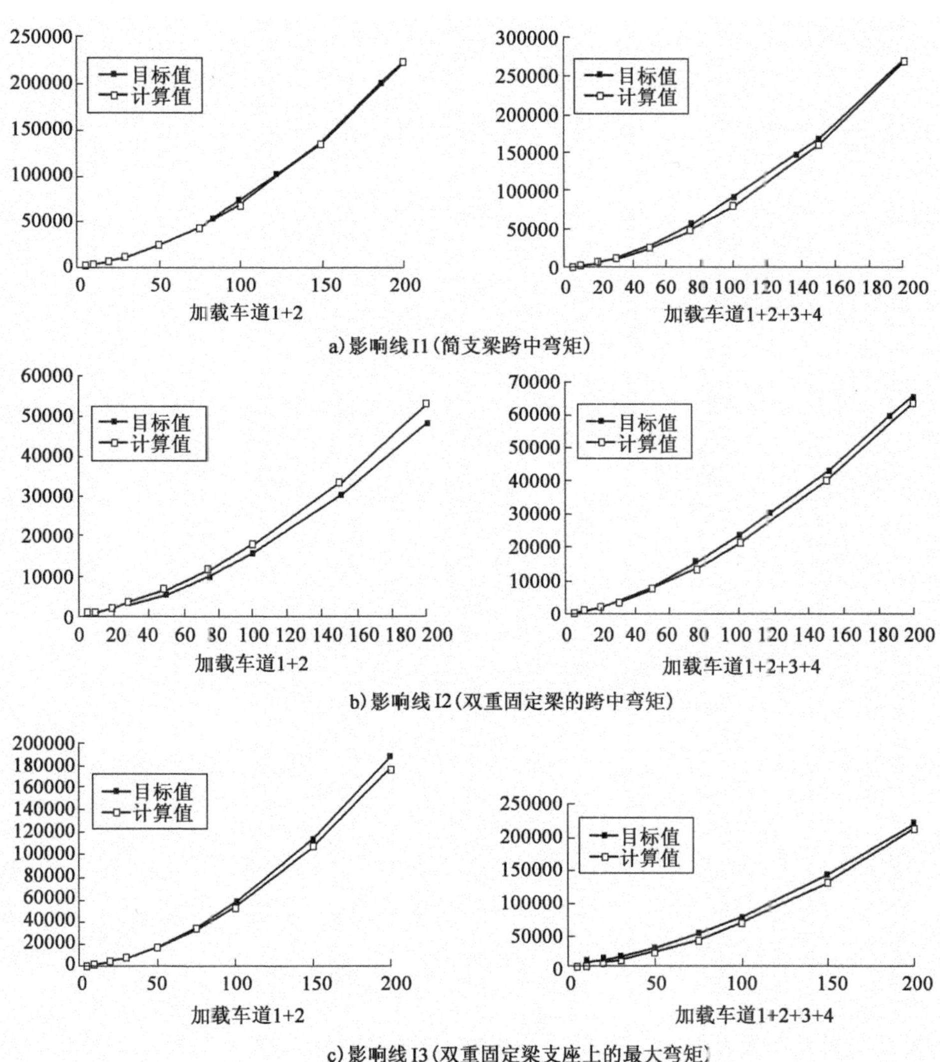

a)影响线 I1(简支梁跨中弯矩)

b)影响线 I2(双重固定梁的跨中弯矩)

c)影响线 I3(双重固定梁支座上的最大弯矩)

图 A4.5

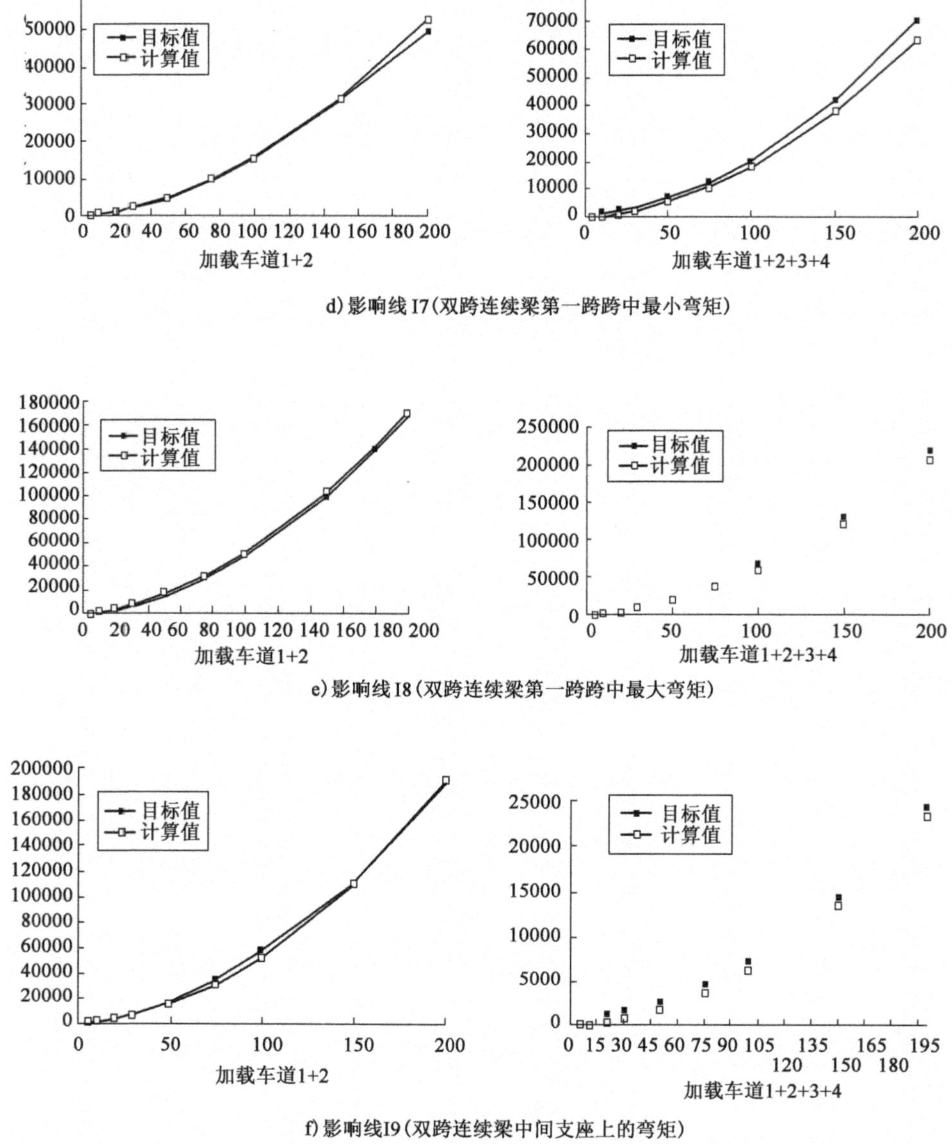

图 A4.5 LM1 的作用效应与目标值之间的一些对比

进一步的评论

对于影响线 I1(图 A4.5a)),LM1 的结果非常好。影响线 I2(图 A4.5(b))的差异最显著:两条加载车道时 LM1 的结果相当保守(L = 50m 时为 +27%,L = 200m 时为 +9%)。这是由于(计算时)采用了支座断面和跨中断面的弯曲惯性矩差值最大的影响线而导致的。而对于其他影响线,计算值和目标值的差异相当小。

A4.5 LM1 和 LM2 频遇值的校准

本设计指南 4.3.2 已经提到,LM1/LM2 效应的频遇值对应的重现期为一周。它们只涉及荷载模型 1(主要加载系统)和荷载模型 2(单轴)。

各种模拟工作基于本附录 A4.2.1 中定义的理论影响面，与标准值校准一样，也考虑了车道上多种交通状况。交通荷载效应估计的模拟所用的重现期为一周到一年不等。这些交通状况包括：

- 畅通交通
- 日间交通
- 夜间交通
- 拥堵交通

使用的数据库与确定标准值的相同。

参考文献

1. Gulvanessian, H., Calgaro, J. -A. and Holický, M. (2002) *Designers' Guide to EN 1990-Eurocode: Basis of Structural Design*. Thomas Telford, London, ISBN 0 7277 3011 8.
2. Gulvanessian, H., Calgaro, J. -A., Formichi, P. and Harding, G. (2009). *Designers' Guideto Eurocode 1: Actions on Structures: Actions on buildings (except wind)*. EN 1991-1-1, 1991-1-3 and 1991-1-5 to 1-7. Thomas Telford, London.
3. International Standards Organization (1995) ISO 8608. *Mechanical vibration - Road-surface profiles-Reporting of measured data*. ISO, Geneva.
4. CEN (1998) prEN 1317. *Road Restraint Systems. Pedestrian Restraint Systems. Part 6: Pedestrian parapets*. CEN, Brussels.

文献目录

Bruls, A. (1996) *Résistance des ponts soumis au trafic routier - Modélisation des charges-Réévaluation des ouvrages*. Thèse de doctorat, Université de Liège, Facultédes Sciences Appliqués, Collection des publications n8 155.

Bruls, A., Calgaro, J. -A., Mathieu, H. and Prat, M. (1996) ENV 1991-Part 3: Traffic loads on bridges-The main models of traffic loads on road bridges-background studies. *Proceedings of IABSE Colloquium - Basis of Design and Actions on Structures*, 27-29 March.

Bruls, A., Croce, P., Sanpaolesi, L. and Sedlacek, G. (1996) ENV 1991 - Part 3: Traffic loads on bridges - Calibration of load models for road bridges. *Proceedings of IABSE Colloquium-Basis of Design and Actions on Structures*, 27-29 March.

Calgaro, J. -A. (1998) *Loads on Bridges-Progress in Structural Engineering and Materials*, Vol. I, No. 4. Construction Research Communications Ltd.

Calgaro, J. -A. and Sedlacek G. Eurocode 1: Traffic loads on road bridges. (1992) *Proceed-ings of IABSE International Conference*, Davos, Switzerland.

Cantieni,R. (1992)*Dynamic Behavior of Highway Bridges Under the Passage of Heavy Vehicles. EMPA (Swiss Federal Laboratories for Materials Testing and Research),Dübendorf.*

Croce P. (1996) Vehicle interactions and fatigue assessment of bridges. *Proceedings of IABSE Colloquium-Basis of Design and Actions on Structures*,Delft,27-29 March.

Dawe,P. (2003) *Traffic Loading on Highway Bridges*. TRL Research Perspectives. Thomas Telford,London.

DIVINE (Dynamic Interaction Vehicle-Infrastructure Experiment) (1997) Final report. OECD. *Proceedings of the IR6 European Concluding Conference*, Paris, 17-19 September.

ENV 1991 Part 3-The main models of traffic loads on road bridges-Background Studies. (1996) *Proceedings of IABSE Colloquium*,Delft,27-29 March.

Flint,A. R. and Jacob,B. (1996) Extreme traffic loads on road bridges and target values of their effects for code calibration. *Proceedings of IABSE Colloquium-Basis of Design and Actions on Structures*,Delft,27-29 March.

Gandil,J.,Tschumi,M. A.,Delorme,F. and Voignier,P. (1996) Railway traffic actions and combinations with other variable actions. *Proceedings of IABSE Colloquium-Basis of Design and Actions on Structures*,Delft,27-29 March.

Grundmann,H.,Kreuzinger,H. and Schneider,M. (1993) *Schwingungsuntersuchungen fürFußgängerbrücken*. Springer-Verlag,Bauingenieur Vol. 68,pp. 215-225.

Jacob,B. and Kretz,T. (1996) Calibration of bridge fatigue loads under real traffic con-di-tions. *Proceedings of IABSE Colloquium - Basis of Design and Actions on Structures*,Delft,27-29 March.

Mathieu,H.,Calgaro,J. -A. and Prat,M. (1989) *Final Report to the Commission of the-European Communities on Contract No. PRS/89/7750/MI* 15, *Concerning Development of Models of Traffic Loading and Rules for the Specification of Bridge Loads*. October.

This report includes:

- Calgaro,J. -A., Eggermont, König, Malakatas, Prat and Sedlacek. Final Report of Subgroup 1 (10 December 1988):*Definition of a set of reference bridges and influence areas and lines.*
- Jacob,Bruls,and Sedlacek. Final Report of Subgroup 2 (March 1898):*Traffic data ofthe European countries.*
- De Buck,Demey,Eggermont,Hayter,Kanellaidis,Mehue,Merzenich. Final Report of Subgroup 3 (8 May 1989):*Definition and treatment of abnormal loads.*
- Gilland, Vaaben, Pfohl, O' Connor, Mehue. Report of Subgroup 6 (April 1989):*Draft clauses for secondary components of the action of traffic.*

Mathieu,H.,Calgaro,J. -A. and Prat,M. *Final Report to the Commission of the European*

Communities on Contract No. PRS/90/7750/RN/46 Concerning Development of Models of Traffic Loading and Rules for the Specification of Bridge Loads.

This report includes:

- Astudillo, Bruls, Cantieni, Drosner, Eymard, Flint, Hoffmeister, Jacob, Merzenich, Nicotera, Petrangeli and Sedlacek. Final Report of Subgroup 5 (9 October 1991): *Definition of dynamic impact factors.*
- Gilland, Vaaben, Pfohl, O'Connor and Mehue. Final Report of Subgroup 6 (Novem-ber 1990): *Secondary components of the action of traffic.*
- Bruls, Flint, Jacob, König, Sanpaolesi and Sedlacek. Final Report of Subgroup 7 (October 1991): *Fatigue.*
- Jacob, Bruls, Flint, Maillard and Merzenich. Final Report of Subgroup 8 (August 1991): *Methods for the prediction of vehicle loads and load effects on bridges.*
- Jacob, Bruls, Flint, Maillard and Merzenich. Final Report of Subgroup 9: *Reliability aspects.*
- Prat. *Report on local loads* (27 November 1989).

Measurements and Interpretation of Dynamic Loads on Bridges (Common Final Survey). (1982) CEC, Brussels, CEC Report EUR 7754.

Measurement and Interpretation of Dynamic Loads on Bridges. (1986) CEC, Brussels, CEC Report EUR 9759.

Measurement and Interpretation of Dynamic Loads in Bridges-Phase 3: *Fatigue behaviour of orthotropic steel decks.* (1991) CEC, Brussels. CEC Synthesis Report EUR 13378; and Phase 4: Fatigue behaviour of steel bridges, Report EUR 17988 (1998).

Merzenich, G. and Sedlacek, G. (1995) *Hintergrundbericht zum Eurocode* 1 *Teil* 3.2 - *Verkehrslasten auf Straβenbrücken* (Background Document to Eurocode 1-Part 3: Traffic loads on road bridges) Bundesministerium für Verkehr-Forschung Straβenbau une Straβenverkehrstechnik-Heft 711.

Prat, M. (1997) *The Use of the Road Traffic Measurements in Bridge Engineering-WAVE (Weighing in motion of Axles and Vehicles for Europe).* Proceedings of the Mid-Term Seminar - Delft, 16 September. Published by LCPC (Central Laboratory of Ponts et Chausséees), Paris.

Prat, M. and Jacob, B. (1992) Local load effects on road bridges. *Proceedings of the Third International Symposium on Heavy Vehicle Weights and Dimensions*, Cambridge.

Ricketts, N. J. and Page, J. (1997) *Traffic Data for Highway Bridge Loading.* Transport Research Laboratory, Wokingham, TRL Report 251.

Rolf, F. H. and Snijder, H. H. (1996) Comparative research to establish load factors for railway bridges. *Proceedings of IABSE Colloquium-Basis of Design and Actions on Structures*, Delft, 27-29 March.

Vrouwenvelder, A. and Waarts, P. H. (1991) *Traffic Loads on Bridges: Simulation, Extrapolation and Sensitivity Studies*. TNO Building and Construction Research, Delft, Report b-91-0477.

第 5 章 人行桥交通荷载

5.1 适用范围

本章将给出在持久和短暂设计状况下，人行道、自行车道及人行天桥的交通荷载定义及其描述。本章内容在 EN 1991-2“第 5 章 结构上的作用——桥梁上的交通荷载”中有所涉及[1]。本设计指南的第 8 章给出了交通作用的组成及作用组合的影响系数 γ 和 ψ 的取值，这部分内容参见 EN 1990 的附录 A2。[2]

人们对现代社会生活环境越来越关注，尤其是城市地区。城市生活环境发展推动了人行天桥的建设，用于跨越越来越大的障碍物。与道路交通和铁路交通引起的荷载相比，行人及自行车引起的静荷载非常轻。因此，大跨度的人行桥的结构非常纤细，特别是在采用创新建筑理念进行设计时更是如此。

近年来，一些与结构柔度相关的动力稳定性问题已经引起人们的关注，亦即风致振动问题，人行桥的人-桥耦合振动问题。

人们采用各种各样的姿势通过天桥，有的跑，有的蹦，有的还手舞足蹈。设计规范可能并未完全涵盖人们在天桥上的这些动作引起的振动。桥面上的人员数量及其所站位置取决于特定桥梁，也取决于桥址处的外部环境；这些参数通常是高度随机的，甚至是不确定的。

桥梁可能会发生一些突发状况，例如故意破坏。在这些情况下，结构性能会发生较大变化：在 Eurocode 中未明确地考虑这些情况，但可以利用适当的动力荷载模型进行模拟。

正常情况下，行人施加的力通常是不同步的，并且频率也不尽相同。但是，若某个桥的固有频率接近于行人所施加的力的频率，此时行人对桥梁运动的感知导致他们改变步态，使得行人步频与桥梁振动频率一致，发生共振，桥梁的振动响应显著增加。在水平振动的情况下，当行人数量 N 达到或者是数倍临界承载人数时，行人的运动频率完全与人行桥同步。

条款5.1(2)注1：EN 1991-2

目前，EN 1991-2 的第 5 章给出了仅考虑静力作用的行人和自行车荷载模型，以及处理振动问题的一般规则。这些静力荷载模型的适用范围仅受到人行桥宽度的限制，在某个注释中建议取为 6m，但取此值相当墨守成规。实际上，行人在宽的天桥上活动可能千姿百态，特定的天桥可能需要专业的分析。如果存在任何疑虑，则需要进行动力分析，以确定仅用静力荷载模型进行分析是否足够全面。

5.2　作用代表值

条款5.3.1(2):
EN 1991-2

EN 1991-2 中定义了三个必须独立考虑的静态竖向荷载模型,它们不用于疲劳验算:

- 竖向均布荷载 q_{fk},适用于人行道,自行车道和人行桥。
- 集中荷载 Q_{fwk},适用于人行道,自行车道和人行桥。
- (桥梁)维护车辆荷载 Q_{serv},仅适用于人行桥,作为"正常"或"偶然"荷载。

条款5.1(2)注1:
EN 1991-2

此外,(Eurocode)还规定了水平力、可能发生的偶然设计状况。对于道路桥梁,给出了路堤的荷载模型,但未给出步道台阶的荷载(参考 EN 1991-1-1)。

EN 1991-2 第 5 章给出的荷载模型未涵盖(人行桥)施工荷载的效应,该荷载效应需根据相应的项目(情况)单独确定。

条款5.2.3(1):
EN 1991-2

需要强调的是,除(桥梁)检修车辆外,竖向和水平荷载的模型均适用于人行桥、由人行道护栏隔开的道路桥梁的人行道以及铁路桥梁的人行道。

条款5.2.3(2):
EN 1991-2

对于桥梁内部的检查通道和铁路桥梁月台的荷载模型,在国家附件有具体规定,或者针对具体项目再作规定。但是一般建议竖向荷载模型由荷载集度为 $2kN/m^2$ 的均布荷载和大小为 3kN、作用面积为 0.2m × 0.2m 的集中力组成。这些作用是独立作用,不应同时考虑。

5.3　竖向荷载的静力荷载模型——标准值

5.3.1　均布荷载

条款5.3.2.1:
EN 1991-2

人行道或自行车道的桥梁支护构件的设计所用的交通荷载采用均布荷载,其标准值 $q_{fk} = 5kN/m^2$(图 5.1)。

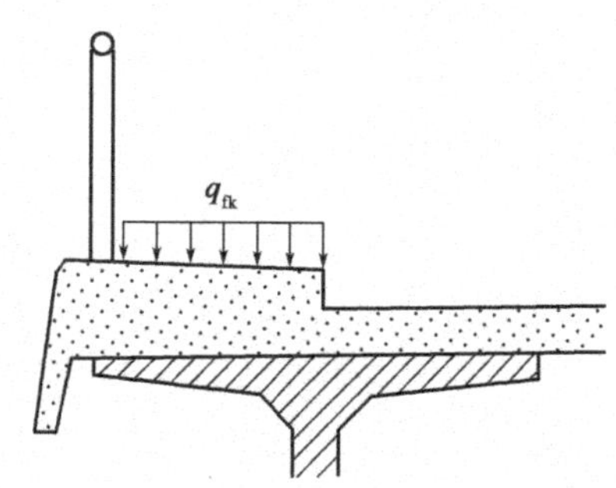

图 5.1　人行道或自行车道的人群荷载($5kN/m^2$)

条款5.2.1(1):
EN 1991-2

自行车引起的荷载通常远低于行人引起的荷载,但自行车道上也会经常或偶尔出现行人聚集的情况。此外与交通荷载相比,道路桥梁或铁路桥梁上的人群荷载的效应一般很小。然而,Eurocode 提到,对于个别项目,需要考虑牛群、马群引起的荷载。

背景资料

关于建筑楼层上人群荷载的背景资料比较匮乏。过去,通过人们在测力平台上跳舞进行了试验。根据音乐类型的不同,荷载的变化范围为 $2.9\sim5\text{kN/m}^2$。节奏快的音乐,荷载幅值达到 5kN/m^2,频率约 2Hz。人群集中的荷载约为 5.5kN/m^2。几个人同时跳跃时,动力荷载幅值可以达到 8kN/m^2。法国体育场的设计阶段进行了试验研究。动力试验在巴黎查理蒂体育场的高处看台进行,每平方米站了 3 人,但其目的是调整设计以限制竖向加速度并希望结构的固有频率高于 5Hz。读者还可参考 TTL 出版的《EN 1991 设计指南:房屋建筑》。[3]

标准值 $q_{\text{fk}}=5\text{kN/m}^2$ 表示最大荷载,包括有限的动力放大效应(每平方米 5 人)。

在人行桥的设计(那一部分中)评估总体影响的模型是:将均布荷载 q_{fk} 施加于影响面的纵向和横向的最不利部分。Eurocode 为每个国家附件或具具体项目留下了标准值选择(的余地),但给出了以下建议:

条款5.3.2.1(1) 注1:EN 1991-2

- 在人行桥上可能出现(有规律/无规律)连续密集人群(例如,在体育场或展厅的出口附近)的情况下,可以指定标准值 $q_{\text{fk}}=5\text{kN/m}^2$。

条款5.3.2.1(1) 注2:EN 1991-2

- 如果不存在这种风险,则可以对长跨人行桥人群荷载进行折减。q_{fk} 的推荐值为:

$$q_{\text{fk}}=2.0+\frac{120}{L+30}\quad \text{kN/m}^2$$

$$q_{\text{fk}}\geqslant 2.5\text{kN/m}^2\quad q_{\text{fk}}\leqslant 5.2\text{kN/m}^2$$

式中,L 为加载长度(m)。函数图像如图 5.2 所示。

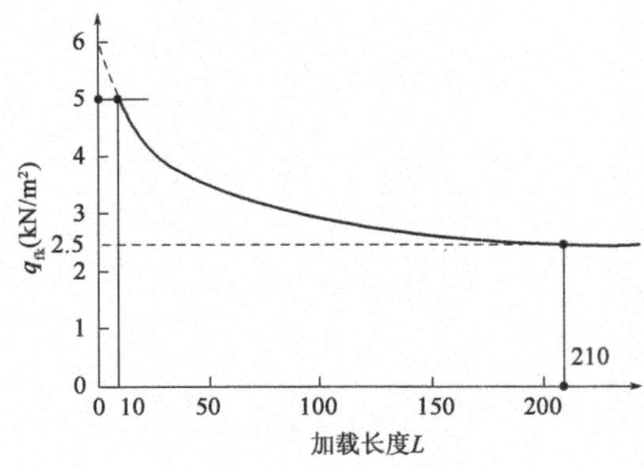

图 5.2　人行桥均布荷载模型

5.3.2　集中荷载

条款5.3.2.2:EN 1991-2

局部荷载作用下人行桥的验算需要使用集中荷载。一般而言,人行桥上的荷载随其位置和某些车辆的交通流量而改变。Eurocode 假设了三种情况:

- 第一种情况,永久性规定:所有车辆不会侵入人行桥桥面。

- 第二种情况,人行桥上“重载车辆”的出现通常是不可预见的,但当桥上没有阻止重车进入人行桥的永久防护装置时,Eurocode 强烈建议考虑桥面上车辆的意外出现(偶然设计状况)。

- 第三种情况,驶入人行桥面的重载车辆是可以预计的:它可能是用于维护、紧急情况(例如救护车,消防车)的车辆或其他维养车辆。

条款5.3.2.2(1):EN 1991-2

在第一种情况下,校核集中荷载引起局部效应的桥梁抗力,例如人行桥上的小型维护设备(引起的局部效应)。集中荷载 Q_{fwk} 的建议标准值为:作用在 0.10m ×0.10m 面积上的大小为 10kN 的集中力。国家附件可能会调整所有数字。集中荷载不与均布荷载同时作用。

条款5.3.2.2(3):EN 1991-2

在第二种情况下,Eurocode 定义了一个荷载模型,用于考虑桥面上出现车辆的意外情况(偶然设计状况)。这个荷载模型(图 5.3)由一个 80kN 和 40kN 的双轴荷载组构成,轴距 3m,轮距(车轮中心到车轮中心)为 1.3m,轮胎与铺装层接触面积为边长为 0.2m 的正方形。国家附件可能会调整这种荷载模型,具体项目中也可作适当调整。

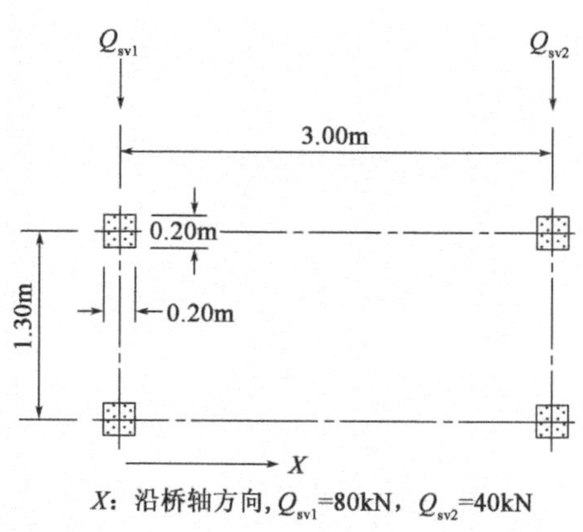

图 5.3 在人行桥桥面上意外出现车辆的模型

(经 BSI 许可,转载自 EN 1991-2)

条款5.3.2.3:EN 1991-2

在第三种情况下,定义了维养车辆的 Q_{serv}。具体项目(实施细则)或国家附件中可以定义了该荷载模型的特性(轴重和间距,车轮接触面积等)、动力放大系数以及适当的加载规则。如果没有可用信息,上述偶然设计状况(第二种情况)定义的车辆可作为维养车辆(标准荷载)模型。当然,集中荷载 Q_{fwk} 并不与该荷载模型同时作用。有些时候,可能必须考虑若干相互无关维养车辆同时出现的情况,这个可以具体项目具体对待。

条款5.4:EN 1991-2

5.4 水平力的静力模型(标准值)

人行道上的均布荷载不考虑水平方向的力。然而,对于人行桥,Eurocode 建议:

- 均匀布置的水平力,其标准值为竖向总荷载的 10%。
- 由于运营车辆而产生的水平力,其标准值等于该车辆总重量的 60%。

规定如下：水平力，记为 Q_{flk}，沿人行桥轴线方向布置，作用在铺装层上，大小等于上述定义的水平力的较大值。

偶然设计状况下，水平力为来自“偶然车辆”的制动力，大小等于其总重量的 60%。

5.5　人行桥上的交通荷载组

条款5.5：EN 1991-2

在道路交通的荷载模型中，为人行桥定义了荷载组。荷载组十分简单，均基于先前定义的荷载模型，见表 5.1，对应于 EN 1991-2 中的表 5.1。

荷载组定义（标准值）　　表 5.1

荷载类型		竖向力		水平力
加载系统		均布荷载	运营车辆	
荷载组	gr1	q_{fk}	0	Q_{flk}
	gr2	0	Q_{serv}	Q_{flk}

当与其他非交通荷载组合时，这两个相互排斥的荷载组的任意一个应作为单个（独立的）标准荷载。

5.6　人行桥偶然设计状况的作用

条款5.6：EN 1991-2

道路桥梁中，此类作用归因于：

- 桥下的道路交通荷载（即碰撞），或
- 桥上意外出现的重载车辆。

对于桥下车辆的撞击力，参见本设计指南的第 7 章。然而，需要注意的是，一般人行桥（桥墩和主梁）对碰撞力比道路桥梁更敏感，不能使用与之相同的撞击荷载设计值（进行设计）。人行桥最有效的防撞方法是：项目实施细则规定的防撞措施；例如：

- 在距离桥墩适当位置设立道路防护系统。
- 在人行桥与邻近的道路桥梁或者铁路桥梁之间的道路没有新入口的情况下，可以将人行桥的净空比邻近的道路桥梁或者铁路桥梁的净空高一点（例如 0.5m）。

上面 5.3.2 已经讨论过桥上意外出现重载车辆的问题。

5.7　人群荷载的动力模型

条款5.7：EN 1991-2

EN 1991-2 没有定义行人的动力荷载模型，仅强调有必要定义适当的人群荷载动力模型和舒适度准则，并提供一些建议，旨在介绍 EN 1990 附录 2（以及本设计指南第 8 章）中定义的一般舒适度要求。显而易见，动力研究首先要确定人行桥主要结构相应的固有频率，而这些又取决于结构动力特性。人群激励频率与桥梁某阶固有频率相同或接近时可能导致人桥共振，此时需要考虑与振动有关的极限状态验算（图 5.4）。桥梁没有显著响应时，行人在桥上正常步行的作用频

率为:

- 竖向频率在 1Hz 到 3Hz 之间;
- 水平方向频率在 0.5Hz 到 1.5Hz 之间。

人群慢跑穿过人行桥的频率:3Hz。

我们需要记住的是:人行桥也可能会有风致振动,这不在 EN 1991-2 的讨论范围内。[1]

图 5.4 千禧人行桥,伦敦

5.7.1 桥梁动力特性

在 EN 1991-1-4:风荷载的附录 F[4] 中,给出了桥梁基频估计的简化方法。这些将在下面讨论,有助于粗略估计人行桥的基频。

以下内容摘自 EN 1991-1-4:

(5)板桥或箱梁桥的竖向弯曲基频 $n_{1,B}$ 可由式(F.6)近似得到:

$$n_{1,\mathrm{B}} = \frac{K^2}{2\pi L^2}\sqrt{\frac{EI_{\mathrm{b}}}{m}} \qquad (\mathrm{F.6})$$

式中:L——主跨长度(m);

E——杨氏模量(N/m^2);

I_b——跨中断面竖向弯曲截面惯性矩(m^4);

m——跨中截面单位长度质量(恒荷载和二期荷载)(kg/m);

K——无量纲因数,取决于下面定义的桥跨布置。

(a)单跨桥

若为简支,$K=\pi$;

若为有支撑悬臂梁,$K=3.9$;

若为固定端支撑,$K=4.7$。

(b)两跨连续桥

K 通过图 F.2(图 5.5),使用两跨桥的曲线获得,其中,L_1 为边跨长度,且 $L>L_1$。

(c)三跨连续桥

K 通过图 F.2(图 5.4),使用三跨桥的近似曲线获得,其中:

L_1——最长边跨的长度(m)；

L_2——另一个边跨的长度，且 $L > L_1 > L_2$。

这同样适用于主跨为悬臂或者悬吊三跨桥梁。

如果 $L_1 > L$，则 K 可通过两跨桥的曲线获得，忽略最短的边跨，并将长边跨视为一个等效两跨桥的主跨。

(d)对称的四跨连续桥(即桥梁关于中间支承对称)

K 可通过图F.2(图5.5)，使用两跨桥的曲线获得，将桥梁的两半各视为一个等效两跨桥。

(e)非对称的四跨及四跨以上连续桥

K 通过图F.2(图5.5)，使用三跨桥的近似曲线获得，选择最大的中跨作为主跨。

注1：如果支座处 $\sqrt{EI_b/m}$ 的值超过跨中值的两倍，或者小于跨中值的80%，除非近似值的精度能够接受，否则式(F.6)不可用。

注2：基频设定为每秒振动 $n_{1,b}$ 次。

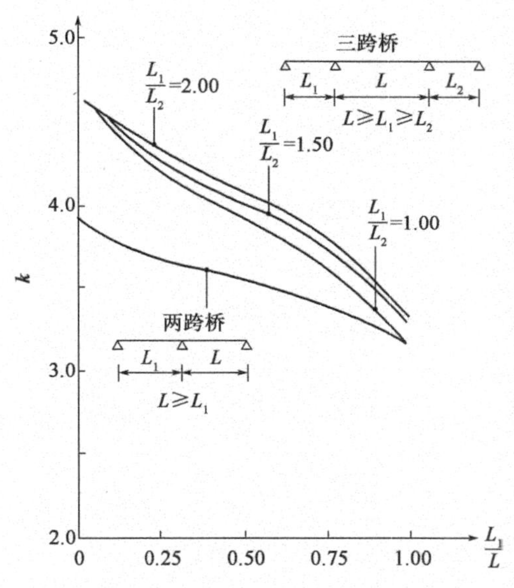

图5.5　因子 K 用于推导基本弯曲频率

(6)只要单位宽度的平均纵向弯曲惯性力不小于单位长度的平均横向弯曲惯性力的100 倍，则板梁桥的扭转基频等于竖弯基频，可由式(F.6)计算得到。

(7)箱梁桥的扭转基频可由式(F.7)近似得到：

$$n_{1,T} = n_{1,B}\sqrt{P_1(P_2 + P_3)} \tag{F.7}$$

$$P_1 = \frac{mb^2}{I_p} \tag{F.8}$$

$$P_2 = \frac{\sum r_j^2 I_j}{b^2 I_p} \tag{F.9}$$

$$P_3 = \frac{L^2 \sum J_j}{2K^2 b^2 I_p (1+\nu)} \tag{F.10}$$

式中:$n_{1,B}$——弯曲基频(Hz);

b——桥梁全宽;

m——F.2(5)中定义的单位长度质量;

ν——主梁材料的泊松比;

r_j——单箱的中心线到桥梁中心线的距离;

I_j——单箱跨中断面单位长度质量的竖弯二次矩,考虑桥面板的有效宽度;

I_p——跨中截面单位长度质量的二次矩,由式(F.11)给出:

$$I_{\mathrm{P}}=\frac{m_{\mathrm{d}}b^{2}}{12}++\sum(I_{\mathrm{pj}}+m_{\mathrm{j}}r_{\mathrm{j}}^{2}) \tag{F.11}$$

m_d——跨中桥面板单位长度质量;

I_{pj}——跨中单箱的质量惯性矩;

m_j——跨中单箱的单位长度质量,不包括桥面板的相应部分;

J_j——跨中单箱的扭转常数,由式(F.12)来描述:

$$J_{\mathrm{j}}=\frac{4A_{\mathrm{j}}^{2}}{\oint\frac{\mathrm{d}s}{t}} \tag{F.12}$$

A_j——跨中封闭单元面积;

$\oint\frac{\mathrm{d}s}{t}$——跨中箱梁每部分长厚比沿箱梁周长的积分。

注意:若式(F.12)应用于平面长宽比(即跨径/宽度)超过6 的多箱桥时,计算精度可能会略有降低。

此外,在 EN 1991-1-4 中给出了一些一阶模态下结构阻尼对数衰减的近似值(表5.2)。

结构阻尼的对数衰减值 表5.2

结构类型		结构阻尼
钢桥 + 格构式铁架	焊接	0.02
	高阻螺栓	0.03
	普通螺栓	0.05
组合桥		0.04
混凝土桥	无裂缝预应力	0.04
	有裂缝预应力	0.10
木桥*		0.06~0.12
铝合金桥		0.02
玻璃桥或加固塑料桥		0.04~0.08
电缆	平行电缆	0.006
	螺旋电缆	0.020

注:1. 木材和塑料复合材料的价格仅作为参考。如果在设计中发现滑流效应显著,则需要通过专家咨询(如果适当的话,经主管局同意)来获得更精确的数字。

2. 对于斜拉桥,表 F.2 中所给值乘以系数0.75。

* EN 1995-2(木结构桥梁设计)中结构阻尼的对数减量在$0.01\times2\pi=0.063$范围内。对于没有机械接头的结构,结构阻尼的对数减量在$0.015\times2\pi=0.094$范围内。

应该注意的是，阻尼比 ζ 与阻尼对数衰减率 δ_s 之间的关系是 $\delta_s=2\pi\zeta$。

5.7.2　行人荷载的动力学模型

总的来说，多数专家都认为，使用以下三种动力分析模型是合适的：

- 单人模型；
- 人群模型，例如从 10 到 15 人；
- 人群聚集模型。

在下文中，给出了关于前两个模型的一些背景信息，但是目前还不能给出可靠的人群聚集模型。目前（2009 年）许多研究正在进行中，预计未来会有结果。以下信息为了解现行方法的使用说明提供了一些思路。

关于舒适度的标准，见本设计指南的第 8 章。

单人模型

单人模型可以直接用于某些验算中，但它主要用于定义人群的动力激励。专家们认同的最基本的模型是简谐荷载：

$$Q_P(t)=G\times\sin(2\pi ft)$$

式中，f 为对应的基频。

对于非奔跑状态下的行人竖向激励，G 等于 280N：它是 700N（行人的平均体重）乘以 0.4 的结果。其中步频 $f=f_v=2\text{Hz}$，行人的速度为 $0.9f_v$，由傅立叶级数推导得到上述的 0.4。

对于侧向水平激励，G 在 35 到 70N 之间变化，并且，在前面的公式中，频率是相应的侧向频率。

一些作者已经提出了更复杂的单人动力模型：这些模型通常会添加多个谐波函数，从而引入多种振动模态。

EN 1995-2 的附录 B[5]（人致振动）仅适用于由行人激励的简支或桁架体系木桥，公式直接给出了桥梁的竖向和水平（侧向）加速度。

（a）竖向加速度 $\alpha_{vert,1}$：

$$a_{vert,1}=\begin{cases}\dfrac{200}{M\zeta} & \text{当 } f_{vert}\leqslant 2.5\text{Hz 时}\\[2mm] \dfrac{100}{M\zeta} & \text{当 } 2.5\text{Hz}\leqslant f_{vert}\leqslant 5.0\text{Hz 时}\end{cases}\tag{B.1}$$

式中：M——桥的总质量（kg），$M=ml$；

l——桥的跨度；

m——桥梁单位长度质量（自重）（kg/m）；

ζ——阻尼比；

f_{vert}——桥梁竖弯振动的一阶固有频率。

（b）桥梁的水平加速度 $\alpha_{hor,1}$：

$$a_{hor,1}=\frac{50}{M\zeta}\quad \text{当 } 0.5\text{Hz}\leqslant f_{hor}\leqslant 2.5\text{Hz 时}$$

式中,f_{hor}为桥梁侧弯振动的一阶固有频率。

例如,在竖弯振动的公式中,M 由 $700 \times 0.4\alpha$ 得到,其中 α 是行人原地踏步引起结构响应与行人桥上穿行引起结构响应的比值。该比值取决于结构响应大小,并且只能给出可接受的平均值。例如,在第一种竖向振动的情况下,$200 \approx 280 \times 0.7$。对于慢跑者来说,该值有所不同。

人群模型

在一般情况下,数个行人激励力既不同时也不同频。然而,如果桥的某阶固有频率接近行人激励的频率,行人会因感到桥梁结构运动而改变步态:行人步伐与桥梁的振动逐渐趋于同步;接着发生共振,显著增加了桥的响应。

桥梁没有发生明显振动时,造成共振的人数是非常不确定的;当桥上行人超过 10 人后,桥梁发生共振的可能性随着人数增加而减小。大多数情况下,竖弯共振主要但不仅仅与桥的基频有关;对于侧向或扭转振动,问题更为复杂。然而,行人间激励的相关性可能随着运动而增加。

人群模型比单人模型更复杂,但利用最简化的规则可得到通用表达式,例如:

$$Q_{\mathrm{P}}(t) = n\psi G \times \sin(2\pi ft)$$

式中:n——加载表面上的等效行人数;

ψ——折减系数,是行人激励的实际频率与对应结构自然频率之差的函数:实际上,它是一个数学函数,在 0 和 1 之间变化。结构基本频率可以被行人激励,函数值为 1。

例如,在 EN 1995-2 中,针对一组行人穿过木桥提出以下表达:

(a)竖向加速度 $\alpha_{vert,n}$:

$$a_{vert,n} = 0.23 a_{vert,1} n k_{vert} \tag{B.2}$$

式中:n——行人数量;

k_{vert}——根据图 5.6 得到的系数;

$a_{vert,1}$——根据式(B.1)确定的单人过桥的竖向加速度。

行人数量 n,按如下方式取值:

- 对于结伴的人群,$n = 13$;
- 对于连续的人群,$n = 0.6A$,其中,A 为桥面板的面积(m^2)。

需要注意的是,当 $12 < n < 20$ 时,$0.23n$ 是个很好的近似值;当$n \approx 19$ 时,$0.23n \approx \sqrt{n}$。

(b)水平(侧向)加速度 $\alpha_{hor,n}$:

$$a_{hor,n} = 0.18 a_{hor,1} n k_{hor} \tag{B.5}$$

式中,k_{hor}是根据图 5.7 得到的系数。

人数 n 的取值为:

- 对于结伴人群,$n = 13$;

- 对于连续的人群，$n = 0.6A$，其中，A 为桥面板的面积（m^2）。

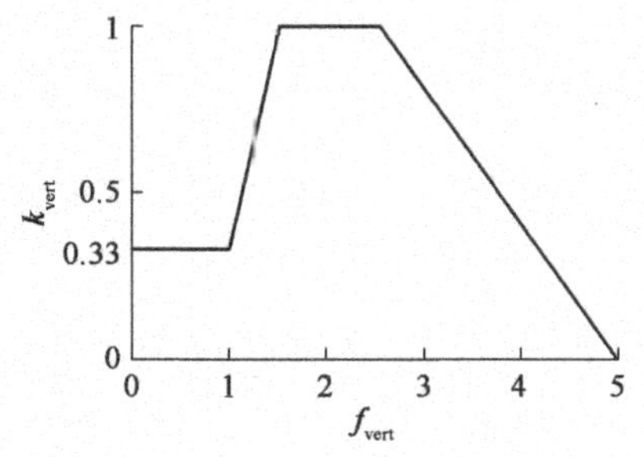

图 5.6　竖向基本固有频率 f_{vert} 与系数 k_{vert} 之间的关系

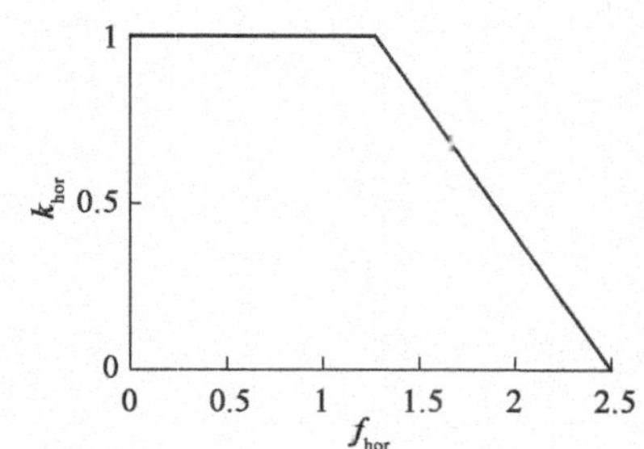

图 5.7　水平基本固有频率 f_{hor} 与系数 k_{hor} 的关系

其他模型

学者和科学协会提出了其他几种模型，它们各有优缺点。有时会出现行人临界数的概念，例如，Arup 顾问公司提出，导致侧向不稳定的行人临界数可以根据以下公式表示：

$$n_c = \frac{8\pi\zeta_i f_i M_i}{k}$$

式中：ζ——阻尼比；

f_i——固有频率（rad/s）；

M_i——模态质量；

k——经验系数，例如，当频率在 0.5～1.0Hz 之间时取 300N·s/m。

然而，行人临界数的概念仍然需要验证。[6]

5.8　护栏上的作用

条款 5.8：EN 1991-2

这些标准和道路桥梁的标准一致，见本设计指南的第 4 章。

5.9　桥台及附属挡墙上的荷载模型

条款 5.9：EN 1991-2

Eurocode 为与桥梁相邻的桥台和挡墙设计提供了一个简单的规则：回填土或土壤承受 5kN/m² 的均布荷载，不计重型车辆的影响。当然，针对具体项目该值需要进行调整。

参考文献

1. European Committee for Standardization（2002）EN 1991-2. *Eurocode 1-Actions on Structures, Part 2：Traffic loads on bridges*. CEN, Brussels.
2. CEN.（2005）EN 1990/A1. *Eurocode：Basis of Structural Design-Annex 2：Application for bridges*. CEN, Brussels.
3. Gulvanessian, H., Formichi, P. and Calgaro, J.-A.（2009）. *Designers' Guide to Eurocode 1：Actions on Buildings*. Thomas Telford, London.

4. British Standards Institution (2005) BS EN 1991-1-4 *Eurocode* 1:*Actions on Structures. General Actions. Wind actions*. BSI, London.

5. European Committee for Standardization (2003) EN 1995-2. *Eurocode 5-Design of Timber Structures*, *Part* 2:*Bridges*. CEN, Brussels.

6. Heinemeyer, C. et al. (2009) *Design of Light weight Footbridges for Human Induced Vibra-tions*. Background document in support of the implementation, harmonization and further development of the Eurocodes. Joint Research Centre, Ispra, Italy, JRC Technical Report.

文献目录

Bachmann, H. and Ammann, W. (1987) Vibrations in Structures Induced by Man and Machines. IABSE, Zurich, IABSE Structural Engineering Documents, No. 3e.

Breukleman, B. et al. (2002) Footbridge damping systems:a case study. *Proceedings of Footbridge Conference*, Paris.

Brincker, R., Zhang, L. and Andersen, P. (2000) Modal identification from ambient responses using frequency domain decomposition. *Proceedings of IMAC-XVIII*, *International Modal Analysis Conference*, San Antonio, Texas, USA, 7-10 February, pp. 625-630.

British Standards Institution (1978) BS 5400. Part 2. *Steel*, *Concrete and Composite Bridges*. *Specification for loads*. Appendix C Vibration serviceability requirements for foot and cycle track bridges. BSI, London.

Butz, C. et al. (2007) *Advanced Load Models for Synchronous Pedestrian Excitation and Optimised Design Guidelines for Steel Foot Bridges* (SYNPEX). Research Fund for Coal and Steel (RFCS), Project RFS-CR-03019, Final Report.

Caetano, E., Cunha, A. and Moutinho, C. (2007) Implementation of passive devices for vibration control at Coimbra footbridge. *Proceedings of EVACES* 2007, Porto.

Charles, P. and Bui, V. (2005) Transversal dynamic actions of pedestrians and synchronisa-tion. *Proceedings of* 2nd *International Conference Footbridge* 2005, Venice.

Collette, F. S. (2002) Tuned mass dampers for a suspended structure of footbridges and meeting boxes. *Proceeding of Footbridge Conference*, 20-22 November, Paris.

Dallard, P. et al. (2001) The London Millennium footbridge. *The Structural Engineer*, 79, No. 22.

Den Hartog, J. P. (1940) *Mechanical Vibrations*. *McGraw-Hill*, *New York*.

DIN-Fachbericht 102 (2003) *Betonbrücken*. Deutsches Institut für Normung, Berlin.

European Committee for Standardization (2002) EN 1990. *Basis of Structural Design*. CEN, Brussels.

European Committee for Standardization (1997) ENV 1995-2. *Eurocode 5. Design of Timber Structures-bridges*. CEN, Brussels.

Fujino, Y. and Sun, L. M. (1992) Vibration control by multiple tuned liquid dampers (MTLDs). *Journal of Structural Engineering*, 119, No. 12, 3482-3502.

Fujino, Y., Pacheco, B., Nakamura, S. and Warnitchai, P. (1993) Synchronization of human walking observed during lateral vibration of a congested pedestrian bridge. *Earthquake Engineering and Structural Dynamics*, 22, 741-758.

Geres, R. R. and Vicjery, B. J. (2005) Optimum design of pendulum-type tuned mass dampers. *The Structural Design of Tall and Special Buildings*, No. 14, 353-368.

Guidelines for the design of footbridges. (2005) fib bulletin 32, November.

Hatanaka, A. and Kwon, Y. (2002) Retrofit of footbridge for pedestrian induced vibration using compact tuned mass damper. *Proceedings of Footbridge Conference* 2002, 20-22 November, Paris.

Lamb, H. (1932) *Hydrodynamics*. The University Press, Cambridge, UK.

Maia, N. et al. *Theoretical and Experimental Modal Analysis*. Research Studies Press, UK, 1997.

Moutinho, C. M. (1998) *Controlo Passivo e Activo de Vibracões em Pontes de Peões*. MSc thesis. Universidade do Porto.

Nakamura, S. and Fujino, Y. (2002) Lateral vibration on a pedestrian cable-stayed bridge. IABSE, *Structural Engineering International*.

Peeters, B. (2000) System Identification and Damage Detection in Civil Engineering. PhD thesis, Katholieke Universiteit Leuven.

Schneider, M. (1991) *Ein Beitrag zu fugaängerinduzierten Brückenschwingungen*. Dissertation, Technische Universitaät München.

Seiler, C., Fischer, O. and Huber, P. (2002) Semi-active MR dampers in TMD's for vibration control of footbridges, Part 2: numerical analysis and practical realisation. *Proceedings of Footbridge* 2002, Paris.

SETRA/AFGC (Service d'Etudes sur les Transports, les Routes et leurs Aménagements/Association Francais de Génie Civil) (2006) *Passerelles Piétonnes-Evaluation du Comportement Vibratoire sous láction des Piétons* (*Footbridges-Assessment of Dynamic Behaviour under the Action of Pedestrians*). Guidelines. Sétra, Bagneux, France.

Sun, L. M. et al. (1995) The properties of tuned liquid dampers using a TMD analogy. *Earthquake Engineering and Structural Dynamics*, 24, 967-976.

Van Overschee, P. and De Moor, B. (1996) *Subspace Identification for Linear Systems: Theory-Implementation-Applications*. Kluwer Academic, Dordrecht, the Netherlands.

Yu, J. -K., Wakahara, T. and Reed, D. (1999) A non-linear numerical model of the tuned liquid damper. *Earthquake Engineering and Structural Dynamics*, 28, 671-686.

Zivanović, S. et al. (2005) Vibration serviceability of footbridges under human-induced excitation: a literature review. *Journal of Sound and Vibration*, 279, 1-79.

第 6 章　铁路桥梁交通荷载

6.1　概述

本章描述和评估铁路桥梁在持久设计状况和短暂设计状况下的交通荷载布置及轨道下或轨道附近土体上的效应。本章内容涉及相关条文对应于《Eurocode 1:结构上的作用 第 2 部分:桥梁上的交通荷载》(EN 1991-2)(包括附录 C 至 H)以及 EN 1990 的附录 2[2,3]。列于本章参考文献的背景资料摘自于铁路国际联盟(UIC)规范。

这些结构的设计必须遵循的原则是:在(正常的)环境中、(正常的)养护水平下(具体项目有规定),无论施工阶段还是服役阶段的(正常的)劣化都不应降低结构的耐久性和使用性能。

本设计指南的第 8 章(表 8.12)中规定了车速小于 200km/h 桥梁的容许变形最大值,与 EN 1990:2002/A1(附录 A2)中给出的规定值有所不同,不仅要考虑桥梁结构,还要考虑轨道养护条件。这是因为,根据铁路国际联盟 UIC 规范 702[4]、后文 6.7.2 中对于极限状态及所有新建铁路桥梁的规定以及后文 8.7.4 给出的容许变形规定,当荷载分类系数(参见 **EN 1991-2 条款*6.3.2(3)P***)$\alpha = 1.33$ 时,车速小于 200km/h 的桥梁,不需要作动力分析。 ***条款6.3.2(3)P:EN 1991-2***

本章中的说明有助于相关权威部门为 EN 1991-2(第 6 章)以及 EN 1990:2002/A1(附录 A2)[3]编制国家附件,以便使所有关于欧洲铁路网络中桥梁承载能力的规范得以统一。

EN 1991-2 图6.9 提到了那些最大线速度小于 200km/h 而又需要动力分析的(桥梁)。当承载低廉养护费轨道的桥梁刚度更大一些,且当全寿命成本分析中不让昂贵的桥梁建设成本占大头时,就不必进行桥梁的动力分析。 ***图6.9:EN 1991-2***

6.2　铁路桥梁作用分类

对于所有的建设工程,作用分类方式有很多。确立作用组合时常用的分类方法是根据作用随时间变化的特性进行分类:

- 永久作用:不随时间变化,或随着时间的推移变化非常缓慢,或者仅偶尔变化的作用,例如,自重、外加荷载、不均匀沉降等。
- 可变作用:例如铁路列车作用、风荷载、温度效应等。

- 偶然作用:例如脱轨列车对桥梁支座、上部结构的冲击力,脱轨列车对桥面的作用。

在设计铁路桥梁时,需要考虑以下作用。

(a)永久作用

直接作用:

- 自重
- 水平土压力,以及相关的其他土体-结构相互作用力
- 轨道和道砟荷载
- 移动荷载

—非结构构件的自重

—架线设备荷载(竖向和水平)

—其他铁路基础设施荷载

间接作用:

- 不均匀沉降(包括相关要求的开采沉陷效应)
- 混凝土桥梁的收缩和徐变
- 预应力

(b)可变作用——铁路列车荷载

- 竖向列车荷载(基于铁路国际联盟(UIC)规范 700[5],702[4],776-1[6]):

—荷载模型 71

—荷载模型 SW/0

—荷载模型 SW/2

—荷载模型 HSLM(根据欧盟相关指令和(或)相关授权,基于铁路国际联盟(UIC)规范 776-2,高速荷载模型满足高速交通互操作技术规范,符合 EN 1991-2)

—荷载模型"空载列车",用于验算横向稳定性以及桥上的主导侧向风荷载

—实际列车的荷载效应(有关权威部门要求)

- 离心力
- 牵引力和制动力
- 摇摆力
- 纵向荷载(基于铁路国际联盟(UIC)规范 774-3[8],用于轨道和结构之间相互作用产生的荷载效应)
- 由列车、轨道和结构之间的相互作用(特别是速度)对可变作用产生荷载效应(基于铁路国际联盟(UIC)规范 776-2[7])
- 活载附加水平土压力
- 气动作用(铁路交通产生的尾流效应等,基于铁路国际联盟(UIC)规范 779-1[9])

(c)可变作用——其他交通荷载

- 非公共人行道上的荷载(均布荷载和集中力)

(d)可变作用——其他作用

- 其他使用荷载:

—对连续钢轨焊接的施压或卸压

(e)偶然作用

- 桥梁上脱轨列车的荷载
- 与桥下或毗邻的脱轨列车作用(根据铁路国际联盟(UIC)规范 777-1[10] 和 777-2[11])
- 桥下道路车辆造成的偶然荷载
- 桥下超高道路车辆造成的偶然荷载
- 船舶冲击荷载
- 由于接触网断裂引起的荷载
- 施工期间的偶然荷载

(f)地震作用

- 地震引起的荷载

6.3　记号、符号、术语和定义

在 EN 1991-2 中给出了相关的记号,符号,术语和定义。这里仅给出图 6.1,即 EN 1991-2 中的图 1.1,以帮助理解本章的一些概念。

图1.1:EN 1991-2
条款1.4.3:EN 1991-2

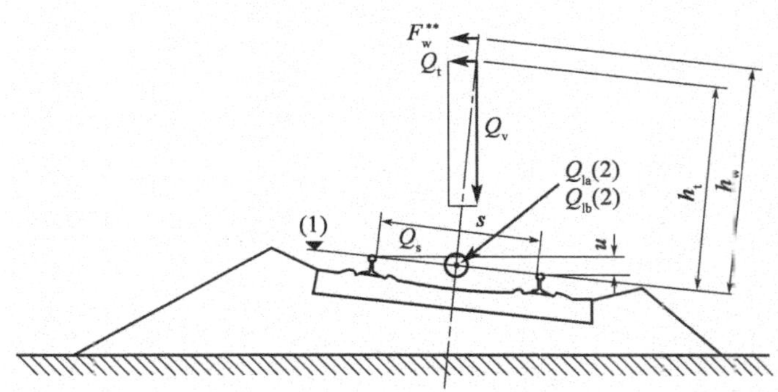

图 6.1　铁路的符号约定和尺寸示意(EN 1991-2 图 1.1)

词　汇　表

术　语	定　义
人行道	在轨道和防护墙之间,沿轨道设置的路带
日常运行速度	实际火车类型在现场最可能的速度(用于疲劳考虑)
最大设计速度	通常为 1.2 × 最大公称速度
现场最大线路速度	对于某个工程现场来说,交通的最大允许速度(通常由地下结构的特性和铁路运行安全的要求所限制)
最大公称速度	通常为现场最大线速。对具体工程,在验算具体实际火车时,可对其相关最大允许车辆速度进行折减
车辆最大允许速度	考虑车辆因素的火车的最大允许速度,通常与地下结构无关

续上表

术　语	定　义
火车试运行最大速度	在一辆新火车投入运营前进行火车检测以及特殊试验时的最大速度。该速度一般超过最大允许车辆速度而且要满足具体工程的特殊要求
共振速度	交通速度,其加载产生的一个(或多个)频率与结构的一个(或多个)固有频率相匹配
轨道	轨道包括铁轨和枕木。它们位于道砟床上或直接与桥面板固定。在桥面板的一端或两端,轨道需设置伸缩缝。在桥梁寿命期为了养护轨道,可能要调整轨道的位置和道砟的深度

6.4 铁路桥梁设计综述

条款6.3:EN 1991-2
条款6.4:EN 1991-2
条款6.5.1:EN 1991-2
条款6.5.2:EN 1991-2
条款6.5.3:EN 1991-2
条款6.5.4:EN 1991-2
条款6.6:EN 1991-2

铁路桥梁的设计应符合 EN 1991-2 第 6 章中规定的相关铁路的交通作用。对于动力效应的计算作出了一般性的规定,包括共振、离心力、摇摆力、牵引力、制动力,结构与轨道的相互作用以及列车通过产生的气动作用。

6.4.1 设计状况

铁路桥梁的设计时,应考虑适当的荷载作用组合,这些荷载组合应与相应时间段内发生的实际情况相对应,即:

- 持久设计状况,通常是指在正常使用的条件下,其重现期等于结构的设计使用年限。
- 短暂设计状况,对应于结构的临时状态,适用于其重现期远小于结构设计使用年限(包括桥梁结构的施工过程,施工期间分阶段运营的结构所承受的铁路交通荷载等,以及与桥梁和轨道养护相关的加载要求等)。
- 偶然设计状况,包括一些意外情况,适用于桥梁上或桥梁附近的脱轨、异常的公路交通对桥梁的冲击等,以及相关的国际和国家的要求。
- 抗震设计状况,需符合国家要求。
- 其他设计状况,由相关主管部门作出的规定。有关主管部门应指明:

  —对临时桥梁的相关要求;

  —结构的设计使用年限至少是 100 年。

6.4.2 作用组合

附录2:EN 1991-2

通常,铁路桥梁的设计应基于 EN 1990 附录 A2,使用分项系数法进行验算。[3] 使用 Eurocode 时应考虑的作用组合,在本设计指南的第 8 章给出。通常,每个作用依次被当作主要作用,其他作用被视为伴随作用。铁道交通作用的荷载组包含在下文 6.12.2 中。

6.4.3 附加荷载状况

此外,铁路桥梁设计时应考虑以下相关荷载:

- 桥梁施工的相关荷载
- 适用于施工阶段的荷载
- 施工期间,作用在分阶段投入使用的桥梁结构上的荷载

- 临时加载情况的要求由相关主管部门确定，如轨道维护、更换支座等

6.4.4　设计验收标准和极限状态

铁路桥梁设计基本要求应符合结构抗力、适用性、耐久性、预期用途，避免始料未及事件造成的损害等。

通常，铁路桥梁的设计应考虑以下极限状态：

- 承载能力极限状态：全部或部分结构坍塌，及其他类似的结构破坏。（例如屈曲失稳，失去平衡，断裂，过大变形，地基失效或过大变形等）
- 全部或部分结构的疲劳失效
- 正常使用极限状态
- 验算与确保铁路交通安全相关的设计准则

6.5　铁路作用标准值综述

铁路荷载的发展用的是确定性方法。

本设计指南第 8 章中给出 γ 和 φ 的值，是根据校准研究与 Eurocode 方法的对照结果而给出的，而 Eurocode 的极限状态方法通常也是来自经验和传统的方法（包括容许应力规范）。

对比研究为起草本 Eurocode 的临时版本（ENV 1991-3）提供了支持，铁路国际联盟（UIC）规范没有进一步的比较研究来支持 ENV 1991-3 转换为 EN 1991-2 和 EN 1990 附录 A2。

在下文的 6.6 节中，给出了铁路交通荷载的名义值。

依据 6.6 节规定，考虑了分项系数的荷载，名义荷载被当作标准值。

当考虑下列任一项时：

- 作用的平均值
- 或变化显著时的上下限

应当符合有关国际或国家的要求。

条款5.2.3(2)：EN 1991-1-1

案例 6.1　对铁路桥梁具有重要意义的可变作用（另见 1991-1-1 条款 5.2.3.(2)）

考虑到道砟厚度的可变性，应在轨枕底部以下的道砟名义厚度乘以 1.30（道砟荷载效应不利）或 0.7（道砟荷载效应有利）的附加系数。

轨枕下方道砟的最小和最大名义厚度由有关权威部门规定。

在道砟名义厚度以下的任何其他的道砟荷载可被视为附加的可移动荷载。此外，道砟密度（或道砟密度范围）应由有关权威部门规定。

6.6　铁路桥梁上的轨道交通作用和其他作用

6.6.1　适用范围

本章适用于标准轨距和宽轨距上的铁路交通。

本章中规定的荷载模型并不是实际荷载。选定这些荷载模型以考虑交通荷载在运营期间的效应,其中荷载的动态增长是单独考虑的。如果特定项目中需要考虑超出本章规定荷载模型范围的交通量,则应规定荷载替代模型及相关组合原则。

荷载模型不适用于下列情况:

- 窄轨铁路
- 电车轨道或者轻轨
- 受保护的铁路
- 齿轮-齿条铁路
- 缆索轨道

一般临时桥梁的刚度非常小,工程师应特别注意。国家附件中应规定临时桥梁的设计荷载及相关要求。

6.6.2 作用的代表值——轨道交通荷载的本质

设计师手册给出了铁路交通产生的荷载模型,如下:

- 竖向荷载:荷载模型 71、荷载模型 SW (SW/0 和 SW/2)、“空载列车”
- 用于土石方工程中的竖向荷载
- 动态响应
- 离心力
- 摇摆力
- 牵引力和制动力
- 轨道与桥梁的相互作用(基于铁路国际联盟(UIC)规范 774-3[8])

条款6.6:
EN 1991-2

- 规定的气动效应,设计值见 EN 1991-2 条款 6.6
- 由于架线设备和其他铁路基础设施和设备产生的作用(注:仅在未提供设计值的情况下考虑)
- 脱轨(偶然设计状况)
  —轨道交通脱轨对承载轨道交通的结构的影响(基于铁路国际联盟(UIC)规范 776-1[6])。

条款4.6:
EN 1991-1-7

  —结构下方或附近的铁路交通脱轨的影响,见 EN 1991-1-7 条款 4.6 和铁路国际联盟(UIC)规范 777-2[11]。

6.7 竖向荷载——标准值(静态效应)和荷载的偏心距及分布

下文 6.12 节给出了有关铁路桥梁交通荷载的建议。

6.7.1 概述

运用荷载模型来定义铁道交通作用。铁路荷载的四种模型如下:

- 荷载模型 71 和用于连续桥梁的荷载模型 SW/0 代表铁路干线上的正常铁路交通(客运和重型货运)。

- 荷载模型 SW/2 代表非常规荷载或货车。
- 荷载模型“空载列车”代表单个空载列车的影响。
- 荷载模型 HSLM(包含 HSLM-A 和 HSLM-B)代表速度超过 200km/h 的客车荷载。

6.7.2　荷载模型 71

条款6.3.2:EN 1991-2

荷载模型 71 代表由正常铁路交通产生的竖向荷载的静力效应。

竖向荷载的荷载分布和标准值如图 6.2 所示。

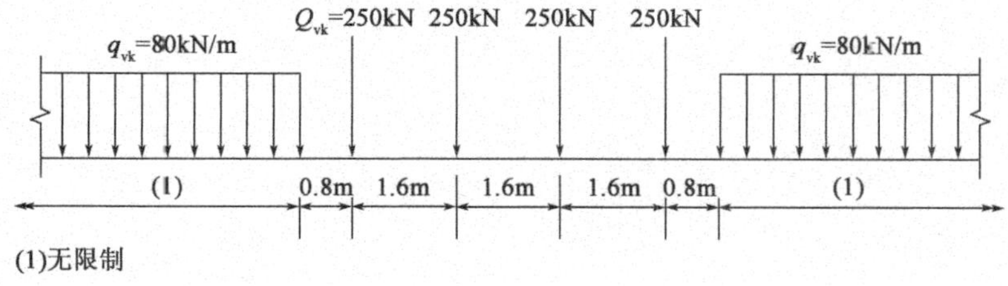

图 6.2　荷载模型 71 和竖向荷载标准值(经 BSI 许可,转载自 EN 1991-2)

条款6.3.2.3P:EN 1991-2

在比正常铁路交通重或轻的轨道交通线上,应将图6.1 中的标准值乘以系数 α,得到“分类竖向荷载”。系数 α 可以取下面中的一个值:

0.75,0.83,0.91,1.00,1.10,1.21,1.33,1.46

对于国际线路,建议取 $\alpha \geq 1.0$。系数在国家附件或具体项目中规定。

系数 α 的自由选择可能会导致欧洲铁路网络的不统一,因此铁路国际联盟(UIC)规范 702[4]建议用于国际货运网络的所有新桥梁,取 $\alpha = 1.33$,但此项规定不是强制性的。欧洲所有铁路部门应立即在其国家附件中建议这个值,以便在未来 100 年内建立欧洲统一铁路网络。该值考虑了在未来几十年的发展中轴载从目前(2009 年)的 25t 逐渐增加到 30t 的影响。

条款6.3.2.3P:EN 1991-2

与荷载模型 71 有关的下列列车荷载作用,应乘以相同的系数 α:

- 土石方工程的等效竖向荷载和土压力效应
- 离心力
- 摇摆力(仅当 $\alpha \geq 1$ 时,乘以 α)
- 牵引力和制动力
- 偶然设计状况的脱轨荷载
- 连续梁桥荷载模型 SW/0

还应注意以下事项:

- **注意 EN 1991-2 中的一个错误:**结构和轨道的耦合可变作用的响应必须用 $\alpha = 1.0$ 计算,见下文 6.9.4。
- 为校核变形极限,例如扭曲,分类竖向荷载和其他作用均通过乘以 α 进行放大(不考虑旅客舒适度时 α 取为 1)。然而,当采用本规范 8.7.4 的有效简化方法校核极限挠度时,对于速度超过 200km/h 的列车,α 应取 1,其他计算(见上文)采用 $\alpha = 1.33$。

使用分类系数 α 的具体且实用的建议:

承载能力极限状态(ULS)

对于新建桥梁的设计,应采用 $\alpha=1.33$。仅允许有关权威部门进行折减。

对于剩余寿命约为 50 年的现役桥梁的评估,在加固时通常采用 $\alpha=1.0$。对于具有较长寿命的桥梁,应采用 $\alpha=1.33$。

铁轨-桥梁相互作用

从理论上讲,这是桥梁的正常使用极限状态(SLS)和轨道的承载能力极限状态(铁路交通安全)。对于桥梁-铁轨相互作用,根据现有惯例对容许附加轨道应力和变形进行校核。须使用相关荷载的分项系数计算力和位移。然而,由于给定的容许轨道应力和变形是通过确定性设计方法得到的,根据现有惯例进行校准,相互作用的计算不应该使用 $\alpha=1.33$,与 EN 1991-2 相反,α 取 1.0。30t 轴载将在一百年后出现,百年后的钢轨特性也无从得知。使用 $\alpha=1.0$ 进行计算可以预留足够的性能储备,因此在可预见的将来,使用 $\alpha=1.0$ 计算的桥梁,无须附加伸缩缝。

正常使用极限状态(SLS)的容许挠度

对于 8.7.4 中给出的较大容许挠度建议值(后面将说明这不会增加结构造价),虽然 ULS 设计采用 $\alpha=1.33$,但是必须将 $\alpha=1.0$ 与荷载模型 71(如相关,也可使用荷载模型 SW/0)一起使用。

疲劳

应使用荷载模型 71(考虑疲劳的基本荷载模型)进行验算,并且取 $\alpha=1.0$,但在承载能力极限状态下采用 $\alpha=1.33$。

关于上述适用建议的背景资料

关于桥梁上的重载和高轴载,相关铁路国际联盟(UIC)内部现状的报告如下。

在铁路国际联盟(UIC)规范 700[5](2003 年 3 月)中,可以发现轴荷载为 25t,单位名义荷载为 8.8t/m(参见表 6.1 中的 E5 级)。这是目前正常交通的最大荷载值。

现有的货车线路和荷载限制分类　　表 6.1

(简化表述,不显示轴载之间空间的重要性)

根据 UIC 规范 700 的分类		每轴质量 $=P$				
		A	A	C	D	E
单位长度的质量 $=p$		16t	18t	20t	22t	25t
1	5.0t/m²	A	B1			
2	6.4t/m²		B2	C2	D2	
3	7.2t/m²			C3	D3	
4	8.0t/m²			C4	D4	E4
5	8.8t/m²					E5

由于桥梁的设计使用年限为 100 年,因此有必要考虑长期因素。确定了未来荷载,新桥的重大的设计或成本都不成问题。但是,若要升级现有线路,则其

桥梁就需要加固或者改建,这时候问题就大了。尽管如此,铁路国际联盟规范(UIC)荷载模型 71($\alpha=1.0$)涵盖了高达 25t 和 8t/m(E4 级)的名义轴荷载。对于大于 25t 和 8t/m 的名义荷载,在大多数情况下需要针对现有结构进行重新考量。1991 年,ERRI(UIC 欧洲铁路研究所)专家组 D192 开始研究桥梁荷载的长期影响因素,ERRI D192/RP1[12]包含了对欧洲未来预期荷载的初步预测。不同铁路主管部门预测的最大值为 30t 轴重,单位长度质量为 15t/m。那时这些值是革命性的,但现在(2009 年)欧洲铁路网内一些地区已经存在 30t 的轴载,并且 15t/m的超重型车辆是存在的。ERRI 专家组 D192 还进行了收益率研究(D192/RP4[13]),以确定更重轴载对桥梁总成本的影响。现有的 15 座桥梁是用两种荷载情况设计的,第一个使用荷载模型 71,第二个使用 1.4 倍($\alpha\approx1.4$)的设计荷载。比较了总成本(项目和调查,临时工程,管理费用,信号装置,场地间接费用,现场设备,基础,墩台,上部结构,桥梁设备)。结果如图 6.3 所示。

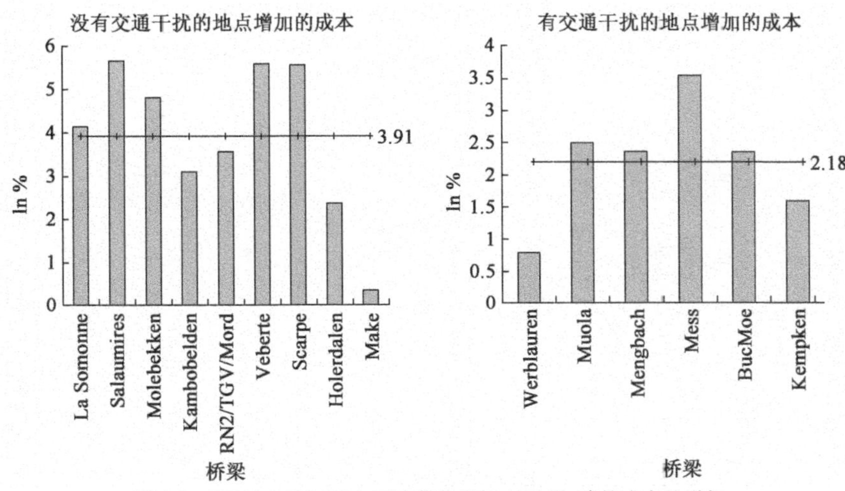

图 6.3　ERRI D192/RP4:平均荷载增加 40% 后,建筑成本的增加

对于没有行车干扰的桥梁,其建设成本增加约 4%;对于有行车干扰的桥梁,桥梁建设成本增加约为 2%(图 6.3)。因此,桥梁的初始总投资成本略有变化。考虑到 30t 轴重在未来几十年内不会被采纳的事实,出于全寿命周期成本(LCC)的考量给出的成本适中。如果荷载缓慢增加或没有增加,则经过保守设计的桥梁结构存在的疲劳问题较少。2002 年在瑞士进行了第二项研究,其中两条新阿尔卑斯线(圣哥达和勒奇堡)上的所有桥梁均采用荷载模型 71 和 $\alpha=1.33$进行计算。额外的投资金额使得成本平均增加了 3%,但最后决定采用 $\alpha=1.33$,这不仅适用于新阿尔卑斯山脉的所有桥梁,还适用于瑞士其他线路的所有桥梁("瑞士规范", SIA261, SN 505 261[14])。

ERRI D192 专家组得出的结果对 Eurocode 和铁路国际联盟(UIC)规范后来的修订影响并不显著。为荷载模型 71 指定的分类系数 $\alpha=1.0$ 或 1.1 是最小值,对应的最大额定荷载为 22.5t 或 25t,每延米质量为 8t/m 或者 8.5t/m,这相当于铁路国际联盟(UIC)规范 700[5]中的 D4/E5 级。大多数铁路公司希望整个欧

洲的 α 分类系数大于 1.0,但铁路管理部门之间没有就欧洲引入统一的更高设计荷载值达成共识。预计在未来修订 Eurocode 时引入新的 UIC 荷载模型 2000——30t。这将是艰难且成本高的工作。尽管如此,一些国家希望考虑到轴载增加的发展趋势,因此他们已经采用了大于 1.0 的 α 值。这可能导致未来欧洲铁路网内重载的不一致性,如图 6.4 所示。因此,必须明确界定欧洲铁路货运网,同时确定最大荷载和最大车速。

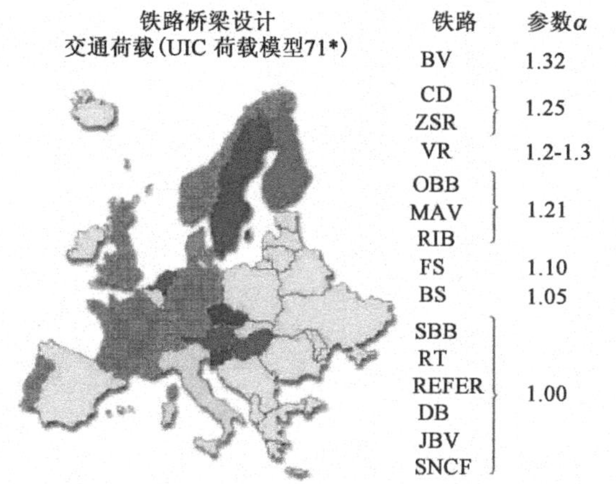

图 6.4 欧洲铁路桥梁的特征竖向交通荷载($\alpha \times$ LM71),2002 年的情况

注:* 非共性的铁路网

2003 年,铁路国际联盟(UIC)规范 702 给出了一项重要建议:在国际运营线路的铁路运输结构物设计时,应参考一下(全欧洲的)静态荷载图。[4]在最近修订的版本中,UIC 明确了更大轴载的建议值。对于未来的铁路货运网络,建议使用铁路国际联盟(UIC)荷载模型 2000。由于当前的 Eurocode 没有基础,所以目前推荐使用 1.33 × 荷载模型 71(图 6.5)。

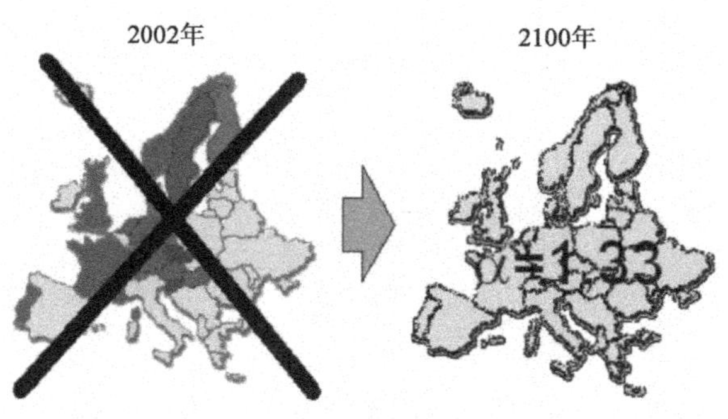

图 6.5 未来欧洲铁路网愿景图

这一愿景对未来欧洲铁路基础设施的互操作性和效率非常重要。

桥梁只是基础设施的一个组成部分,如果没有商业价值的考量,桥梁的升级改造将会受到质疑。但是,基于以下因素,与过去一样,从中期来看,可以预料交通荷载、车速和频次都会增加。

- 轴载的增加及交通量的增长
- 欧盟将运输从道路转移到铁路上的欧盟政策
- 容许轴载(的存在),例如在北美

结论

较大的荷载不会显著影响桥梁的投资成本,并且考虑到全寿命周期成本时,影响为零。

基于以上原因,所有欧洲货运铁路网都应采用 $\alpha = 1.33$。

6.7.3 荷载模型 SW/0 和 SW/2

条款6.3.3:EN 1991-2

荷载模型 SW/0:代表连续梁桥在正常铁路交通作用下产生的竖向荷载的静力效应。

荷载模型 SW/2:代表重型铁路交通产生的竖向荷载的静力效应。

采用的荷载布置方式在图 6.6 中给出,竖向荷载标准值根据表 6.2 取值。

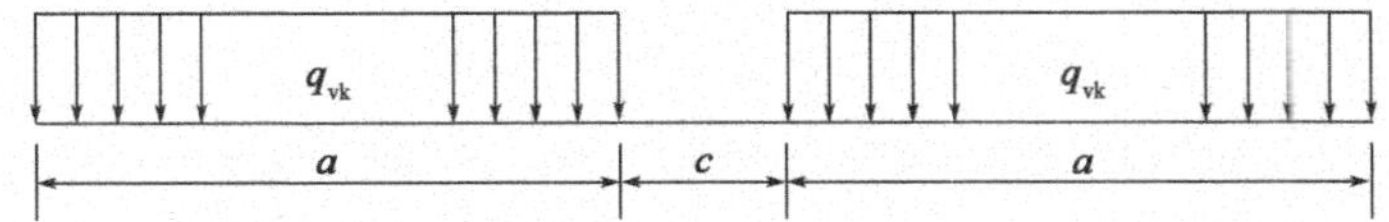

图 6.6 荷载模型 SW/0 和 SW/2(经 BSI 许可,转载自 EN 1991-2)

荷载模型 SW/0 和 SW/2 的竖向荷载标准值 表 6.2

荷载模型	q_{vk}(kN/m)	a(m)	c(m)
SW/0	133	15.0	5.3
SW/2	150	25.0	7.0

有关部门必须选择可能会运行大量异常铁路的线路或线路段,并采用荷载模型 SW/2(进行设计)。

条款6.3.3(4)P:EN 1991-2

注:最好是有关权威部门指定不需要考虑荷载模型 SW/2 的线路部分,或最好是在所有线路上必须采用荷载模型 SW/2。注:建造新桥梁时考虑更重的荷载,成本不会太高。我们不知道未来货运交通的发展,但在未来 100 年内 30t 轴载的交通荷载应该会出现。全寿命周期成本研究证明,这一现象可以通过更经济的方式实现。

6.7.4 荷载模型"空载列车"

条款6.3.4:EN 1991-2

出于特定验算需要而采用的特殊荷载模型,称为"空载列车"。

荷载模型"空载列车"由标准值为 10.0kN/m 的竖向均布荷载组成。

注:当考虑全桥静力平衡极限状态,并且风荷载是主导作用时,该模型在宽度小、高度大的单轨桥梁起决定作用。

6.7.5 竖向荷载的偏心距(荷载模型 71 和荷载模型 SW/0)

条款6.3.5:EN 1991-2

竖向荷载作的侧向位移效应(不平衡或不对称的车辆荷载)通过两根轨道上轮载比值进行考虑,比值高达 1.25:1.0。

上述标准可用于确定相对于轨道中心线的荷载偏心距。

条款6.8.1:
EN 1991-2

注:***EN 1991-2* 条款*6.8.1*** 给出了有关轨道几何位置的要求,并给出了附加偏心距。

6.7.6　钢轨、枕木和道砟的轴载分布

条款6.3.6:
EN 1991-2

通过钢轨、枕木和道砟传递的轴重荷载分布在 ***EN 1991-2* 条款*6.3.6*** 中明确规定。

注(1):对于桥面板(设置纵横向加劲肋的正交异性桥面板,薄混凝土板等)局部构件的设计,如EN 1991-2 图6.5 所示,应考虑枕木下方的纵向分布。为此,必须将荷载模型 71 (250kN)的单轴荷载作为点荷载进行计算。

注(2):一般情况下,如果没有相关权威部门的规定,荷载横向分布宽度与枕木长度相同。

条款6.3.6.4:
EN 1991-2

6.7.7　土体上的等效竖向荷载和土压力效应

对于整体效应,轨道交通在轨道下方或邻近轨道的土体上产生的等效竖向荷载标准值应采用合适的荷载模型(荷载模型 71 或分类竖向荷载,必要时也可使用荷载模型 SW/2),并在轨道表面以下 0.7m 处,3.00m 宽度内均匀分布。

均布荷载无须动力系数或放大系数。

对于接近铁轨的局部构件的设计(例如,挡砟墙),应根据铁道交通作用下局部最大竖向荷载、纵向及横向荷载进行计算。

条款6.3.7:
EN 1991-2

6.7.8　检修步道上的作用

检修步道一般不许外人入内。人群荷载、自行车荷载和一般养护荷载应用标准值 $q_{fk}=5kN/m^2$ 的均布荷载来表示。

对于局部构件的设计,采用单独集中荷载 $Q_k=2.0kN$,作用区域为边长为 200mm 的正方形。

人群作用在护栏、隔墙和防撞栏上的水平力应取 EN 1991-1-1 中的 B 类和 C1 类中的相关值。

6.7.9　公共铁路月台荷载

公共铁路月台荷载应符合铁路管理部门的要求。

注:月台应承受在使用过程中可能发生的所有荷载和效应。在设计时应考虑道路车辆侵入的可能性。

6.8　动力效应

6.8.1　概述

EN 1991-2 中定义了三个动力系数/动力放大系数

附件C(规范性):
EN 1991-2

- 动力系数 $1+\varphi$

动力系数是由实际列车的物理特性决定。动力放大系数 φ 是列车速度、空载

桥的固有频率以及关键长度的函数(表 6.3)。它是实际列车通过既有桥梁的动力系数,是确定荷载模型 71、SW/0 和 SW/2 的动力系数 Φ 的基础,也是计算疲劳损伤等效系数的基础。通常不直接用于新建桥梁的设计。

表6.2:
EN 1991-2

- 动力系数 Φ

条款6.4.5:
EN 1991-2

动力系数 Φ 以及荷载模型 71、SW/0 和 SW/2 一同用于新建桥梁的设计。动力系数考虑了不同列车的静力和动力效应。由关键长度的函数确定,并与轨道的质量好坏有关。

- 动力放大系数 $\varphi'_{dyn} = \max|y_{dyn}/y_{stat}| - 1$

条款6.4.6.5.(3):
EN 1991-2

此放大系数仅在需要动力分析时使用。在验算高速铁路桥梁荷载效应是否大于普通铁路桥梁荷载载效应时,需进行此类动力分析。

称 Φ 为动力系数易引起误会,因为它不仅涵盖了动力效应,还涵盖了铁路国际联盟(UIC)规范 776-1 中定义的六个标准列车静力荷载(在本章附录 6.1 中给出)的一部分。动力放大系数 $1+\varphi$ 和动力系数 Φ 之间的关系由下式给出:

$$(1+\varphi)S_{\text{实际列车}} \leqslant \Phi S_{LM71}$$

S 为构件某点处 M(力矩),Q(剪力),y(挠度),σ(正应力),τ(剪应力),ε(应变)和 γ(剪切变形)的作用效应。

所以 Φ 由以下不等式得出:

$$\Phi \geqslant S_{\text{实际列车}\,1-6}(1+\varphi_{1-6})/S_{LM71}$$

附录C(规范性):
EN 1991-2

6.8.2　实际列车的动力系数 $1+\varphi$

ORE(国际铁路联盟研究和试验办公室,后来称为 ERRI)专家委员会为确定动力放大系数 φ 和动力系数 Φ 提供了基础,并得到了模型试验和理论研究的补充,特别是在线路试验未涵盖的那些领域。通过试验证实了理论研究结果的准确性(参见报告 ORE D128/RP3[15])。

这些定律是从简支梁的力学行为中推导出来的。涵盖了连续梁和其他结构的大多数效应;不属于此类情况时,在关键长度 L_Φ 计算中考虑。

用 φ 值考虑运营列车过桥振动引起的荷载放大,φ 值由以下两部分组成:

φ'对应理想水平轨道的那部分;

φ''表示轨道不平整的影响和无悬挂质量车厢的响应。

实际列车在速度为 v(m/s)时产生的静荷载必须乘以:

对于标准维护的轨道,　$1+\varphi = \varphi' + \varphi''$　EN 1991-2,(C1)

对于精心维护的轨道,　$1+\varphi = \varphi' + 0.5\varphi''$　EN 1991-2,(C2)

φ'由下公式给出:

$$\varphi' = \frac{K}{1-K+K^4} \quad \text{当 } K<0.76 \text{ 时} \qquad \text{EN 1991-2,(C3)}$$

$$\varphi' = 1.325 \quad \text{当 } K\geqslant 0.76 \text{ 时} \qquad \text{EN 1991-2,(C4)}$$

式中:

$$K = \frac{v}{2L_\Phi \times n_0} \qquad \text{EN 1991-2,(C5)}$$

考虑到轨道的不平整,在理论研究的基础上建立了以下公式:

$$\varphi'' = \frac{\alpha}{100}\left[56\mathrm{e}^{-(L_\Phi/10)^2} + 50\left(\frac{L_\Phi n_0}{80} - 1\right)\mathrm{e}^{-(L_\Phi/20)^2}\right] \quad \text{EN 1991-2,(C6)}$$

$$\varphi'' \geqslant 0$$

当 $v \leqslant 22\text{m/s}(\approx 80\text{km/h})$时,$\alpha = v/22$ EN 1991-2,(C7)

当 $v > 22\text{m/s}$ 时,$\alpha = 1$

式中:v——速度(m/s);

L_Φ——两端简支桥梁的跨度(m);

表6.2:EN 1991-2

其他情况下,在计算中应使用 EN 1991-2 表 6.2 中的值 L_Φ 代替 L,若将行驶列车看作活载,此方法也适用于旧桥的评估;

n_0——空载桥的固有频率(1/s);

e——自然对数(2.71828…)。

C3:EN 1991-2

EN 1991-2(C3)中 φ'涵盖了所研究值的约 95%,从而给出了 95% 的统计置信度限(大约为平均值加两个标准差)。

C6:EN 1991-2

EN 1991-2(C6)假定存在长度为 1m、宽度 2mm 或长度为 3m、宽度为 6mm 的竖向凹陷以及无悬挂质量每轴 2t 的列车作用来修正 φ''值。

该等式是上限值,但在特定情况下比该值还会大 30%,例如超高速列车或长轴距车辆,而轴距较小的特殊车辆,只有这些值的一半。

一般来说,这些影响并不显著,但在计算桥梁承受实际列车荷载时应加以考虑,而小桥尤为重要。

荷载模型 71 的动力系数 Φ 是根据本章附录 6.1 中给出的运营车辆的动力放大系数 φ 计算得出的,因此乘以 Φ 的荷载模型 71 的荷载值足以包含实际列车荷载乘以$(1+\Phi)$的荷载值,并具有足够的安全储备(另见上文 6.8.1 中的等式)。

图6.10:EN 1991-2

为了获得最不利值,在计算 $\Phi = \Phi' + \Phi''$时取了桥梁高、低频率。使用的频率如下所示,并在 ***EN 1991-2 图6.10*** 中示出。

Φ'的有效极限是固有频率和车速为 200km/h 的下限。对于其他情况,Φ'应根据本章附录 B 的动力分析确定(另见 UIC 规范 776-2[7])。

图6.10:EN 1991-2

Φ''的有效极限是 ***EN 1991-2 图6.10*** 中固有频率的上限。对于其他情况,根据本章附录 B,Φ''可以通过考虑列车无簧载质量与桥梁之间的质量相互作用的动力分析确定。

$\Phi' + \Phi''$的值应由 n_0 的上限和下限决定,除非特定桥梁的一阶频率已知。

n_0 的上限由下式给出:

$$n_0 = 94.76 L_\Phi^{-0.748} \quad \text{EN 1991-2,(C8)}$$

下限由下式给出:

$$n_0 = \frac{80}{L_\Phi} \quad \text{当 } 4\text{m} < L_\Phi \leqslant 20\text{m 时} \quad \text{EN 1991-2,(C9)}$$

$n_0 = 23.58L_{\Phi}^{-0.592}$　当 $20\text{m} < L_{\Phi} \leqslant 100\text{m}$ 时　EN 1991-2,(C10)

对应阻尼的对数衰减率变化范围为 0.0 到 1.0 之间。

营运列车有六种代表类型,并为其设定了标准速度。这六种列车见本章附录 6.1。与跨度相关的六种标准列车最大荷载,已经得到了其中三种。但是为了校核,六种标准车辆的影响均需要考虑。

L_{Φ} 是基于计算构件的挠度影响线而给出的。在影响线不对称时,所用的公式如图 6.7 所示。$L_{\Phi} = 2 \times (a + 1.5)$ 基于如下假设:结构的影响线对称且最大值相同产生动力效应相同。这是因为动力效应取决于支撑处影响线的斜率。考虑到轨道荷载分布的影响,该值增加了 $2 \times 1.50 = 3.00\text{m}$。

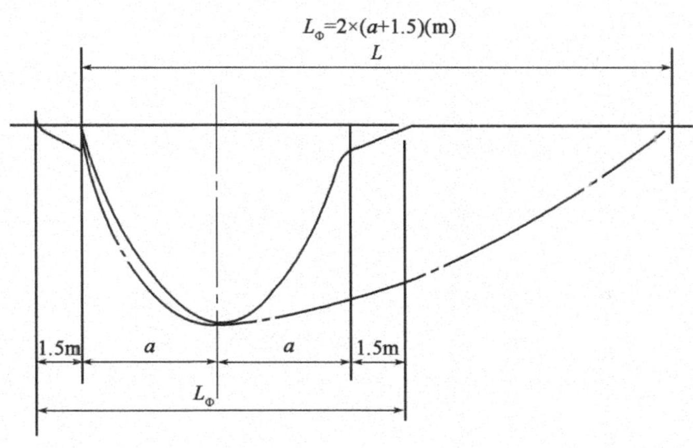

图 6.7　不对称影响线 L_{Φ}

应考虑以下状况:

- ***动力放大系数对现役桥梁的评价***

在评估现役桥梁时,EN 1991-2 中 C3 至 C6 中的公式可用于确定实际列车的 ***C3 至 C6:***
动力系数 $1 + \Phi$。 ***EN 1991-2***

在评估旧桁架桥的强度时,必须考虑以下事实:柔性斜撑(构成平面)发生二次振动会导致边缘应力增加。为此,在计算活荷载和动力效应的应力时,若车速 $v < 50\text{km/h}$,建议应力为 5N/mm^2;对于更高的车速,建议应力值为 10N/mm^2。

对于车轴多且总质量超过 400t 的特殊列车,当计算精度难以保证或列车以不大于 40km/h 的速度行驶时,动力放大系数 φ 可在 0.10 至 0.15 间取值。

- ***用于疲劳评估的动力放大系数,例如用于计算实际列车的等效损伤值 λ***

考虑结构 100 年设计使用年限的平均效应,每个实际列车的动力放大系数可以降低为中等值,如下:

对于精心维护的轨道　$\varphi = 1 + \frac{1}{2}\left(\varphi' + \frac{1}{2}\varphi''\right)$

6.8.3　动力系数 $\Phi(\Phi_2, \Phi_3)$ ***条款6.4.5: EN 1991-2***

动力系数 Φ 考虑了应力的动力放大和结构振动效应,但没有考虑共振效应。 ***图6.10:***
EN 1991-2 图 6.10 给出了结构固有频率限值。若不满足规定的标准,则可能 ***EN 1991-2***

会引起桥的共振或过度振动(桥面板过大的加速度导致道砟不稳定等以及过大的挠曲和应力等)。对于这种情况,需进行动力分析以计算冲击和共振效应(见本章附录 B)。

结构所承载的轨道数大于 1 时,动力系数 Φ 不折减。

通常动力系数 Φ 应该根据轨道维护的质量取 Φ_2 或 Φ_3,如下:

(a)对于精心维护的轨道:

$$\Phi_2 = \frac{1.44}{\sqrt{L_\Phi} - 0.2} + 0.82 \qquad \text{EN 1991-2,(6.4)}$$

式中,$1.00 \leqslant \Phi_2 \leqslant 1.67$。

(b)对于标准维护的轨道:

$$\Phi_3 = \frac{2.16}{\sqrt{L_\Phi} - 0.2} + 0.73 \qquad \text{EN 1991-2,(6.5)}$$

式中,$1.00 \leqslant \Phi_3 \leqslant 2.0$,$L_\Phi$ 为规定的"关键"长度(与 Φ 相关的长度),单位:m,如表 6.3(EN 1991-2 表 6.2)所定义。

关键长度 L_Φ(来自 EN 1991-2 表 6.2)　　表 6.3

类型	结构构件	确定性长度 L_Φ
钢桥面板:上覆道床的闭合桥面板(正交异性桥面板)(对于局部应力和横向应力)		
	有横梁和连续纵向加劲肋的桥面板:	
1.1	桥面板(双向)	3 倍横梁间距
1.2	连续纵向加劲肋(包括最长为 0.5m 的小悬臂)[a]	3 倍横梁间距
1.3	横梁	2 倍横梁长度
1.4	端横梁	3.6m[b]
	只有横梁的桥面板:	
2.1	桥面板(双向)	2 倍横梁间距 +3m
2.2	横梁	2 倍横梁间距 +3m
2.3	端横梁	3.6m[b]
钢梁格:无道床的开口桥面板[b](对于局部和横向应力)		
	轨道支承:	
3.1	—作为连续梁格的一个构件	3 倍横梁间距
	—简支	横梁间距 +3m
3.2	支承轨道的悬臂[a]	3.6m
3.3	横梁(作为横梁/连续梁格轨道支承的组成部分)	2 倍横梁长度
3.4	端横梁	3.6m[b]

[a]一般情况下,对于承受铁路交通荷载的所有超过 0.5m 的悬臂,应按照 6.4.6 中规定进行专门研究,其作为构件受力应符合国家附件中相关部门的规定。

[b]推荐使用 Φ_3。

续上表

类型	结构构件	确定性长度 L_Φ
上覆道床的混凝土桥面板(对于局部应力和横向应力)		
4.1	桥面板作为箱梁或主梁上翼缘的一部分	
	—垂直于主梁跨径方向	3 倍桥面板跨径
	—沿纵向跨径方向	3 倍桥面板跨径
	—横梁	2 倍横梁长度
	—支承铁路荷载的横向悬臂	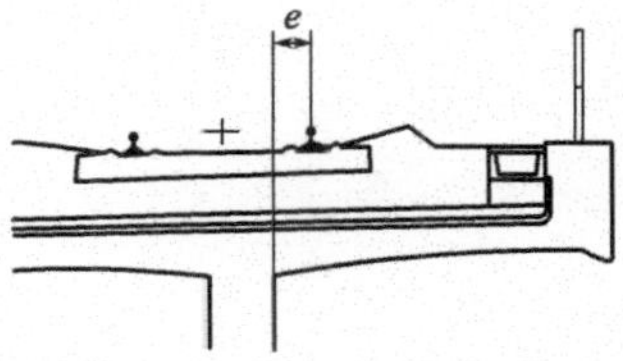 e —$e \leqslant 0.5$m：3 倍腹板间距 —$e > 0.5$m：[a] 图 6.8　支承铁路荷载的横向悬臂
4.2	横梁上的连续桥面板(主梁方向)	2 倍横梁间距
4.3	中承式或下承式桥面板：	
	—垂直于主梁跨径方向	2 倍桥面板跨径 +3m
	—沿纵向跨径方向	2 倍桥面板跨径
4.4	填充桥梁面板中，横跨纵向钢梁之间的桥面板	2 倍纵向确定性长度
4.5	桥面板的纵向悬臂	—$e \leqslant 0.5$m；3.6m[b] —$e > 0.5$m：[a]
4.6	端横梁或托梁	3.6m[b]
[a]一般情况下，对于承受铁路交通荷载的所有超过 0.5m 的悬臂，应按照 6.4.5 中规定进行专门研究，其作为构件受力应符合国家附件中相关部门的规定。 [b]推荐使用 Φ_3。 **注**：对于类型 1.1 ~ 4.6，L_Φ是主梁确定性长度的最大值。		
主梁		
5.1	简支梁和板(包括埋入混凝土的钢梁)	主梁方向的跨度
5.2	n 跨连续梁和板 $$L_m = 1/n(L_1 + L_2 + \cdots + L_n) \quad (6.6)$$	$$L_\Phi = k \times L_m \quad (6.7)$$ 但不小于 L_i 的最大值($i = 1,\cdots,n$) $n =$ 2　3　4　≥5 $k =$ 1.2　1.3　1.4　1.5

续上表

类型	结构构件	确定性长度 L_Φ
5.3	门式刚架和封闭刚架或箱形主梁	
	—单跨	视为三跨连续梁(使用5.2时采用刚架或箱形构件的竖向和水平长度)
	—多跨	视为多跨连续梁(使用5.2时采用端部竖向和水平构件长度)
5.4	单拱、拱肋、系杆加劲梁	1/2 跨径
5.5	实腹式填料连拱	2 倍净跨径
5.6	吊杆(与加劲梁相连)	4 倍吊杆的纵向间距
结构支承		
6	柱、支架、支座、受拉支座、抗拉锚碇和支座下面接触压力计算	支承构件的确定性长度

应注意以下条件:

- 动力系数根据简支梁来确定的。长度 L_Φ 使得动力放大系数可用于其他支承情况的结构构件。
- 假如没有规定动力系数,应使用 Φ_3。

对于所谓敞口桥面的钢桥,即木质轨枕放置在轨道纵梁或者横梁上的钢桥,即使是精心维护的轨道,端横梁以及轨道纵梁的悬臂部分计算时也应采用 Φ_3作为动力系数。

- 动力系数 Φ 不与下列因素同时考虑:
  —实际列车产生的荷载
  —荷载模型“空载列车”
- 表6.3 给出了关键长度 L_Φ。若表中没有规定 L_Φ 的取值,则关键长度应取所考虑的构件挠度的影响线长度。

若结构构件中的合应力取决于多种效应,且每个效应与单独结构性能有关,则计算每种效应时,关键长度也应分别确定。

允许对动力系数 Φ 进行折减:

对于拱桥和所有混凝土桥梁,若其铺装层超过 1.00m,则 Φ_2 和 Φ_3 按下式折减:

$$\Phi_{2,3}=\Phi_{2,3}-\frac{h-1.00}{10}\geqslant 1.0 \qquad \text{EN 1991-2,(6.8)}$$

其中,h 为包括道砟在内的铺装层厚度,从主梁顶部到枕木的顶部(对于拱桥,从拱顶算起)。

在计算轨道交通作用在长细比(失稳计算长度/回转半径)<30 的墩柱、桥台、基础、挡土墙等构件上引起的效应以及引起的土压力时,可不考虑动力效应。

6.8.4 动力放大系数 $\varphi'_{dyn}=\max|y_{dyn}/y_{stat}|-1$

此放大系数由动力学研究确定(参见本章附录B)。

其中一部分是验算高速铁路荷载效应是否大于正常铁路桥梁荷载引起的相应荷载效应。桥梁设计时,所有竖向交通荷载效应的最不利值应使用下式给出的值:

$$(1+\varphi'_{dyn}+\varphi''/2)\times\begin{pmatrix}\text{HSLM}\\ \text{或}\\ \text{RT}\end{pmatrix}\text{或}\ \Phi(\text{LM71}''+''\text{SW/0})$$

EN 1991-2,(6.15 和 6.16)

以下动力放大系数由动力分析确定:

$$\varphi'_{dyn}=\max|y_{dyn}/y_{stat}|-1 \qquad \text{EN 1991-2,(6.14)}$$

式中,y_{dyn}是最大动力响应,y_{stst}为相应的最大静力响应,这两者都是实际列车(RT)或荷载模型(HSLM)引起结构构件任一特定断面的作用效应。

LM71" +"SW/0 为用于连续梁的荷载模型71 +(或有必要)荷载模型SW/0(必要时使用分类竖向荷载)。$\Phi''/2$ 定义见上文6.8.2。Φ 是6.8.3 中定义的动力系数。

条款6.5:
EN 1991-2

6.9 水平力——标准值

6.9.1 离心力

条款6.5.1:
EN 1991-2

当桥上的轨道全长或部分长度位于曲线段时,需要考虑离心力和轨道倾斜。

离心力沿水平方向向外作用于轨面上方1.80m 高度处。对于某些交通类型,例如双层集装箱,特定项目应规定新增 h_t 值。

离心力应始终与竖向荷载组合。离心力不乘以动力系数 Φ_2 或 Φ_3。

离心力计算所用的竖向荷载效应不必因轨面倾斜而对其进行折减,因为竖向荷载因振动因素而放大。

离心力的标准值根据以下等式确定:

$$Q_{tk}=\frac{v^2}{g\times r}(f\times Q_{vk})=\frac{V^2}{127r}(f\times Q_{vk}) \qquad \text{EN 1991-2,(6.17)}$$

$$q_{tk}=\frac{v^2}{g\times r}(f\times q_{vk})=\frac{V^2}{127r}(f\times q_{vk}) \qquad \text{EN 1991-2,(6.18)}$$

式中:Q_{tk}、q_{tk}——离心力的标准值(kN、kN/m);

Q_{vk}、q_{vk}——上文6.7 节规定的荷载模型71,SW/0,SW/2 和“空载列车”的竖向荷载的标准值(不含动力放大效应),对于荷载模型HSLM,应使用荷载模型71 确定的离心力标准值;

f——“折减系数”（见下文）；

v——该路段最大线路速度（m/s），在荷载模型 SW/2 中，可以使用最大速度（最大速度为 22.22m/s（=80km/h））；

V——区段最大线路速度（km/h），如上所述；

g——重力加速度（9.81m/s^2）；

r——曲线半径（m）。

在曲线半径变化的情况下，可以对 r 取适当的平均值。

针对特定项目，计算需指定区段最大线路速度。

对于荷载模型 SW/2，可以假设最大速度为 80km/h 。

此外，曲线桥梁，还应考虑没有离心力的情况下承受 6.7.2 和 6.7.3 中规定的荷载工况。

对于荷载模型 71（以及必要时的荷载模型 SW/0）和高于最大线路速度 120km/h 的区段，应考虑以下情况（表 6.4）：

情况（a）荷载模型 71（必要时为荷载模型 SW/0）及其动力系数和速度 $V=120$km/h 时的离心力，折减系数 $f=1$。

情况（b）折减的荷载模型 71（$f\times Q_{vk}, f\times q_{vk}$）（以及必要时的 $f\times$ 荷载模型 SW/0）及其动力系数和指定最大速度 V 对应的离心力，折减系数 f 的值如下所示。

对于荷载模型 71（以及必要时的荷载模型 SW/0），折减系数 f 通过下式给出，且最小值为 0.3535。

$$f=\left[1-\frac{V-120}{1000}\left(\frac{814}{V}+1.75\right)\left(1-\sqrt{\frac{2.88}{L_f}}\right)\right]\qquad \text{EN 1991-2,(6.19)}$$

式中：L_f——桥上曲线轨道加载部分的影响长度（m），结构构件设计的最不利值；

V——区段最大线路速度。

表 6.7 或图 6.16 或式（6.19）：EN 1991-2

$$\left.\begin{array}{ll} f=1 & \text{当 } V\leqslant 120\text{km/h 或 } L_f\leqslant 2.88\text{m} \\ f<1 & \text{当 } 120\text{km/h}<V\leqslant 300\text{km/h} \\ f(V)=f300 & \text{当 } V>300\text{km/h} \end{array}\right\}\text{和 } L_f>2.88\text{m 时}$$

对于荷载模型 SW/2 和“空载列车”，折减系数 f 的值应取 1.0。

上述标准不适用于速度超过最大允许速度 120km/h 的重型货车。对于速度超过 120km/h 的重型货车，应满足附加规定的要求。

6.9.2　摇摆力

条款 6.5.2：EN 1991-2

摇摆力视为水平方向集中力，作用在铁轨的顶部，垂直于轨道的中心线。直线轨道和曲线轨道都存在摇摆力。

离心力的荷载工况对应于现场的 α 值和最高线路速度　　表6.4

（来自 EN 1991-2 表6.8）

α值	现场最大线路速度[km/h]	离心力[d] V[km/h]	α	f		相关竖向交通荷载基于:[a]
α < 1	> 120	V	1[c]	f	对于(b)中的情形,1[c] × f × (LM71″+″SW/0)	Φ × α × 1 × (LM71″+″SW/0)
		120	α	1	对于(a)中的情形,α × 1 × (LM71″+″SW/0)	Φ × α × 1 × (LM71″+″SW/0)
		0	—	—	—	
	≤ 120	V	α	1	α × 1 × (LM71″+″SW/0)	
		0	—	—	—	
α = 1	> 120	V	1	f	对于(b)中的情形,1 × f × (LM71″+″SW/0)	Φ × 1 × 1 × (LM71″+″SW/0)
		120	1	1	对(a)中的情形,1 × 1 × (LM71″+″SW/0)	Φ × 1 × 1 × (LM71″+″SW/0)
		0	—	—	—	
	≤ 120	V	1	1	1 × 1 × (LM71″+″SW/0)	
		0	—	—	—	
α > 1	>120[b]	V	1	f	对于(b)中的情形,1 × f × (LM71″+″SW/0)	Φ × 1 × 1 × (LM71″+″SW/0)
		120	α	1	对于(a)中的情形,α × 1 × (LM71″+″SW/0)	Φ × α × 1 × (LM71″+″SW/0)
		0	—	—	—	
	≤ 120	V	α	1	α × 1 × (LM71″+″SW/0)	
		0	—	—	—	

注:[a] 当竖向交通荷载有利时,用0.5×(LM71″+″SW/0)替代(LM71″+″SW/0)。

[b] 适用于最大速度为120 km/h的重型货运列车。

[c] 取 $\alpha=1$ 以避免重复采用 f 对列车质量进行折减。

[d] 见本设计指南6.9.1中关于离心力竖向效应的第3段。离心力竖向效应因超高减小后,其值应乘以相关的动力系数提高。在确定离心力的竖向效应时,应包括上面所示的系数 f。

表中:　V——6.5.1(5)中规定的最大速度[km/h];

f——6.5.1(8)中规定的折减系数;

α——6.3.2(3)中规定的分类竖向荷载系数;

LM71″+″SW/0——荷载模型71与相关的连续梁桥荷载模型SW/0相加之和。

$\alpha \geqslant 1$ 时,摇摆力的标准值应乘以 α。

摇摆力须与竖向交通荷载组合使用。　*条款6.3.2(3)P:EN 1991-2*

6.9.3　牵引力和制动力的作用

条款6.5.3:EN 1991-2

牵引力和制动力沿轨道纵向作用于轨顶。用于所考虑的结构单元的牵引和制动效应均匀分布在结构构件相应的影响长度 $L_{a,b}$ 范围内。牵引力和制动力的方向应考虑每条轨道上的允许行进方向。

牵引力和制动力的标准值取值如下:

牵引力

对于荷载模型 71、SW/0、SW/2 和 HSLM

$$Q_{\text{lak}} = 33(\text{kN/m}), L_{\text{a,b}}(\text{m}) \leqslant 1000(\text{kN}) \qquad \text{EN 1991-2,(6.20)}$$

制动力

对于荷载模型 71、SW/0 和 HSLM

$$Q_{\text{lak}} = 20(\text{kN/m}), L_{\text{a,b}}(\text{m}) \leqslant 6000(\text{kN}) \qquad \text{EN 1991-2,(6.21)}$$

∗注:若加载长度超过300m,有关权威部门应规定附加要求,来考虑长列车和现代制动系统及多个货车同时制动的影响。

对于荷载模型 SW/2

$$Q_{\text{lak}} = 35(\text{kN/m}), L_{\text{a,b}}(\text{m}) \qquad \text{EN 1991-2,(6.22)}$$

牵引力和制动力的标准值不乘以系数 Φ 或 6.9.1 中的系数 f。

注1:荷载模型SW/0和荷载模型SW/2,牵引力和制动力只作用于部分加载结构,如图6.6和表6.2所示。

注2:荷载模型"空载列车"可不计牵引力和制动力。

这些标准值适用于所有类型的轨道结构,例如无缝焊接或者铰接轨道,有或没有伸缩装置的轨道。

荷载模型 71 和荷载模型 SW/2 的牵引力和制动力必须乘以系数 α,且符合6.7.2的要求。

对于特殊承载交通(例如限制高速客运量的线路),牵引力和制动力可以取25%(实际列车)总轴载,作用于结构构件的作用影响线长度上。相关权威部门规定,Q_{lak}的最大值为1000kN,Q_{lbk}的最大值为6000kN。

通常情况下,牵引力和制动力与相应的竖向交通荷载组合。

条款 *6.5.4* 和附录 *G*:*EN 1991-2*

当轨道在桥的一端或两端连续时,只有一部分牵引力或制动力通过桥面板传递到支座,其余力的部分通过轨道传递,并在桥台后方被抵消。根据 ***EN 1991-2* 条款*6.5.4*和附录*G*** 以及 UIC 规范 774-3[8],经由桥面板传递到支座的力的比例需根据结构和轨道间组合响应来确定。

注:在桥梁承载两条或更多轨道的情况下,必须考虑一条轨道上的制动力和另一条轨道上的牵引力。在两个或多个轨道具有相同的允许运行方向的情况下,则必须考虑两个轨道上的牵引力或两个轨道上的制动力。

条款*6.5.4*:*EN 1991-2*

6.9.4 轨道-桥梁相互作用

概述

由于温度变化、列车制动以及竖向交通荷载的组合作用造成的轨道和桥梁的相对位移,导致轨道-桥梁耦合现象,从而产生对桥梁和轨道的附加应力。若铁轨连续而铁轨的支承不连续(例如在桥梁结构和路堤衔接部位),则轨道上的纵向作用一部分传递到台后的路基,一部分通过桥梁支座和下部结构传递到基础。需要强调的是,轨道的极限状态取决于其设计和维护状态。

减小轨道紧固系统的上拔力(桥面板端部的竖向位移)以及水平位移(列车制动或启动时)也很重要,因为这些会使道砟松散并破坏轨道的稳定性。限制伸缩缝和桥台附近道岔的角度不连续性也很重要,以减少发生脱轨的风险。

*注:原则上,对于桥梁,应将相互作用计入桥梁的正常使用极限状态(SLS)中,而对于铁轨,应将相互作用计入其承载能力极限状态(铁路交通安全)。因此,理论上应使用分项系数以及相应的荷载系数来计算力和位移。这是**EN 1991-2 条款6.3.2(3)P**中规定的原则。*UIC 规范 774-3[8] 中给出的是由于相互作用引起的轨道位移或附加应力的容许极限值。然而这些容许极限值并不是基于 *ULS* 规范里的方法确定的,而是使用原有的容许强度设计方法和标准值简化的荷载模型 71 进行校准得到的。所给的容许极限值普适于精心维护的标准轨道构件,非常重要的是,也适于当今既有(轨道)交通和轨道。系数 $\alpha = 1.33$ 用于重现期 100 年的交通荷载,其中轨道组成情况一无所知,**相互作用计算时却总是取 $\alpha = 1.00$。这与 *EN 1991-2 条款6.3.2(3)*的规定相矛盾。**

条款6.3.2(3)P:
EN 1991-2

条款6.3.2(3)P:
EN 1991-2

为了避免钢轨受压屈曲(特别是在夏季时,桥梁末端易发生轨道屈曲)、受拉断裂(在冬季时,导轨易断裂),***EN 1991-2 条款6.5.4.5.1*** 给出了轨道容许附加应力。

条款6.5.4.5.1:
EN 1991-2

由于结构和轨道对可变作用的联合响应,桥上或桥台附近的钢轨容许附加应力如下:

- 最大轨道容许附加压应力为 72N/mm^2;
- 最大轨道容许附加拉应力为 92N/mm^2。

注:上述轨道应力极限值适用于等级为 UIC 60 的钢轨,其强度至少为 900N/mm^2,最小曲率半径为 1500m,用于混凝土轨枕有道砟的轨道上,轨枕下至少铺有 30cm 充分捣实的道砟。

如不满足上述标准,应进行特殊研究或采取其他措施。然而,存在的问题是:桥梁设计工程师通常没有用来计算轨道-桥梁相互作用的计算机程序。

无砟轨道的要求必须由相关权威部门根据所选轨道系统功能而定。伸缩缝的布置须尽快与权威部门讨论。

使用轨道-桥梁相互作用计算机分析程序前需要验证,可以通过分析 UIC 规范 774-3[8] 附录 D 中报告的测试结果进行验证。**但大多数情况下,如果能满足下面给出的伸缩长度限值,则无须分析轨道-桥梁相互作用。**

重要原理

- **导轨中伸缩装置非必须则不设!这样可以避免大多数轨道-桥梁相互作用计算分析工作。在这些情况下,*EN 1991-2 条款6.5.4*,特别是 *EN 1991-2 附录G* 中给出的许多规定无须参考!**
- **尽可能将固定支座设在桥梁的中间部位,从而增加用于支承连续焊接轨道且无伸缩缝的单根主梁的长度。**

条款6.5.4:
EN 1991-2
附录G:
EN 1991-2

无缝铁路（CWR）的伸缩长度限值

在没有伸缩缝的情况下，承载 CWR（无缝铁路）的单桥面板的最大伸缩长度 L_T（图 6.9）将是：

- 对于钢结构有砟轨道，取 60m（注：带有中间固定支座的桥面板最大长度为 120m）；
- 对于混凝土结构或带有混凝土桥面板的钢结构（组合梁）有砟轨道，取 90m（注：带有中间固定支座的桥面板最大长度为 180m）。

注：经验表明，对于密实的有砟轨道 UIC54，可采用上述 UIC60 的容许伸缩长度。

当轨道曲率半径 $r \leq 1500m$ 时，容许的轨道应力必须经权威部门同意。

当最大伸缩长度 L_T 仅略微超过给定极限值时，建议使用轨道-桥梁计算程序进行运算，以尽量避免伸缩缝。

当最大伸缩长度超过给定极限值时，需要安装伸缩装置。

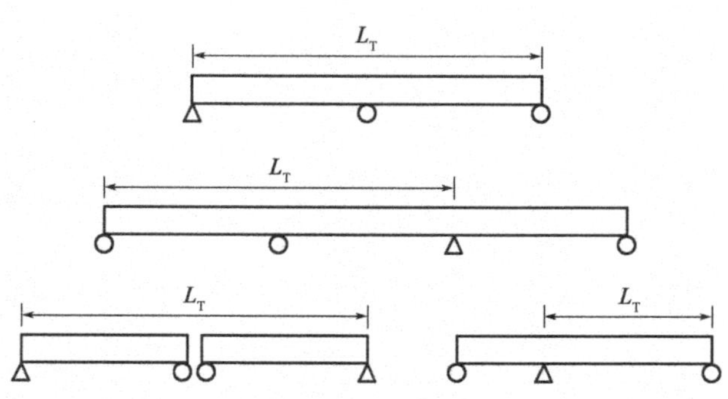

图 6.9 伸缩缝长度 L_T 的示例

制动力/牵引力下多跨门式刚架系统纵向位移的极限值

对于两端均设有伸缩装置的桥梁，例如没有特殊的刚性固定支座来抵抗纵向水平力的连续多跨门式刚架，在两个轨道上的制动力/牵引力作用下（$\alpha = 1.00$），其最大容许位移是 30mm（未用轨道-桥梁相互作用分析程序）。

桥面板表面相对于相邻结构（桥台或另一桥面板）的竖向位移

条款6.5.4.5.2(P)：EN 1991-2

在交通荷载下桥面板的挠度会引起支座外的板（梁）末端抬起。必须减少此类情况。

对于特征交通荷载（$\alpha = 1$），桥面板顶面相对于相邻结构（桥台或另一桥面板）的竖向位移 δ_V（mm）不得超过以下数值：

- 区段最大线路速度小于 160 km/h：3mm。
- 区段最大线路速度大于 160 km/h：2mm。

6.10 铁路桥梁上的其他作用

在结构设计中还需要考虑以下作用：

- 其他铁路基础设施和设备的荷载效应。
- 桥面倾斜或支座表面倾斜产生的效应。
- 列车通过时在轨道附近产生的气动作用；这些作用在 ***EN 1991-2* 条款6.6** 中给出。 *条款6.6：EN 1991-2*

*注：结构设计自始至终都必须考虑**EN 1991-2** 条款6.6.1(5)中提到的动力放大系数，并建议验算这些构件及其锚固件的疲劳程度。* *条款6.6.1(5)：EN 1991-2*

- 来自桥上的接触网和其他架空线设备的作用效应。

还应满足国家和国际(规范)针对下列各项的要求：

- 风荷载
- 温度变化和温度阶梯效应等
- 支座摩擦力
- 雪、雪崩和冰荷载
- 地下水、自由水、流水压力的影响
- 泥石流和冲刷效应
- 沉降
- 不均匀沉降

6.11 脱轨

条款6.7：EN 1991-2

铁路桥梁的设计必须确保在发生脱轨的情况下，将对桥梁造成的破坏(尤其是整体倾覆或倒塌)降到最低。

6.11.1 铁路桥梁上的铁路交通脱轨作用

铁路桥梁上的列车脱轨属于偶然设计状况。必须考虑以下两种设计状况：

设计情况Ⅰ：列车脱轨，脱轨车辆位于桥面上的轨道区域，车辆被相邻的轨道或挡墙挡住。

设计情况Ⅱ：铁路车辆脱轨，脱轨车辆位于桥梁边缘处(没有掉下桥)，上部结构构件(不包括人行道等非结构性构件)边缘受偏载。

注：相关权威部门可以做其他规定。

对于设计情况Ⅰ，需要避免主要结构倒塌，但允许发生局部损坏。在偶然设计状况下，结构相关部分需使用以下设计荷载进行设计：

$a \times 1.4 \times$ LM71(集中荷载 Q_{A1d} + 均布荷载 q_{A1d})，最不利作用位置为平行于轨道中心线两侧1.5倍轨距内(图6.10)。

注：系数1.4不是Eurocode中一般规定的安全系数。

对于设计情况Ⅱ，避免桥梁倾覆或倒塌。为确定整体稳定性，应将最大总长度20m的 $q_{A2d} = \alpha \times 1.4 \times$ LM71作为均布竖向荷载，作用于所考虑的结构边缘。

上述等效荷载仅用于确定整体结构的极限强度或稳定性。悬臂和次要结构构件不采用该荷载进行设计。

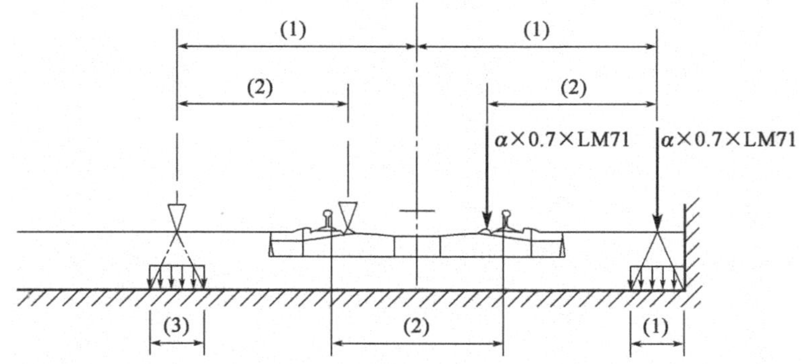

图 6.10 设计情况 I ——等效荷载 Q_{A1d} 和 q_{A1d}

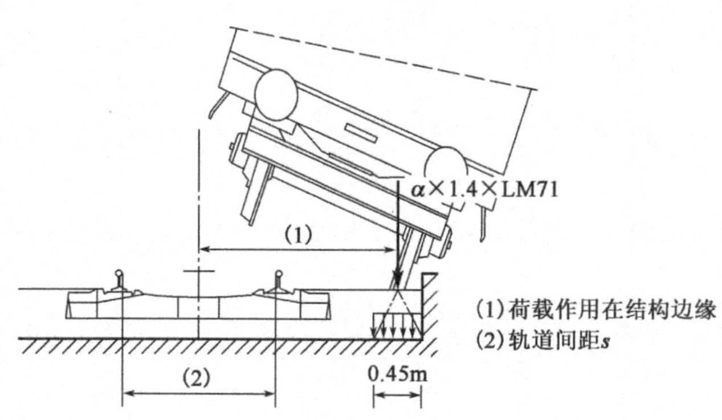

图 6.11 设计情况 II——等效荷载 q_{A2d}

案例 6.2 设计情况 Ⅱ 的均布等效线荷载

对于跨度为 8m 的桥梁,取 4 个独立荷载为 250kN + (8.0m − 6.4m)80kN/m = 1128kN,这些荷载沿着 8m 的跨径长度分布,即 141kN/m。当 $\alpha = 1.33$,系数取 1.4 时,可得到均布荷载的值 $q_{A2d} = 262\text{kN/m}$。对于跨度大于 20m 的桥梁,沿 20m 长度分布的均布荷载为 $q_{A2d} = 149\text{kN/m}$。

设计情况 Ⅰ 和 Ⅱ 须分别验算。不考虑它们的荷载组合。

对于设计情况 Ⅰ 和 Ⅱ,发生脱轨的轨道应忽略其他铁道交通作用。

位于铁轨上方的结构构件,需符合权威部门轨道的要求采取措施以减轻脱轨损失。

6.11.2 发生在结构下方或附近的脱轨以及偶然设计状况的其他作用

发生脱轨时,脱轨车辆与轨道上方或附近的结构之间存在碰撞的风险。碰撞荷载和其他设计要求在 EN 1991-1-7 和 UIC 规范 777-2 中规定。[11]

偶然设计状况的其他作用,应按照有关权威部门的要求考虑。

6.12 交通荷载在铁路桥梁上的应用

条款6.8.1:
EN 1991-2

6.12.1 概述

桥梁设计的轨道数量以及轨道位置,必须满足特定项目关于轨道位置及误差规定的要求。

根据最小的轨道间距和针对特定项目指定的桥梁净空界限要求,每种桥梁在几何形状和结构上都应在最不利的位置设计尽可能多的轨道,而与预期轨道的位置无关。

所有作用的效应通过作用在最不利位置处的交通荷载和受力来确定。交通荷载的有利影响可以忽略不计(见案例6.3)。

条款6.8.2:
EN 1991-2

案例6.3 荷载模型71应用规则

对于影响线的应用,以下两个例子采用荷载模型71,可作为示范(图6.12)。

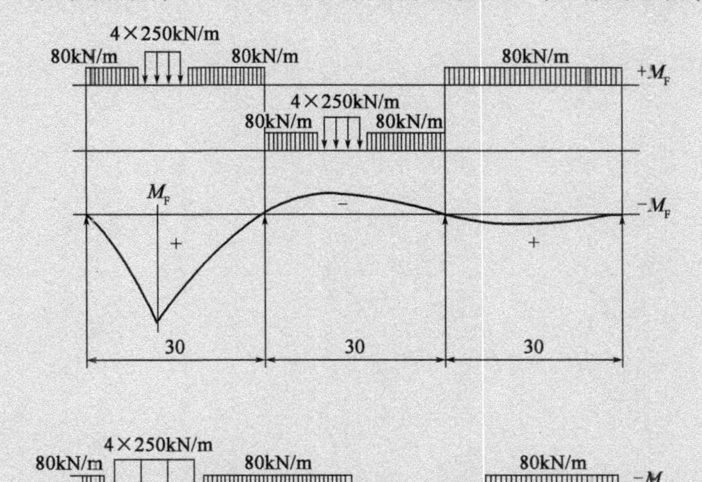

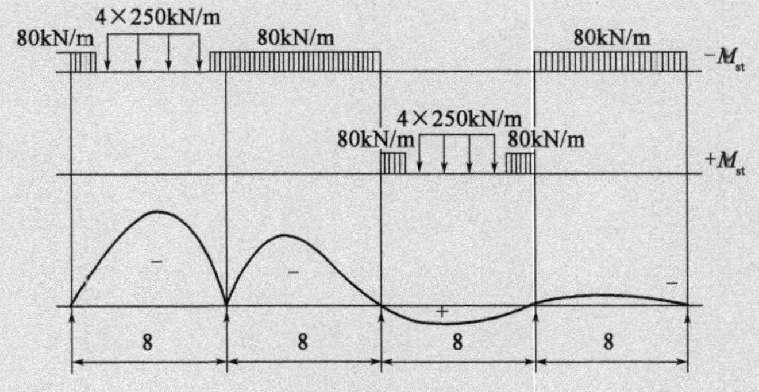

图6.12 荷载模型71位于最不利的位置,用于计算连续桥梁中的两个不同弯矩

荷载模型71最不利效应的确定:

- 轨道上应施加任意数量的均布荷载 q_{vk},并且每个轨道同一次最多施加4个集中荷载 Q_{vk}。
- 对于承载两条轨道的构件,荷载模型71必须任意施加于其中一条轨道上或同时施加在两条轨道上。
- 有3条或更多轨道的桥梁,荷载模型71必须施加于其中任意一条或任意两条轨道上,或者将0.75倍荷载模型71同时施加于所有轨道上。

荷载模型 SW/0 最不利效应的确定:

- 每条轨道必须施加一次荷载。
- 对于承载两条轨道的构件,必须将荷载模型 SW/0 施加于其中一条轨道上或同时施加在两条轨道上。
- 有 3 条或更多轨道的桥梁,荷载模型 SW/0 必须施加于其中任意一条轨道或任意两条轨道上,或者将 0.75 倍荷载模型 SW/0 同时施加于所有轨道上。

荷载模型 SW/2 最不利效应的确定:

- 每条轨道必须施加一次荷载。
- 对于承载多条轨道的构件,荷载模型 SW/2 施加于任意一个轨道,且在其他轨道上按上述规定施加荷载模型 71 或荷载模型 SW/0。

荷载模型"空载列车"最不利效应的确定:

- 在轨道上施加任意长度的均布荷载 q_{vk}。
- 仅在有一条轨道的结构设计中,考虑荷载模型"空载列车"。

所有使用荷载模型 71 设计的连续桥梁,均需对荷载模型 SW/0 进行额外验算。

若根据本设计指南第 6 章附录 B 和 UIC 规范 776-2[7]要求进行动力分析,则所有桥梁需要根据实际列车的荷载和荷载模型 HSLM(如有必要)进行设计。

6.12.2 荷载组——组合作用的标准值

条款6.8.2:
EN 1991-2

如 ***EN 1991-2 条款6.8.2*** 中所述,可采用表 6.5 中定义的荷载组来考虑荷载系统同时出现的可能性。

荷载组间是互斥的,可视为非交通荷载与单个可变荷载的联合作用,这意味着:

- 一个荷载组是由多个交通荷载构成的,如表 6.5 所示。
- 各个荷载组中,均有一个主导荷载,其他为伴随荷载。为评估荷载组的标准值,主导荷载作用的标准值不折减参与计算,其他伴随荷载作用一般用其折减值。
- 为定义表 6.5 中多个交通作用的荷载组的代表值,需将组中不同荷载的值乘以相同的系数 ψ(ψ_0、ψ_1 或 ψ_2,具体取决于代表值类型)。必要时,该代表值可与所需组合中的其他作用一起参与计算。
- 为进行承载能力极限状态验算,需将荷载组内的各个荷载值乘以相同的分项系数 γ_Q。
- 当单独采用主导作用时,ψ 和 γ_Q 值应与荷载组中主导作用的值一致。
- 如果在同一荷载组中存在两个主导作用,为简化计算,采用两个 ψ(和/或 γ_Q)值中最不利的进行整体计算。

注:如果不能简化设计过程,则不必考虑荷载组。荷载组并非在所有工况下都是偏安全的(例如支座设计,评估最大侧向和最小竖向交通荷载,支承约束设

计，评估基台最大倾覆效应，特别是对于连续桥梁）。

总的来说，在桥梁设计中仅考虑单个作用更容易些，在危险情景中需考虑并采取第8章给出的荷载组合的主导作用和伴随作用。它们需与表6.5相结合使用。

评估铁路交通荷载组（荷载组的特征值）（来自 EN1991-2 表 6.11）　　表 6.5

结构上的轨道数			荷载组			竖向力			水平力			备注
			参考 EN 1991-2			6.3.2/6.3.3	6.3.3	6.3.4	6.5.3	6.5.1	6.5.2	
1	2	≥3	加载轨道数	荷载组[8]	加载轨道	LM71[1] SW/0[1],[2] HSLM[6][7]	SW/2[1],[3]	空载列车	牵引力和制动力[1]	离心力[1]	摇摆力[1]	
			1	gr 11	T_1	1			1[5]	0.5[5]	0.5[5]	最大竖向力 1 和最大纵向力
			1	gr 12	T_1	1			0.5[5]	1[5]	1[5]	最大竖向力 2 与最大横向力
			1	gr 13	T_1	1[4]			1	0.5[5]	0.5[5]	最大纵向力
			1	gr 14	T_1	1[4]			0.5[5]	1	1	最大侧向力
			1	gr 15	T_1			1		1[5]	1[5]	侧向稳定性与“空载列车”
			1	gr 16	T_1		1		1[5]	0.5[5]	0.5[5]	SW/2 与最大纵向力
			1	gr 17	T_1		1		0.5[5]	1[5]	1[5]	SW/2 与最大横向力
			2	gr 21	T_1	1			1[5]	0.5[5]	0.5[5]	最大竖向力 1 和最大纵向力
					T_2	1			1[5]	0.5[5]	0.5[5]	
			2	gr 22	T_1	1			0.5[5]	1[5]	1[5]	最大竖向力 2 与最大横向力
					T_2	1			0.5[5]	1[5]	1[5]	
			2	gr 23	T_1	1[4]			1	0.5[5]	0.5[5]	最大纵向力
					T_2	1[4]			1	0.5[5]	0.5[5]	
			2	gr 24	T_1	1[4]			0.5[5]	1	1	最大侧向力
					T_2	1[4]			0.5[5]	1	1	
			2	gr 26	T_1		1		1[5]	0.5[5]	0.5[5]	SW/2 与最大纵向力
					T_2	1			1[5]	0.5[5]	0.5[5]	
			2	gr 27	T_1		1		0.5[5]	1[5]	1[5]	SW/2 与最大横向力
					T_2	1			0.5[5]	1[5]	1[5]	
			≥3	gr 31	T_i	0.75			0.75[5]	0.75[5]	0.75[5]	附加荷载工况

注：(1)应考虑所有相关系数($\alpha, \Phi, f\cdots$)。

(2)SW/0 仅在连续梁结构中考虑。

(3)SW/2 仅在线路有相关规定时考虑。

(4)如果是有利效应，系数可以减少至 0.5，但不能为 0。

(5)在有利情况下，这些非主要值可以为零。

(6)按 6.4.4 和 6.4.6.1.1 的要求采用高速荷载模型(HSLM)和实际列车。

(7)按 6.4.4 要求进行动力分析时，同时亦需参见 6.4.6.5(3)和 6.4.6.1.2。

(8)见 EN 1990 中表 A2.3。

（斜线图例）合适的主导分量作用。

（网格图例）在设计单轨支承结构时要考虑(荷载组 11 ~17)。

 在设计双轨支承结构时要考虑(荷载组 11～27,除 15 之外)。双轨中的每条轨道都应看作 T_1(轨道 1)或 T_2(轨道 2)。

 在设计支承三条或 3 条以上轨道的结构时应考虑(荷载组 11～31,除 15 以外)。任何一条轨道应视作 T_1,另一条轨道即为 T_2,所有其他轨道都要空载。另外,当轨道 T_i 的所有不利长度均加载时,荷载组 31 必须作为附加的荷载工况。

6.13 疲劳

所有铁路桥梁和所有材料的参考疲劳荷载

附录D(规范性):
EN 1991-2,
EN 1992,
EN 1993 和
EN 1994

疲劳评估通常是应力范围的验算,应根据 ***EN 1991-2 附录D(规范性)和EN 1992,EN 1993 和EN 1994*** 中的规定进行。对于新建桥梁,疲劳计算需使用荷载模型 71 的疲劳荷载且取$\alpha=1.0$(在承载能力极限状态中$\alpha=1.33$)。对于承载一条以上轨道的结构,这种参考疲劳荷载必须作用在两条轨道的最不利位置。

考虑疲劳性能的交通组合(疲劳列车荷载类型)

附录D3(规范性):
EN 1991-2

基于损伤等效系数为 λ 的结构的疲劳评估,例如结构钢材,钢筋或预应力钢筋,应从 ***EN 1991-2 附录D3(规范性)*** 中规定的交通组合种选取。然而,对于将来的轴载 250kN,如 6.7.2 所述,较重的荷载不会显著影响桥梁的投资成本,因此建议进行疲劳评估,并选择 250kN 轴载下的疲劳列车类型,参见下面的第 2 点。

对于钢结构构件,须进行安全验算以满足下列条件:

$$\gamma_{Ff}\lambda\Phi_2\Delta\sigma_{71}\leqslant\frac{\Delta\sigma_c}{\gamma_{Mf}}\qquad \text{EN 1991-2,(D.6)}$$

式中:γ_{Ff}——疲劳荷载的分项系数(*注:建议值为*$\gamma_{Ff}=1.00$);

λ——疲劳损伤等效系数,与桥梁跨度、运营交通、年交通量、结构构件的预期设计寿命和轨道数量相关;

$$\lambda=\lambda_1\lambda_2\lambda_3\lambda_4$$

λ_1——结构构件类型(例如连续梁)的系数,并考虑所选运营交通(例如交通繁忙混合)的损伤影响,取决于影响线的长度或面积,以及不同 *S-N* 曲线的斜率(通常在双对数坐标系中);

λ_2——年交通量的系数;

λ_3——结构构件的预期设计寿命的系数;

λ_4——多个轨道加载的影响系数;

Φ_2——动力系数;

$\Delta\sigma_{71}$——荷载模型 71(需要时,采用荷载模型 SW/0)的应力范围,通过取 $\alpha=1$,将荷载布置在构件的最不利位置计算得到;

$\Delta\sigma_c$——疲劳强度的参考值;

γ_{Mf}——设计规范中疲劳强度的分项系数。

注：

- *对于新建桥梁（即使承载能力极限状态下取 $\alpha=1.33$），必须采用疲劳荷载模型 71 和 $\alpha=1.0$ 进行疲劳计算。*

- *疲劳评估应基于"250kN 的交通轴载"。在计算损害等效系数 λ_1 时应考虑* ***EN 1991-2 附录 D3（规范性）*** *中提到的重载交通混合流（即具有 250kN 轴载的交通混合流）。*

附录 D3（规范性）：EN 1991-2

另，如果标准交通混合流比重载交通流更接近实际交通，则可以使用标准交通组合，但计算得到的 λ_1 值需乘以 1.1，以满足 250kN 轴载的影响。

对于钢筋和预应力筋，损伤等效应力范围的计算方法与钢材类似。

对于受压混凝土，可以假设符合 EN 1992-2 中规定的足够的抗疲劳性。

不能过分强调铁路桥梁的设计和施工中的抗疲劳方法。为了获得最佳的全寿命成本并达到预期的设计使用年限（通常至少 100 年），所有重要的结构构件都需要进行疲劳设计，以便整个预期设计寿命内其性能均满足要求：

对于钢桥，这意味着必须确定施工细节，以得到最大可能的疲劳细节类别 $\Delta\sigma_c$；例如：

- 组合梁：细节类型 71
- 焊接板梁：细节类型 71
- 桁架桥：有疲劳风险的地方用细节类型 71，没有疲劳风险的部分用细节类型 36
- 正交异性桥面板：在正交肋交叉的位置上采用细节类型 36，板下仅有横向肋用细节类型 71。当然前者比后者好。如跨度不大时自重不是关键的，则取后一种类型的正交异性桥面板。

对于预应力桥梁，使用全预应力来承受运用荷载是避免疲劳问题的最佳设计方法。对于部分预应力结构，必须遵守预应力和钢筋允许的疲劳强度等级 $\Delta\sigma_s$。

塑料管道和绝缘钢筋可以增加预应力钢筋的抗疲劳性能。

预应力筋的锚固件和连接件必须处于低应力变化。

对于钢筋混凝土结构，必须遵守疲劳强度类别 $\Delta\sigma_s$。钢筋焊接接头不宜设置在高应力变化的区域。钢筋的曲率半径须满足要求以避免过多的疲劳强度损失。

第 6 章附录 A　主要铁路荷载模型的确定及附加动力计算的验证步骤

A6.1　铁路荷载模型

表 A6.1 是 UIC 规范 776-1[6] 中给出的六个标准实际列车，它们是定义荷载模型 71 的基础。

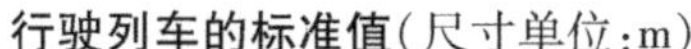

行驶列车的标准值(尺寸单位:m)　表 A6.1

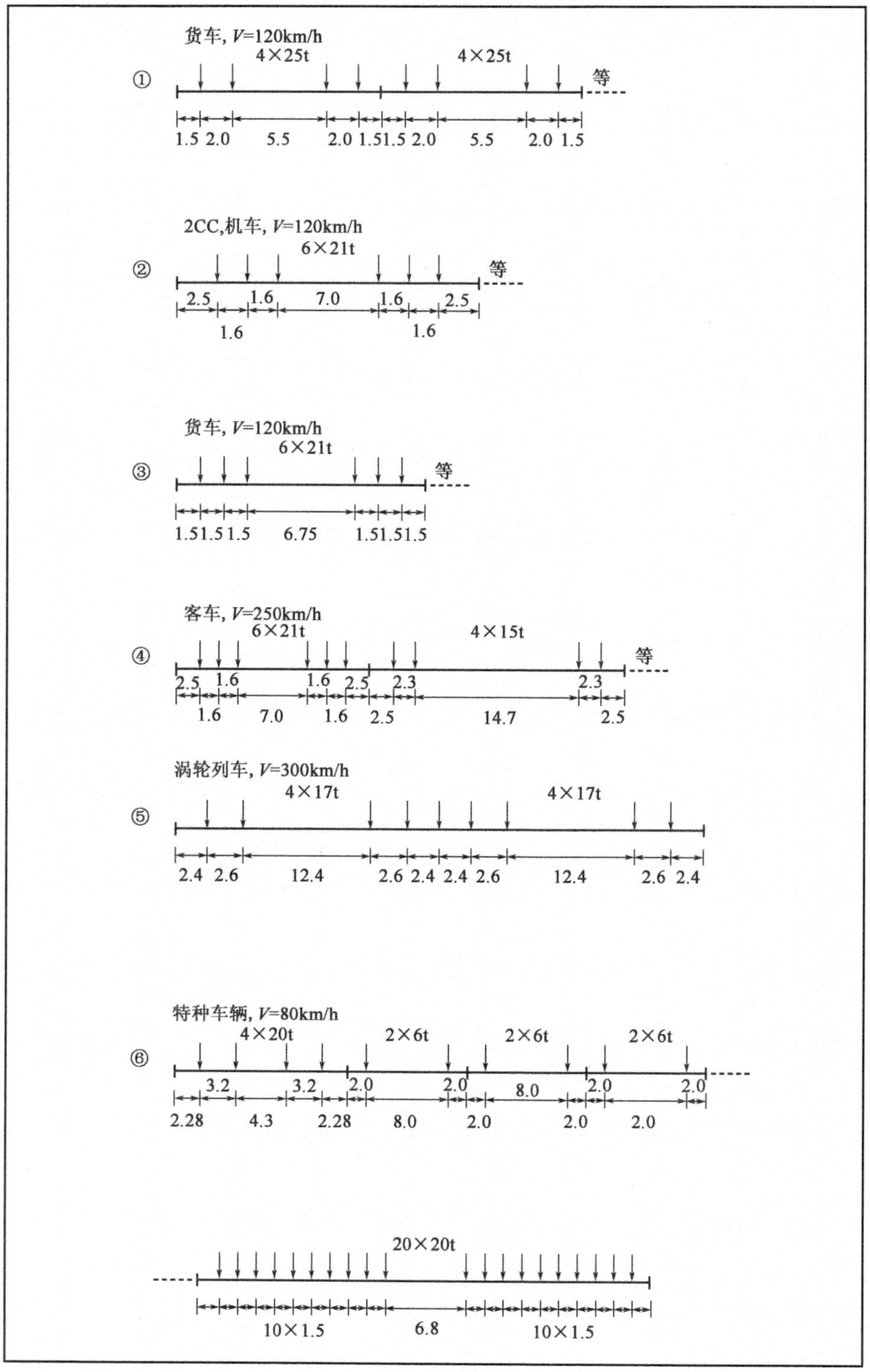

① 货车, V=120km/h
4×25t　4×25t　等
1.5 2.0 5.5 2.0 1.5 1.5 2.0 5.5 2.0 1.5

② 2CC,机车, V=120km/h
6×21t　等
2.5 1.6 7.0 1.6 2.5
1.6 1.6

③ 货车, V=120km/h
6×21t　等
1.5 1.5 1.5 6.75 1.5 1.5 1.5

④ 客车, V=250km/h
6×21t　4×15t　等
2.5 1.6 1.6 2.5 2.3 2.3
1.6 7.0 1.6 2.5 14.7 2.5

⑤ 涡轮列车, V=300km/h
4×17t　4×17t
2.4 2.6 12.4 2.6 2.4 2.4 2.6 12.4 2.6 2.4

⑥ 特种车辆, V=80km/h
4×20t　2×6t　2×6t　2×6t
3.2 3.2 2.0 2.0 8.0 2.0 2.0
2.28 4.3 2.28 8.0 2.0 2.0 2.0

20×20t
10×1.5 6.8 10×1.5

动力系数 Φ 不仅包括动力效应,还包括表 A6.1 中定义的六个标准实际列车的部分静力荷载。两者之间的关系:

实际列车的动力系数 $1+\Phi$(见条款 6.8.2)和动力系数 Φ(见条款 6.8.3)对于荷载模型 71,SW/0 和 SW/2 如下:

$$(1+\Phi)S_{\text{实际列车}1-6} \leq \Phi S_{\text{LM71}}$$

S 为结构构件中 M(力矩),Q(剪力),y(挠度),σ(正应力),τ(剪应力),ε(应变)和 γ(剪切应变)的弹性力学作用。

因此,通过不等式确定 Φ 的值:

$$\Phi \geqslant S_{实际列车1-6}(1+\Phi_{1-6})/S_{LM71}$$

表 A6.2 给出了 UIC 规范 776-1[6]中的不同重型货车类型,它们是确定荷载模型 SW/0 和 SW/2 的基础。

重型货车荷载分类(尺寸单位:mm)　　　　表 A6.2

荷载类型	重型货车示意图	轴重(t)	c[m]
SW/0	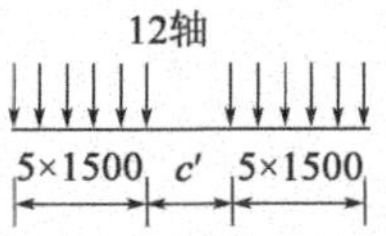 12轴 5×1500　c'　5×1500	20 22.5	≥3.0 ≥6.0
	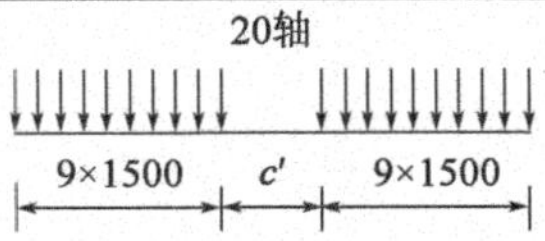 20轴 9×1500　c'　9×1500	20	≥6.8
	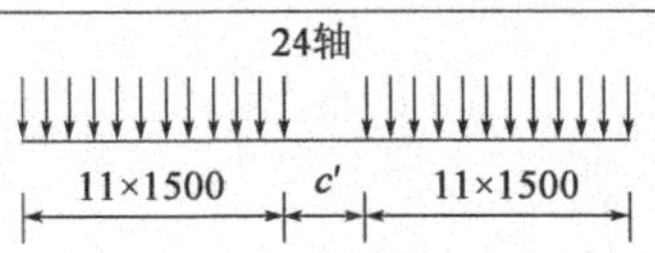 24轴 11×1500　c'　11×1500	19	≥9.0
SW/2	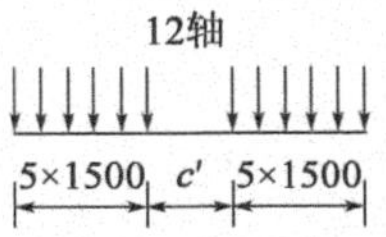 12轴 5×1500　c'　5×1500	17 19	≥3.0 ≥6.0
	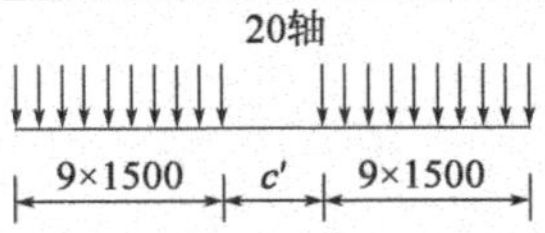 20轴 9×1500　c'　9×1500	17	≥5.0
SW/2	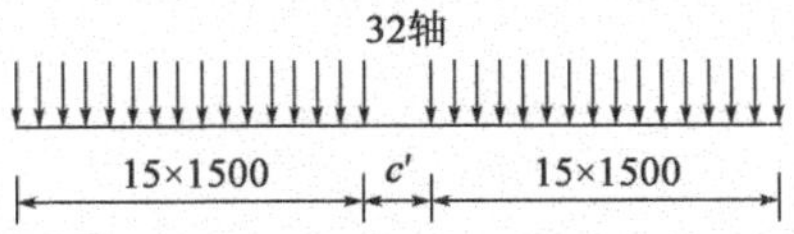 32轴 15×1500　c'　15×1500	22.5	≥8.5

第 6 章附录 B　针对列车时速 >200km/h 的动力研究*

附录E及F,条款6.4.6:EN 1991-2

背景文件为 9 份 ERRI 报告 D214。[16]

B6.1　附加动力计算的验证步骤

B6.1.1　概述,共振风险,动态分析要求

设计高速线路上的桥梁时,应考虑由间距大致相同的车轴造成的共振现象。桥梁的过度变形会造成轨道不可接受的竖向和水平几何形状的变化及支撑结构处的过量轨道应力和高频振动,对列车的行车安全造成影响。对于有砟轨道桥梁,

* 见本设计指南 6.1 节。

过度的振动和竖向加速度可能使造成道砟松散。过度变形还可能影响施加在列车/轨道/桥梁体系上的荷载,并造成乘客不适的情况。

桥梁动力性能受下列因素影响:

- 列车通过桥梁时的行驶速度
- 车轴数量,荷载和分布
- 车辆的悬架特征
- 桥梁的跨长 L
- 结构的质量
- 整个结构的固有频率
- 结构的阻尼
- 桥面板的支撑间距
- 车辆缺陷(轮胎跑气、轮胎不圆)
- 竖向轨道缺陷
- 轨道的动力特性

当列车以一定速度通过桥梁时,由于轴荷载移动产生的激励使得桥面板变形。低速时,结构变形与等效静荷载情况的结构变形相近。高速行驶下,桥面板的变形会超过等效的静力值。变形增加的原因是由于等间距轴载产生的规律激励。在临界速度下,当激励频率(或激励频率的倍数)与结构的固有频率重合时就存在共振的风险。一旦共振发生,结构变形和加速度会迅速增加(特别是对于低阻尼结构),可能会导致:

- 车轮与轨道失去接触
- 道砟失稳

在这种情况下,行驶中的列车十分危险。鉴于所述的潜在风险,需要进行计算以确定共振时的变形程度。此外,静力分析无法确定结构的加速度。在列车低速行驶时,桥面板加速度较低,但在较高速度下,桥面加速度可达到不可接受的量值。

注:在实践中,加速度标准在大多数情况下是决定性因素。

原则上,动力分析必须采用指定的真实高速列车进行。在选择实际列车时,

条款6.4.6.1.1:EN 1991-2

应考虑允许和设想的火车形式(见 B6.1.3),该形式可以使每种高速列车以超过200km/h 的速度行驶于结构上。

注:荷载应根据每个所选实际列车的单轴载和间距来定义。

还须使用荷载模型 HSLM(高速荷载模型)对适用欧洲高速互操作性规范 TSI 的国际线路进行动力分析。

条款6.4.6.1.1(2)P:EN 1991-2

注:使用荷载模型 HSLM 的列车有欧洲之星,ICE2(德国城际快车),Thalys(国际高速列车)和 ETR。之后出现的其他列车(Virgin,Talgo)具有不同的动力特性。此外,互操作线路上的桥梁设计也考虑了未来的高速列车。ERRI D214[16]委员会的研究允许设计一种计算加速度的简化方法,并为动力计算定义一个能够覆盖上述

所有现有列车的动力效应的通用荷载模型，该模型在表 B6.1 中给出。

荷载模型 HSLM 包括两个分开的、具有不同车厢长度的通用列车，HSLM-A 和 HSLM-B，定义见 B6.1.3.3。

注：根据《欧洲互用技术规范》的要求，HSLM-A 和 HSLM-B 共同代表了铰接式，传统式和常规高速旅客列车的动态荷载效应。

B6.1.2　逻辑图

逻辑图 B6.1 用于确定是否需要静力或动力分析。 ***条款6.4.4：EN 1991-2***

注：逻辑图 B6.1 中还提到对于最大直线速度小于 200km/h 的情况要进行动力分析。若选择第 8 章给出的容许变形的修正值，则可以免去动力分析，不参考附录 B。

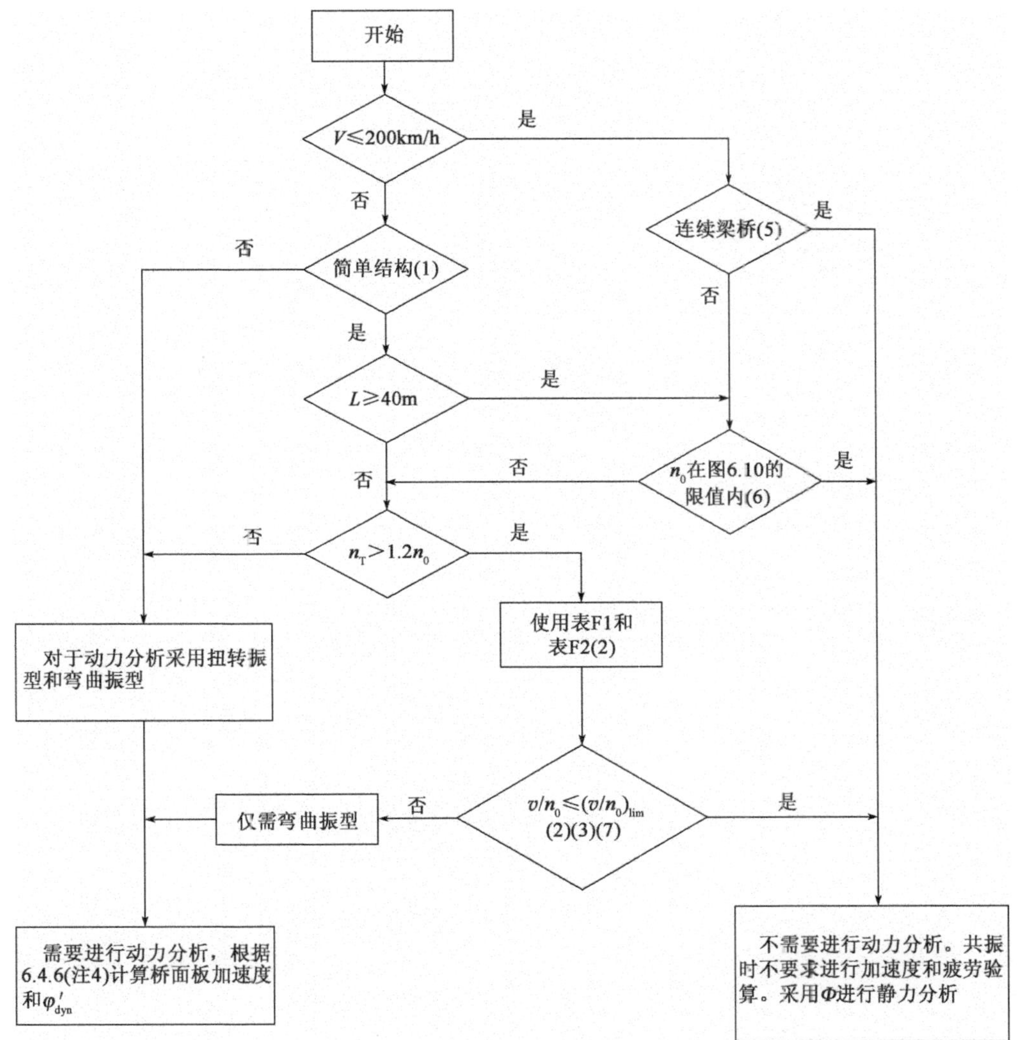

图中：V——现场最高线路速度[km/h]；

L——跨度[m]；

n_0——永久作用下桥梁一阶弯曲自振频率(Hz)；

n_T——永久作用下桥梁一阶扭转自振频率(Hz)；

v——最大名义速度[m/s]；

$(v/n_0)_{lim}$——在 EN 1991-2 附录 F 中给出。

图　B6.1

注 1:本条适用于只有纵向直线梁的简支梁或忽略斜交效应的刚性支承简支板。

注 2:表 F1 和表 F2 以及相关的有效性限值参见 EN 1991-2 附录 F。

注 3:当实际列车的日常运行速度等于结构的共振速度时,需要进行动力分析。参见 EN 1991-2 中 6.4.6.6和附录 F。

注 4:EN 1991-2 中 6.4.6.5(3)中给出的 φ'_{dyn} 是实际列车结构效应的动力冲击系数。

注 5:若桥梁满足 EN 1990 中 A2.4.4 的抗力及变形限值,以及 EN 1990:2002/A1 的 A2 中与旅客舒适性极好标准相对应的车体加速度(或相关变形限值)时,则适用。

注 6:当桥梁的一阶自振频率 n_0 在图 B6.2 所给定的范围内且现场最高线路速度不超过 200km/h 时,不需要进行动力分析。

注 7:当桥梁的一阶自振频率 n_0 超过图 B6.2 的上限(1)时,需要进行动力分析。也可参见 EN 1991-2 中 6.4.6.1.1(7)。

注 8:对于只受弯的简支梁桥,其自振频率可以采用下式估算:

$$n_0[\mathrm{Hz}] = \frac{17.75}{\sqrt{\delta_0}} \qquad \text{EN 1991-2,(6.3)}$$

式中:δ_0——由永久作用引起的跨中挠度[mm],对于混凝土桥梁,使用短期弹性模量进行计算,以保证计算得到的桥梁自振频率与荷载加载周期是匹配的。

注 9:(作者添加):如果满足本设计指南表 8.12 中的容许变形,则速度≤200km/h 时不需要进行动力学研究。

一般说明(最高线速度≤200km 时的总结):

容许变形符合本设计指南表 8.12 中给出的推荐值:

- 如果线路的速度小于或等于 200km/h,则无须动力分析。

容许变形不符合设计指南表 8.12 中给出的值:

- 对于简支梁,如果一阶竖弯固有频率在图 B6.2 中给出的范围内,则不需要动力分析。否则,需要进行额外验证:

—EN 1991-2 附录 D 中给出的 1 至 12 类列车。EN 1991-2 附录 D 中的疲劳评估荷载模型代表了在传统线路上以高达 200km/h 的速度运行的混合交通流。

—指定的实际列车。

- 对于连续梁,不需要进行动力分析。

图 B6.1　确定是否需要动力分析的流程图(经 BSI 许可,转载自 EN 1991-2),作者添加脚注(9)

n_0 的上限由轨道不平顺引起的动力放大效应决定,并通过下式计算:

$$n_0 = 94.76L^{-0.748} \qquad \text{EN 1991-2,(6.1)}$$

n_0 的下限由动力冲击临界值决定,并通过下式计算:

当 $4\mathrm{m} \le L \le 20\mathrm{m}$ 时

$$n_0 = 80/L$$

当 $20\mathrm{m} < L \le 100\mathrm{m}$ 时

$$n_0 = 23.58L^{-0.592} \qquad \text{EN 1991-2,(6.2)}$$

式中:n_0——考虑了永久作用对应质量的桥梁一阶自振频率;

L——简支梁桥跨度;

L_Φ——其他类型桥梁跨度。

图注:(1)-自振频率上限

(2)-自振频率下限

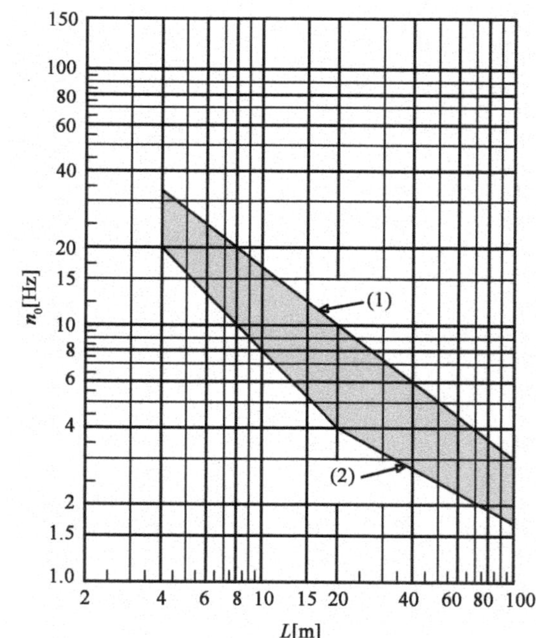

图 B6.2　桥梁自振频率 n_0[Hz]随 L[m]变化的限值(经 BSI 许可,转载自 EN 1991-2)

B6.1.3　列车模型

B6.1.3.1　铁路车辆的相关假定

附录 *E*：*EN 1991-2*

在动态列车的基础上，提出了“通用列车”的概念。“通用列车”必须代表现有列车和未来在欧洲铁路网络上运行的列车。对于给定的桥梁，“通用列车”用于动力计算从而给出桥梁跨中加速度的上限。因此，这将大大减少计算量。但是，必须确保未来的车辆与桥梁尺寸相兼容。互操作性技术规范将设计符合桥梁结构安全标准的车辆（见下文 B6.1.3.2）。

当前和未来的高速列车可以分为三大类，如图 B6.3 ~ B6.5 所示。

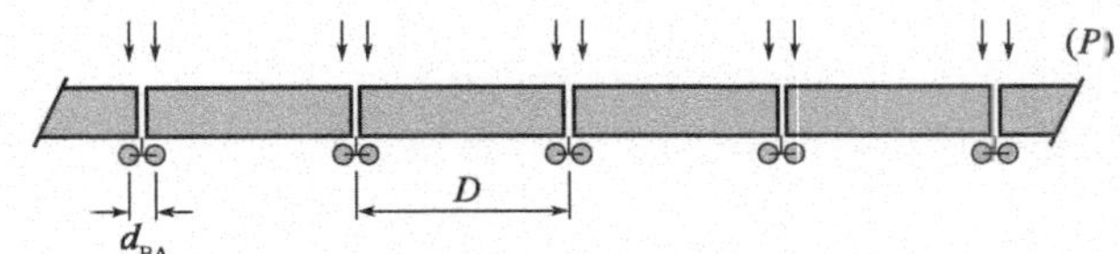

图 B6.3　铰接型列车（经 BSI 许可，转载自 EN 1991-2）

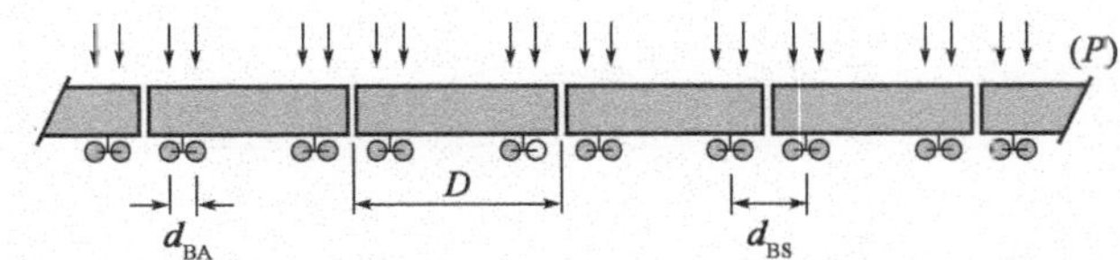

图 B6.4　传统型列车（经 BSI 许可，转载自 EN 1991-2）

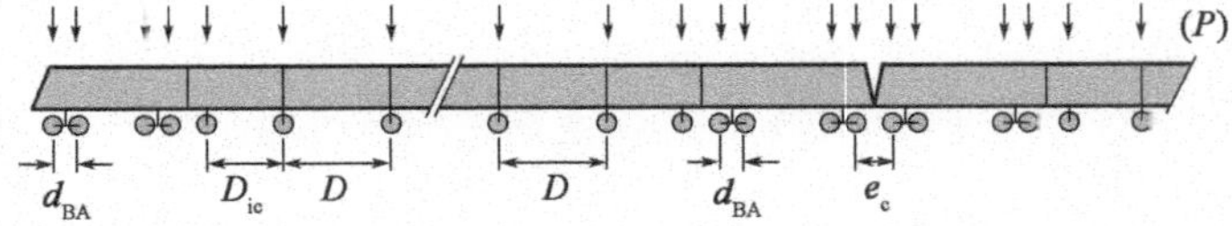

图 B6.5　常规型列车（经 BSI 许可，转载自 EN 1991-2）

B6.1.3.2　车辆的互操作性

附录 *E.1*：*EN 1991-2*

高速列车在不同国家的国际线路上运行，未来的数量可能会增加。因此，必须为相关的桥梁和列车项目制定最低限度的技术规范，以便允许高速列车安全地穿越欧洲铁路网，而不必重新对桥梁承载新的高速列车进行相关计算。

与车辆相关的互操作性技术规范概述如下。

荷载模型 HSLM 适用于符合以下标准的旅客列车：

- 单个轴载 P（kN）小于 170kN；而传统列车的轴载受限于 EN 1991-2 式（E.2）得出的数值。
- 距离 D（m）对应于车厢长度或 EN 1991-2 表 E.1 中有规律重复的轴距。
- 转向架内的轴距 d_{BA}（m）满足：

$$2.5\text{m} \leqslant d_{BA} \leqslant 3.5\text{m} \qquad \text{EN 1991-2,(E.1)}$$

- 对于传统型列车，相邻车辆之间转向架中心距 d_{BS}（m）满足：

$$4P\cos\left(\frac{\pi d_{BS}}{D}\right)\cos\left(\frac{\pi d_{BA}}{D}\right) \leqslant 2P_{HSLMA}\cos\left(\frac{\pi d_{HSLMA}}{D_{HSLMA}}\right)$$

EN 1991-2,(E.2)

- 对于每节车厢只有一轴的常规列车（例如，在 EN 1991-2 附录 F2 中的 E 类列车），中间车厢长度 D_{IC}（m）和两个单独小车厢之间相邻轴间距 e_c（m）满足 EN 1991-2 表 E.1 要求。
- D/d_{BA} 和 $(d_{BS}-d_{BA})/d_{BA}$ 不应接近一个整数值。
- 列车的最大总重量为 10000kN。
- 列车最大长度为 400 m。
- 非弹簧轴的最大质量为 2t。

为了确保穿过桥梁或高架桥的高速列车不会产生与其尺寸不相容的应力，无论是强度特性还是运行标准，这些列车的设计应符合表 B6.1 第一栏列车的标准。

互操作性列车技术规范　　表 B6.1

常规型列车 TALGO	$10m \le D \le 14m$ $P \le 170kN$ $7m \le e_c \le 10m$ $8m \le D_{IC} \le 11m$ 其中：D_{IC}——动车和车厢之间的距离； e_c——两个列车组之间的距离
铰接型列车 EUROSTAR，TGV	$18m \le D \le 27m$ $P \le 170kN$ $2.5m \le d_{BA} \le 3.5m$
传统型列车 ICE，ETR，VIRGIN	$18m \le D \le 27m$ $P < 170kN$ 或满足下列不等式的值： $4P\cos\left(\frac{\pi d_{BS}}{D}\right)\cos\left(\frac{\pi d_{BA}}{D}\right) \le 2P_{HSLMA}\cos\left(\frac{\pi d_{HSLMA}}{D_{HSLMA}}\right)$ EN 1991-2，(E.2)
所有类型	$L < 400m$ $\sum P \le 10000kN$

注：式中 D，D_{IC}，P，d_{BA}，d_{BS} 和 e_c 的定义见图 B6.3 ~ 图 B6.5。

条款6.4.6.1.1：
EN 1991-2

B6.1.3.3　荷载模型 HSLM

如 B6.1.1 中所述，荷载模型 HSLM 由两节车厢长度不同的通用列车组成。为了保证荷载模型可表征当前和未来的铁路交通中的动态特性，桥梁应使用由 HSLM-A 和/或 HSLM-B 组成的通用动态列车（HSLM）进行计算，这些定义如下：

- 关于 HSLM-A 的定义，图 B6.6 和表 B6.2 给出了十个参考值 A1 ~ A10。

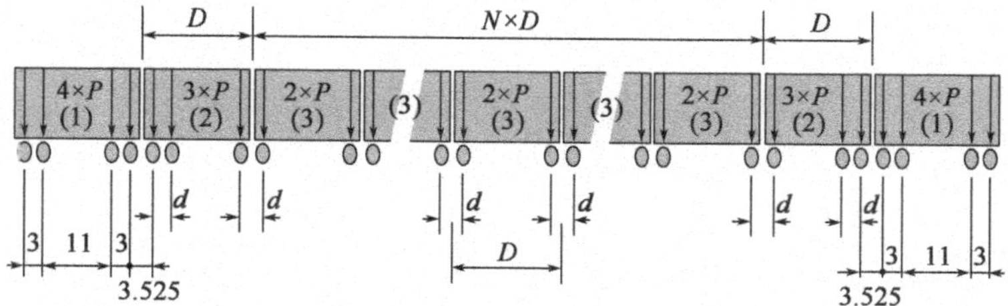

注：(1) 动车(首尾动车相同)
(2) 端部车厢 (首尾端部车厢一样)
(3) 中间车厢

图 B6.6　通用列车 HSLM-A（尺寸单位：m）（经 BSI 许可，转载自 EN 1991-2）

HSLM-A 的定义(数据来自 EN 1991-2 表 6.3,其余值见 EN 1991-2)　　表 B6.2

通用列车	车厢数量 N	车厢长度(m)	转向架轴间距(m)	点荷载 P(kN)
A1	18	18	2.0	170
A2	17	19	3.5	200
A3				
A4	15	21	3.0	190
A5	14	22	2.0	170
A6				
A7	13	24	2.0	190
A8	12	25	2.5	190
A9				
A10	11	27	2.0	210

- 对于列车模型 HSLM-B 的定义,见图 B6.7 和图 B6.8。

该模型包含等间距为 d(m)的 N 个 170kN 集中荷载,其中 N 和 d 见图 B6.7 和图 B6.8。

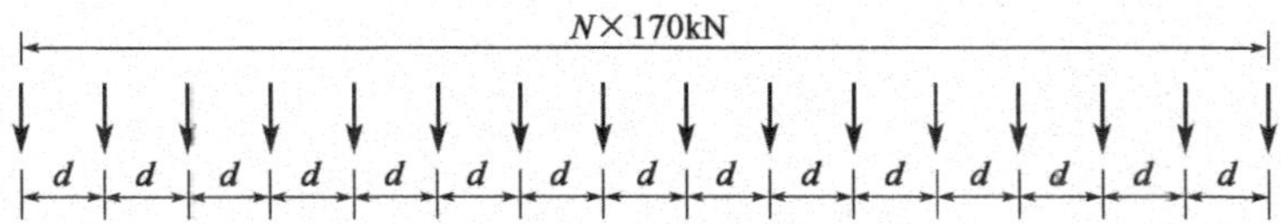

图 B6.7　通用列车模型 HSLM-B(经 BSI 许可,转载自 EN 1991-2)

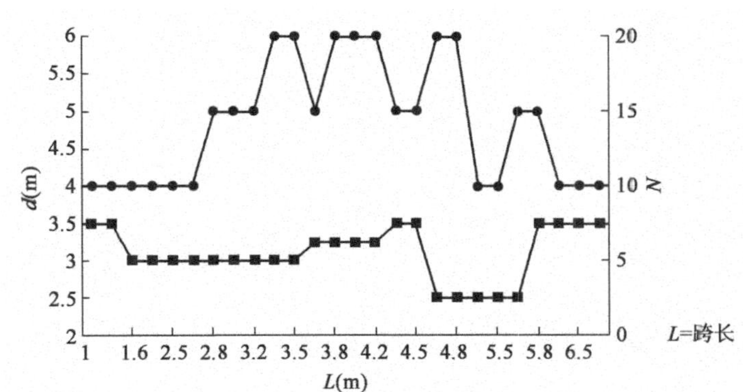

图 B6.8　通用列车模型 HSLM-B(经 BSI 许可,转载自 EN 1991-2)

根据表 B6.3 中的要求来使用模型 HSLM-A 或 HSLM-B 并进行桥梁动力计算。

HSLM-A 和 HSLM-B 的应用(数据来自 EN 1991-2 表 6.4)　　表 B6.3

结 构 形 式	跨　　径	
	$L<7$m	$L\geq7$m
简支梁[a]	HSLM-B[b]	HSLM-A[c]
连续结构[a]或复杂结构[e]	HSLM-A 包含 A1 ~ A10 列车编组[d]	HSLM-A 包含 A1 ~ A10 列车编组[d]

注:[a]适用于仅有纵梁的桥梁,或刚性支承上斜交效应可忽略的具有简单板行为的桥梁。

[b]对于跨径不超过 7m 的简支梁,可按照 6.4.6.1.1(5)从 HSLM-B 中选择单个临界通用列车编组进行分析。

[c]对于跨径大于或等于 7m 的简支梁,可按照附录 E 从 HSLM-B 中选择单个临界通用列车编组进行动力分析(也可使用 A1 ~ A10 通用列车编组)。

[d]A1 ~ A10 所有列车编组应在设计中使用。

[e]任何不符合上述备注 a 的结构。例如:有明显扭转效应的斜交桥、有明显底板和主梁振动模态的中承式结构等。此外,对于有较明显底板振动模态的复杂结构(例如:具有低肋板的中承式或下承式桥梁),也应使用 HSLM-B。

国家附件或具体项目可对 HSLM-A 和 HSLM-B 在连续和复杂结构上的应用作附加要求。

条款6.4.6.4(3):
EN 1991-2

B6.1.3.4 荷载分布

加载长度小于 10m 时,若将每个车轴以一个单独的点荷载来表述会高估动力效应。在这种情况下,考虑轨道、枕木和道砟的荷载分布效应,会计算得到的加速度减小。

条款6.4.6.1.2:
EN 1991-2

B6.1.3.5 荷载组合和分项系数

与自重、移动荷载(道砟等)相关的质量,应使用密度公称值进行动力分析。

案例 B6.1 通用列车荷载模型 HSLM-A 的确定(EN 1991-2 附录 E)

$L = 15\text{m}$, 简支桥

$f_0 = 6\text{Hz}$

$\zeta = 1\%$

$v_{\max} = 420 \times 1.2 = 500\ \text{km/h}$ (最大设计速度)

得到 $\lambda_{\max} = v_{\max}/f_0 = 500/3.6/6 = 23\text{m}$

逼近曲线绘制在图 B6.9 的上方。

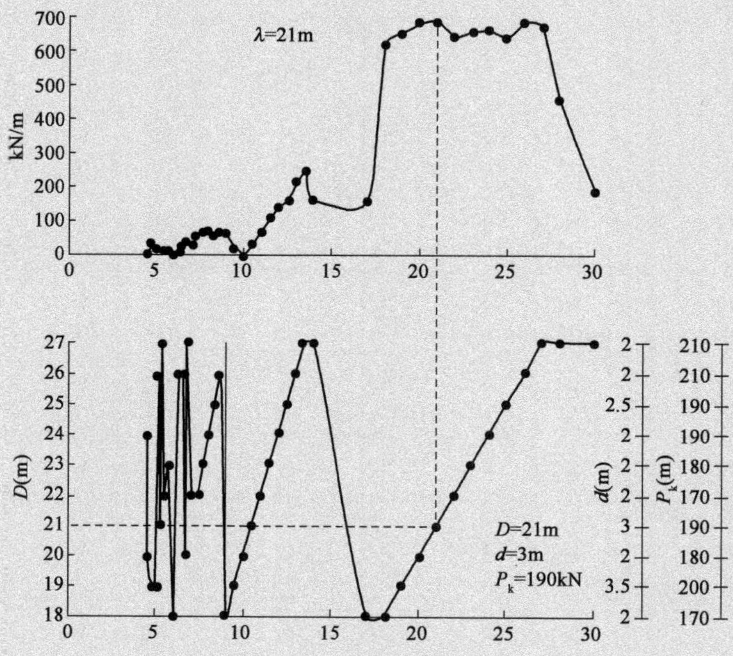

B6.9 计算示例,使用列车 $L = 15\text{m}$ 的逼近曲线(见 EN 1991-2 图 E.7)和 HSLM-A 定义中临界通用列车的参数(经 BSI 许可,转载自 EN 1991-2)

在给出的逼近曲线上,最大值位于 $\lambda = 21\text{m}$ 处。底部曲线显示值 D,d 和 P_k 的容许最大值:

$D = 21\text{m}$

$d = 3\text{m}$

$P_k = 190\text{kN}$

使用这些值对应的 HSLM-A 进行动力分析。

应使用指定实际列车的荷载标准值进行动力分析。对于使用欧洲高速通用标准的国际线路,其桥梁设计应采用荷载模型 HSLM 进行动力分析。

根据表 B6.4,应在结构上最不利的一个轨道上进行布载。

取决于桥上轨道数量的附加荷载总表(数据来自 EN 1991-2 表6.5)　表 B6.4

桥上轨道数量	受载轨道	动力分析加载
1	一条轨道	每列实际列车和荷载模型(HSLM,若需要)在允许的运行方向行驶
2(两列列车反向运动)[a]	其中一条轨道	每列实际列车和荷载模型(HSLM,若需要)在允许的运行方向行驶
	另一条轨道	无

注:[a]对于承载 2 条轨道且通常情况下列车运行方向相同的桥梁,或承载 3 条或更多轨道且现场最高线路速度超过 200km/h 的桥梁,其加载应经国家附件中规定的相关部门同意。

如果对一条轨道的动力分析得出的荷载效应超过荷载模型 71(对于连续结构取用荷载模型 SW/0)得出的效应,则由动力分析得出的荷载效应需和下面的效应进行组合:

- 动力分析中,水平力对轨道的影响作用 。
- 根据6.12.1 和本设计指南表6.5 的规定计算得出的作用于其他轨道上的竖向和水平荷载引起的作用效应。

由动力分析得到的荷载效应超过荷载模型 71(对于连续结构采用荷载模型 SW/0)得出的荷载效应时,由动力分析得到的动态轨道荷载效应(弯矩、剪力、变形等,不包括加速度)应乘以给出的分项系数来加强。　*A1、A2:EN 1990:2002*

计算桥面加速度时,实际列车的荷载及荷载模型 HSLM 均不采用分项系数。加速度的计算值应直接和条款 6.1.4 中的设计值对比。　*A2.4.4.2.1(4)P:EN 1990/A1*

B6.1.3.6　列车速度　*条款6.4.6.2:EN 1991-2*

对于每个实际列车和荷载模型 HSLM,须考虑不超过最大设计速度的一系列速度。通常现场的最大设计速度是最高线速度的 1.2 倍。　*条款6.4.6.2(1)P:EN 1991-2*

应规定区段最高线路速度(另见注 1 至注 5)。

须对从 40km/h 到最高线路速度的一系列速度进行计算。在接近共振速度时应该使用较小的速度步阶。

对于可模拟为直线梁的简支桥,其共振速度可按下式估算:

$$v_i = n_0 \lambda_i \qquad \text{EN 1991-2,(6.9)}$$

$$40\text{m/s} \leqslant v_i \leqslant \text{最小设计速度} \qquad \text{EN 1991-2,(6.10)}$$

式中:v_i——共振速度(m/s);

n_0——结构空载时的一阶竖弯频率;

λ_i——激励频率的主波长,可按下式计算:

$$\lambda_i = \frac{d}{i} \qquad \text{EN 1991-2,(6.11)}$$

d——轴组间的间距;

$i = 1,2,3,4$。

B6.1.4 主要辅助设备检查

以下附加动力分析验证始终是对实际列车或乘以相应动力系数的通用动态荷载列车(HSLM)进行的。与传统路线上的铁路桥梁设计相比,在高速线路上设计铁路桥梁的附加主要设计规则如下:

- **验证每条轨道的桥面板最大峰值加速度**

A2.4.4.2.1(1)P:
EN 1990:
2002/A1
A2.4.4.2.1(4)P:
EN 1990:
2002/A1

为了确保交通安全,防止轨道失稳,需要将铁路交通作用引起的桥面板峰值加速度的验证视为在正常使用极限状态(铁路交通安全)中检查交通安全的要求。在有砟轨道上,桥面板的剧烈加速度会造成道砟不稳定的风险。

每条轨道桥面板最大峰值加速度不得超过以下设计值:

- 有砟轨道为 γ_{bt};
- 直接固定轨道为 γ_{df}。

对于该轨道的所有支撑构件,考虑频率(包括相关振型的考虑)最大为:

- 30Hz;
- 构件一阶模态振型的 1.5 倍;
- 构件的三阶振型频率。

注:推荐值为:

$\gamma_{bt}=0.35g(3.43\mathrm{m/s^2})$;

$\gamma_{df}=0.50g(4.91\mathrm{m/s^2})$。

- **验证高速铁路交通(包括高速互通线路上的 HSLM)的计算荷载效应是否大于正常轨道交通的荷载效应(荷载模型 71 + SW/0)**

对于桥梁的设计,考虑竖向交通荷载的所有效应时,须使用以下最不利值:

$$(1+\varphi'_{dyn}+\varphi''/2)\times\begin{pmatrix}\text{HSLM}\\ \text{或}\\ \text{RT}\end{pmatrix}\text{或 }\Phi\times(\text{LM 71}''+''\text{SW/0})$$

EN 1991-2,(6.15 + 6.16)

以下动力放大系数由动力分析确定:

$$\varphi'_{dyn}=\max|y_{dyn}/y_{stat}|-1 \qquad \text{EN 1991-2,(6.14)}$$

式中:y_{dyn}——任一位置处的最大动力响应,而 y_{stat} 为相应的最大静力响应,这两者都是由实际列车(RT)或高速荷载模型(HSLM)引起的;

LM71″+″SW/0——荷载模型 71 和连续梁桥的相关荷载模型 SW/0(或在必要时使用根据承载能力极限状态下的分类竖向荷载);

$\varphi''/2$——定义见 EN 1991-2 附录 C(此处,针对精心维护的轨道);

Φ——6.8.3 中定义的动力系数。

应验算以下内容:全部弹性力学作用效应,如结构的任一点的 M(力矩),Q(剪力),y(挠度),σ(正应力),δ(变形),τ(剪应力),ε(应变)和 γ(剪切变形)。

舒适度建议值(数据来自 EN 1990:2002/A1 表 A2.9)　　表 B6.5

舒适度等级	竖向加速度 b_v (m/s^2)
非常好	1.0
好	1.3
可以接受	2.0

注:备选竖向加速度 b_v 可以通过动态车辆-桥梁相互作用分析来确定(见 EN 1990:2002/A1 条款 A2.4.4.3(3))。但这只适用于实际列车,不适用于没有给出汽车标准值的高速荷载模型。

- **动力分析时须进行的附加疲劳验算**

条款 6.4.6.6: *EN 1991-2*

首先,疲劳评估是应力范围的验算,应根据 6.13 规定,参考疲劳荷载模型 71,其中 $\alpha = 1.0$。附录 D.3 中给出了包含两列速度为 250km/h 的高速客车交通组。

疲劳不仅随着列车数量和重量的增加而增加,还随着列车速度的增大而增加。因此,基于由 $\Phi \times$ LM71 等引起的活载应力范围的常规铁路桥梁设计疲劳计算是不完善的。

对于为 HSLM 设计的桥梁,采用疲劳标准是不可行的。在这种情况下,建议设计时考虑实际和预期的未来高速交通的最佳估计。但是,如果现场选定的高速列车的日常运行速度接近共振速度,则应改变桥梁的静态体系。这与 ***EN 1991-2 条款 6.4.6.6(2)*** 的规定相违背,其中疲劳验算还将考虑由动态荷载引起的应力共振周期的附加疲劳荷载和共振时的相关桥梁响应。

条款 6.4.6.6(2)P: *EN 1991-2*

- **满足乘客舒适度的最大垂直偏转极限值的验证**

A2.4.4.3: *EN 1990:2002/A1*

为了建立有效转换车辆内加速度的最大值,需要知道振动是如何影响旅客的舒适度和幸福感。与频率,加速度强度,相对于脊柱的转向和暴露时间(振动持续时间)相关的一定数量的生理标准可以评估振动及其对个体的影响。减少舒适度的极限暴露时间为采用的舒适度极限。这些都体现了桥梁在舒适度方面的灵活性。

旅客舒适度取决于在前行、通过和离开桥梁的旅行期间车厢内部的竖向加速度 b_v。

可以为具体项目定义用于确保旅客舒适度的车厢的最大加速度。图 B6.5 中给出了舒适度的推荐取值。

用于检验旅客舒适度的变形准则定义如下:

沿铁路桥梁轨道中心线的最大竖向挠度 δ 是以下参数的函数:

- 桥梁跨径
- 列车速度 V(km/h)
- 跨数
- 跨数及其桥梁构造(简支梁,连续梁)

为了将竖向车辆加速度限制在表 B6.4 中的值,容许挠度值在 ***EN 1990:2002/A1 条款 A2.4.4.3.2*** 中给出,尤其是 ***EN 1990:2002/A1 图 A.2.3***。

注:若满足设计指南第 8 章(表 8.12)中提到的避免过度轨道维护的容许变形,则须需校核旅客舒适度的竖向挠度。考虑到生命周期成本分析,此选择不会给桥梁带来更多昂贵的投资成本。

A2.4.4.3.2: *EN 1990:2002/A1* *图 A.2.3:* *EN 1990:2002/A1*

- **扭转校核**

在运行荷载的动态效应下,扭转的值也会不同。动态扭转表示为 t_{dyn}。

在本设计指南的 8.7.4 中规定,可能出现重型列车时,桥面板的扭转是根据荷载模型 71(必要时为荷载模型 SW/0)乘以 Φ 和 α,以及荷载模型 SW/2 乘以 Φ 计算得到。见本设计指南 8.11 节给出了允许值的规定。

当荷载模型 HSLM 或实际列车作为桥梁设计的决定因素时,由 UIC 规范 776-2[7]的草案 7 规定,需要进行额外的验算,如下所示:

$$t_{\text{dyn}} \leqslant 1.2\text{mm}/3\text{m}$$

必须考虑到一条轨道上包括离心力效应的竖向交通荷载。

条款6.4.6.3.1:
EN 1991-2

B6.1.5 桥梁参数

B6.1.5.1 结构阻尼

结构阻尼是动力分析的重要参数。振动的大小在很大程度上取决于结构阻尼,特别是在共振附近时。

条款6.4.6.1.3(3):
EN 1991-2
条款7.4.3:
EN 1992-1-1

在动力分析中应仅使用下限估计。基于已有的测量结果,表 B6.6 给出了临界阻尼ζ(%)的下限(参见 ERRI 报告 D214[16])。

不同桥梁类型和跨度长度 L 的临界阻尼 ζ(%)的百分比值 表 B6.6

(来自 EN 1991-2 表 6.6;其余值参见 EN 1991-2)

桥梁类型	临界阻尼 ζ(%)百分比的下限	
	跨长 $L<20$m	跨长 $L\geqslant 20$m
钢和复合结构	$\zeta=0.5+0.125(20-L)$	$\zeta=0.5$
填充梁和钢筋混凝土		
预应力混凝土	$\zeta=1.0+0.07(20-L)$	$\zeta=1.0$

跨径小于 30m 时,动力车辆-桥梁质量相互作用效应会减少共振时的最大峰值响应。须考虑下列效应:

- 进行动力车辆-结构的交互分析;
- 根据 EN 1991-2 图 6.15,增加结构的假定阻尼值。对于连续梁的所有跨,应使用 $\Delta\zeta$ 的最小值。使用的总阻尼值用下式计算:

$$\zeta_{\text{TOTAL}}=\zeta+\Delta\zeta \qquad \text{EN 1991-2,(6.12)}$$

$$\Delta\zeta=\frac{0.0187L-0.00064L^2}{1-0.044L-0.0044L^2+0.000255L^3} \quad (\%)$$

EN 1991-2,(6.13)

式中:ζ——上文规定的临界阻尼百分率的下限(%)。

条款6.4.6.3.2:
EN 1991-2

B6.1.5.2 桥梁质量

当加载频率的倍数与结构固有频率一致时,在共振最大峰值时产生最大动力荷载效应。低估质量会得到过高的结构固有频率,同时也会高估了列车共振速度。

条款
6.4.6.3.2(2):
EN 1991-2

共振时结构的最大加速度响应与结构质量成反比。*因此,动力分析的质量应包含道砟和轨道在内的两种特殊状况:*

- 采用结构质量的下限以及干道砟的最小密度和厚度,计算桥面板最大可能的加速度。
- 采用结构质量的上限以及饱和道砟(带有矿渣的道砟,及未来轨道的抬升的预留值)的最大密度和厚度,得到可能发生共振的基频和速度的最低可能估计值。

材料的密度值应根据 EN 1991-1-1 来取值。道砟的最小密度可取 1700kg/m^3。

B6.1.5.3　桥梁的刚度

条款6.4.6.3.3:EN 1991-2

当加载频率的倍数与结构的固有频率一致时,在共振最大峰值时可能发生最大动力荷载效应。对桥梁刚度的过高估计会得到过高的结构固有频率,同时也会高估列车共振速度。

可使用整个结构刚度的下限值。

整个结构的刚度,包括结构构件的刚度,应根据 EN 1992 至 EN 1994 的规定来确定。

杨氏模量值在 EN 1992 至 EN 1994 中给出。

条款 6.4.6.3.3(3):EN 1991-2

根据 ***EN 1991-2 条款6.4.3.3(3)***,对于混凝土,下面的子条款及其第一个注如下:

当混凝土圆柱体抗压强度$f_{ck} \geq 50N/mm^2$(立方体抗压强度$f_{ck,cube} \geq 60N/mm^2$)静力杨氏模量($E_{cm}$)值应该受相应的混凝土强度$f_{ck} = 50N/mm^2$($f_{ck,cube} = 60N/mm^2$)的限制。

注1:由于影响E_{cm}的参数众多,因此无法以足够的精度预测增强的杨氏模量值来预测桥梁的动态响应。经国家附件中相关权威同意,按照EN 1990,EN 1992和ISO 678,增强的E_{cm}值可使用试验混合料和现场取样测试得到结果。

注:在对现有混凝土或组合桥梁进行评估时,应考虑混凝土杨氏模量随时间的增加。

条款7.4.3:EN 1991-1-1

预期会破裂的构件(例如在钢筋混凝土桥梁中),但可能不会完全破裂,其行为将介于未破裂状态和完全破裂状态之间。对于受弯构件,***EN 1992-1-1 条款 7.4.3***给出了此类行为的大量预测。

参考文献

1. European Committee for Standardization (2002) EN 1991-2. *Eurocode 1-Actions on Structures, Part 2:Traffic loads on bridges*. CEN, Brussels.
2. British Standards Institution (2002) EN 1990. *Eurocode. Basis of Structural Design.* BSI, London.
3. European Committee for Standardization. EN 1990:2002/A1. *Application for bridges (normative)*. CEN, Brussels.
4. International Union of Railways (2003) UIC Code 702:*Static Loading Diagrams to be Taken into Consideration for the Design of Rail-carrying Structures on Lines Used by International Services*, 3rd edn. UIC, Paris.
5. International Union of Railways (2004) UIC Code 700:*Classification of Lines. Resulting Load Limits for Wagons*, 10th edn. UIC, Paris.
6. International Union of Railways (2006) UIC Code 776-1:*Loads to be Considered in Railway Bridge Design*, 5th edn. UIC, Paris.
7. International Union of Railways (2009) UIC Code 776-2:*Load Design Requirements forRail Bridges Based on Interaction Phenomena between Train, Track and Bridge*,

2nd edn. UIC, Paris.

8. International Union of Railways (2001) UIC Code 774-3: *Track-bridge Interaction. Recommendations for Calculating*, 2nd edn. UIC, Paris.

9. International Union of Railways (1996) UIC Code 779-1: *Effect of the Slipstream of Passing Trains on Structures Adjacent to the Track*, 1st edn. UIC, Paris.

10. International Union of Railways (2002) UIC Code 777-1: *Measures to Protect Railway Bridges against Impacts from Road Vehicles, and to Protect Rail Traffic from Road Vehicles Fouling the Track*, 2nd edn. UIC, Paris.

11. International Union of Railways (2002) UIC Code 777-2: *Structures Built over Railway Lines-Construction Requirements in the Track Zone*, 2nd edn. UIC, Paris.

12. European Rail Research Institute (1993) ERRI D192/RP 1: *Loading Diagram to be Taken into Consideration in Design of Rail-carrying Structures on Lines Used by Inter-national Services. Theoretical Basis for Verifying the Present UIC 71 Loading.* ERRI, Utrecht.

13. European Rail Research Institute (1996) ERRI D192/RP4: *Loading Diagram to be Taken into Consideration in design of Rail-carrying Structures on Lines Used by International Services. Study of the Construction Costs of Railway Bridges with Consideration of the Live Load Diagram.* ERRI, Utrecht.

14. SIA 261, SN 505 261: (2003) *Actions on Structures*. Zürich.

15. ORE D 128 RP 3: (1975) *The influence of High Speed Trains on Stresses in Railway Bridges*. Utrecht.

16. European Rail Research Institute. Series of nine reports ERRI D214: *Rail Bridges for Speeds >200 km/h*. ERRI, Utrecht.

ERRI D214/RP 1: *Literature Summary-Dynamic Behaviour of Railway Bridges.* Nov. 1999

ERRI D214/RP 2: *Recommendations for Calculation of Bridge Deck Stiffness.* Dec. 1999

ERRI D214/RP 3: *Recommendations for Calculating Damping in Rail Bridge Decks.* Nov. 1999

ERRI D214/RP 4: *Train-bridge Interaction.* Dec. 1999.

ERRI D214/RP 5: *Numerical Investigation of the Effect of Track Irregularities at Bridge Resonance.* Dec. 1999.

ERRI D214/RP 6: *Calculations for Bridges with Simply-supported Beams during the Passage of a Train.* Dec. 1999.

ERRI D214/RP 7: *Calculation of Bridges with a Complex Structure for the Passage of Traffic-Computer Programs for Dynamic Calculations.* Dec. 1999.

ERRI D214/RP 8: *Confirmation of Values against Experimental Data.* Dec. 1999.

ERRI D214/RP 9: *Final Report.* Dec. 1999.

第 7 章　偶然作用

EN 1990 给出了适用于桥梁结构的偶然作用的确定及用于偶然设计状况下的作用。本章中涉及内容见于 N 1991-2 及 EN 1991-1-7[1]。EN 1991 中的两个部分将同 EN 1990,EN 1991 的其他部分以及 EN 1992 至 EN 1999 一起用于结构设计。

设计指南第 4 章和第 6 章以及 EN 1991-2 均对由车辆在桥面上作用引起的偶然设计状况进行了定义。

本章对以下作用进行更具体的描述:

- 车辆(包括车辆和列车)冲击对桥面和桥墩产生的作用;
- 轮船撞击对桥面和桥墩产生的作用。

EN 1991-2 中提出了偶然作用(例如内部爆炸和冲击)下的名义值。经业主要求和/或有关部门同意后,这些值可在国家附件或具体项目的设计中进行变更。

7.1　偶然作用——一般情况

EN 1990 中结构设计基础部分是根据半概率的理论对作用进行了分类。常用的作用组合可以分成永久作用,可变作用和偶然作用。

永久作用:在结构基准期内,该作用一直施加在结构上,同时该作用随时间的变化量可以忽略不计,或其变化总是单调的并能趋近于某一限值。可变作用:该作用随时间的变化量是不能忽略的或变化是不单调的。偶然作用:该作用在结构设计使用年限内不一定会出现,而一旦出现,其值很大,且持续时间很短。

偶然作用主要包括由冲击,爆炸,地层沉降,异常降雪或雪崩以及龙卷风(对于通常不会发生此类气候现象的国家)引起的荷载。通俗地说,偶然作用通伴随着罕见的、不可预见的现象,倘若不采取合适的保护措施就有可能产生严重、灾难性的后果。

作用本身不是偶然性的。某作用被称为偶然作用是因为它对应着低概率事件,因此,由于缺乏数据,统计方法的使用无法令人满意,而且由于经济原因,系统保护的成本也不合理。雪荷载就是一个很好的例子,EN 1991-1-3 规定,不仅要引入标准值还要考虑异常降雪造成的偶然值。

总之,很多情况下考虑相关的偶然状况比仅仅考虑偶然作用更加合理。即在定义偶然承载能力极限状态前,必须考虑对应的情况是否是偶然性的,也就是说是否考虑这种情况是为了避免人员伤亡,而不是为了保证结构的完整性。

结构所承受的冲击荷载在其各构件间的传递形式是由受力模型决定,其中包括地基与结构相互受力的模型。EN 1991-1-7 没有讨论冲击荷载下的结构分析,但提及了一些的动力因素。

对桥梁结构,撞击作用和提供的有效措施应考虑桥梁上、下的交通类型和影响的后果。

条款1.5.1.5:
EN 1991-1-7

EN 1991-1-7 中定义了鲁棒性以表征结构抵抗火灾、爆炸、冲击或人为失误对结构造成损坏的能力,而不会造成与原始原因不相称的损伤。鲁棒性并不是特别针对桥梁,但在设计某些类型的桥梁时通常会采取一些措施。比如,在斜拉桥中,通常都假设两根或三根拉索是不受力的(偶然断裂或是常规维护)来验算结构的抗力。当然,动力效应大小主要取决于拉索断裂的类型。

EN 1991-1-7 中并没有详细讨论由外部爆炸、战争和恐怖活动以及由地震或火灾引起的建筑或其他土建工程的不稳定等因素造成的偶然作用。虽然如此,在桥梁设计中必须要考虑这些情况,这个主要取决于桥梁的战略地位。(例如位于生产危险品的工厂附近的具有战略意义的桥梁)

条款1.5.1.3:
EN 1991-1-7

EN 1991-1-7 通过考虑危害事件发生的概率和频率以及事件的危害程度来综合评估事件的风险(见下文表 7.9)。EN 1990 仅仅通过引入危害等级的概念,以函数的形式来描述结构或构件的破坏。当然,事件风险和危害等级之间必然有着紧密的联系,但是必须对风险的大小进行量化。

任何情况下都是做不到零风险的,所以大多数情况下,必须要接受一定的风险程度。风险水平由多种因素决定,例如,潜在的人员伤亡数量、经济后果和安全措施费用等等。

7.2 偶然设计状况

表3.1(2):
EN 1991-1-7

EN 1991-1-7 引入了策略的概念来规避偶然状况发生,或者说是控制由设计者筛选的、业主或相关部门要求的各种设计偶然状况的风险。两种策略分别是,基于已识别的偶然作用的策略和基于控制局部破坏范围的策略。图 7.1(EN 1991-1-7图 3.1)对其进行了总结。

Eurocode 并没有对已识别的(以及随后的未识别)偶然作用进行详细定义。然而,可以将已识别的偶然作用定义为可发生的偶然作用,尽管可能性很小,但是与异常情况无关。也就是说,已识别的偶然作用因为参考了大量同类建筑实际数据具有一定的实际性。

在桥梁中,以下的作用或工况可以归为已识别的作用或工况:

- 公路车辆、列车或轮船对桥墩、桥面或其他靠近下部结构的结构构件的冲击(图 7.2 和图 7.3)。
- 火灾,比如一辆卡车装满可燃物,行驶在桥面上、下时突然爆炸或起火(图 7.4)。

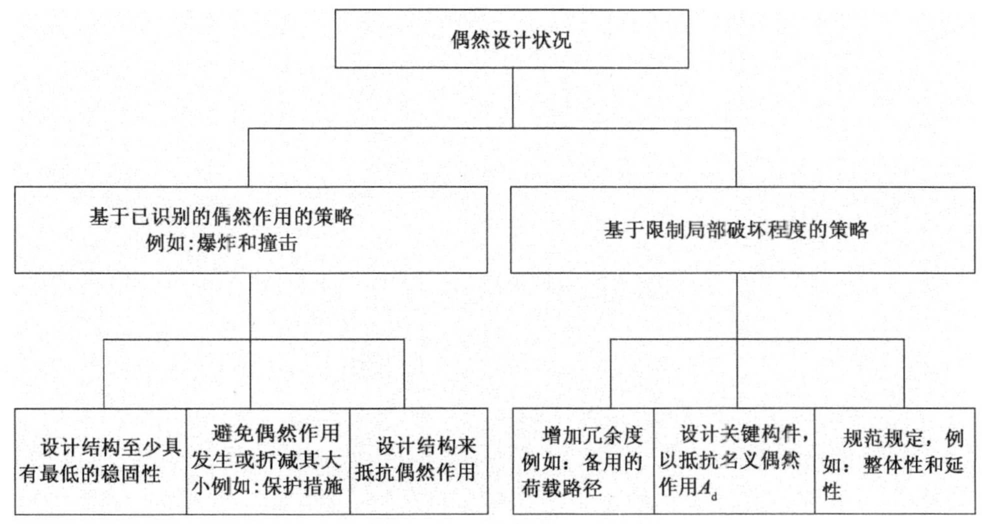

图7.1 不同偶然设计状况下的策略(经BSI许可,转载自EN 1991-1-7)

图7.2 客车对悬索桥结构构件的冲击

图7.3 采用合适的道路防护系统:桥梁的横向桁架梁

- 桥梁跨越河流时流水对桥墩和桥台周围的冲刷作用。
- 超载,未经允许的或载重超过桥梁的设计荷载的超重货车穿过大桥。

未识别的偶然作用可能有以下几个原因:

- 破坏产生的作用,比如斜拉桥的拉索自然退化。
- 异常情况下的作用(飞机对悬索桥或斜拉桥的桥塔产生的冲击)。

严格来讲,这些作用是已识别的作用,但是可能不需要考虑,因为它们发生的可能性很低。如果采用针对未识别作用的策略(即控制损失量),那么就必须要采取一些保护措施来应对特殊情况。

图 7.4　2004 年 8 月 26 号发生在 Wiehltal 桥上的火灾

在设计阶段,设计者必须:

- 建立一系列偶然设计情况来满足每个工程项目中预视和相关部门的要求,其中包括已识别的偶然作用和可能发生的未识别的偶然作用。
- 尽可能采取足够的保护措施。
- 当某些偶然状况因为各种原因(物理原因、经济原因等)不可避免时,应尽可能保证结构稳固。

条款1.5.1.2:
EN 1991-1-7
条款1.5.10:
EN 1991-1-7

局部破坏的概念就是指结构的部分部件因一些偶然事件发生破坏或严重损坏。然而,事实上,关键构件决定结构在发生局部破坏后的剩余稳定性,它是最适用于建筑结构的。见 TTL 出版的《Eurocode 1 设计指南:建筑结构荷载》[2]。

桥梁结构上保证最小的鲁棒性的设计措施有:

- 保证结构和交通线路间有足够的净空。
- 通过设立护柱、安全护栏和拉索来减少结构受船撞击所产生的各种作用。
- 当结构存在受冲击(如移动的吊车)的风险时,应避免采用脆性或较轻的桥面。
- 当斜拉桥在缺少一根或数根拉索时,需采用一些运营标准。
- 以防航船的撞击,应限制长大桥的可接受损坏长度(将可接受损坏长度降为 0)。

当桥梁修建过程中遭受到极端事件(例如一座桥梁位于飓风多发的国家)时,它不会造成人员伤亡,并对当地经济、社会或环境的影响都是可忽略的,由此类极端事件造成结构的完全损坏相较于桥梁修建完成后遭遇极端事件造成多方面的、巨大的损失而言,是可以接受的。这样的设计策略在别的条件下也是可以采用的,但是需要精准的过程把控和有目的性的决断。

通常观点认为,EN 1992-1-7 建议参照表 7.1(摘自 EN 1990 附录 B 的表B.1)中的灾害等级,针对不同的偶然设计情况采取相应设计策略。

危害程度等级的划分 表7.1

破坏等级	情况描述	常见的建(构)筑物实例
CC3	造成重大的人身伤亡、经济损失或社会和环境影响	一旦破坏会造成巨大影响的公共建筑(如一座混凝土墙)
CC2	造成较大的人身伤亡、经济损失或社会和环境影响	一旦破坏造成较大影响的住宅楼和办公楼(如一座办公大楼)
CC1	造成较小的人身伤亡、经济损失或社会和环境影响或可忽略不计	一些人员很少进入的农业建筑(如储存室),温室

通常桥梁属于CC2级,但是有一些桥梁可能被评定为CC3级。当桥梁因为本身结构特殊情况属于CC2级时,设计时可以采用静态等效作用模型或规定设计/细部构造来简化分析。在任何情况下,都需要精确定义结构的安全等级。这取决于设计或施工过程中的质量控制等级。当然,通常将结构的不同部件划分为不同的危害等级是比较合理的,尤其是可更换的部件,比如缆索或结构支座。当桥梁被划分为CC3级时,设计时需要采用风险分析和修正方法,包括动力分析,非线性分析模型,还要考虑荷载和结构的相互作用。

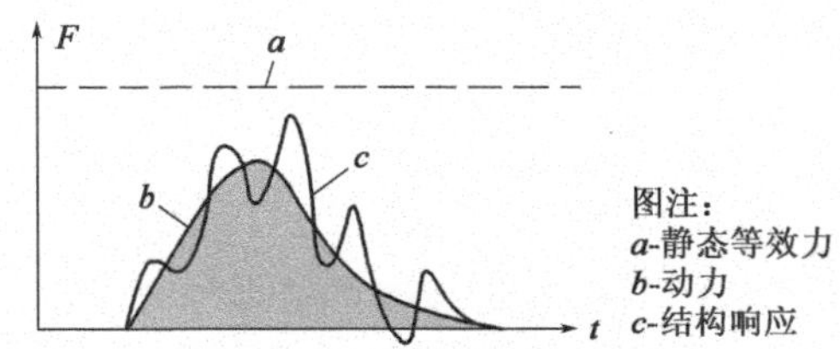

图7.5 冲击作用产生的力(经BSI许可,转载自EN 1991-1-7)

7.3 冲击作用——一般情况

冲击荷载是由两个物体碰撞所产生。在桥梁结构中,最常见的碰撞物体是具有计划走向的车辆、轮船甚至是飞机。人为失误和力学失效的发生可能导致其背离计划走向。这些现象可以通过概率的方法来确定(例如,齐次泊松过程)。在发生初始碰撞之后,物体的运动路径将会由其本身特性和环境所决定。

原则上,冲击作用的力学效应应该由动力分析来确定,同时考虑时间效应和材料的实际性能。实际上,这个问题是非常复杂的,需要极其复杂的和高水平的数值计算。(例如,对船头碰撞的研究需要建立约10000个单元的有限元模型,分析的结论取决于所选的边界条件,尤其是在进行不稳定性评价方面。)

因此,现在急需一个成熟的模型(简单或复杂)来研究冲击荷载。撞击力属于动力荷载,即在撞击点具有相关接触面积的一种力,该力会随时间变化,并可能对结构产生重大的动态影响。效应大小主要取决于碰撞物体和结构之间的相互作用。然而,在通常情况下,冲击所产生的作用都是以一个等效静力来代替。即无须精确计算,将结构所受的动力效用一个静力来等效。

条款1.5.5:EN 1991-1-7

条款4.2.1:EN 1991-1-7

这个简化替代的方法能够保证对受冲击结构的计算结果满足受冲击结构的

静力平衡条件、强度条件和变形条件。表 7.5 给出动力荷载,结构的动力响应和等效静力的简化替代值。

C.2(1):
EN 1991-1-7

Eurocode 将冲击分为**硬冲击和软冲击**。

硬冲击是指在撞击过程中主要通过冲撞体消散能量的冲击类型。

软冲击是指撞击过程中主要是通过构件的弹塑性变形来吸收能量的冲击类型。

条款1.5.6:
EN 1991-1-7

现实很多情况下的撞击效应都介于硬冲击和软冲击之间(图 7.6):为了简化计算,冲击荷载的计算都是先假定结构为刚体,也就是说,使用硬冲击模型。冲击力就可用一个等效静力来代替。

7.4 道路车辆引起的偶然作用

7.4.1 对下部支承结构的冲击——简化方法

EN 1991-1-7 中定义,下部结构是用来支撑桥梁上部结构的一些构件即基础,桥墩、桥台和柱等。常说的上部结构就是桥跨结构。

桥梁的下部支承结构是指桥墩和桥台。EN 1991-1-7 设定道路桥梁的冲击荷载主要是由于轮船和车辆冲击。每年在所有欧洲国家的主要路线上都会发生数起车辆撞击桥墩的严重事故。

图 7.6 车辆撞击桥墩

Eurocode 中规定,最大毛重超过 3.5t 的车辆为"卡车",预计庭院和车库会受到卡车和汽车的冲击。本设计指南中只考虑了卡车的冲击荷载。针对道路交通的硬冲击,EN 1991-1-7 给出了等效静力设计值的参考值和推荐条件。相关规定见图 7.7。

读者很容易注意到一个相同的符号 h,它既用来表示冲击力相对行车道的高度,也表示路面与下方桥面板的净空。

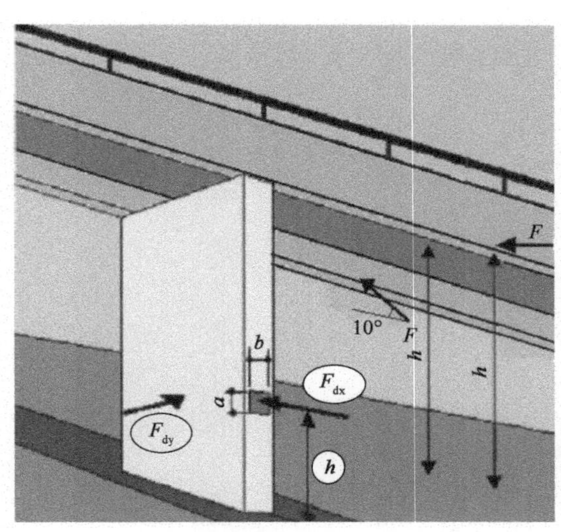

图7.7　道路车辆的冲击力的示意图

下部支承结构硬冲击的计算模型由两个力组成，F_{dx}作用于车辆正常行驶的方向，F_{dy}作用于正常行驶方向的垂直方向。通常不会同时考虑这两个力。

撞击力一般作用在行车道上方 h 处，在设置了某些防撞栏杆的地方则更高。图7.8展示了法国A11高速公路上一辆卡车撞击桥墩的现场情况。

图7.8　发生在法国A11高速公路上的交通事故（卡车滑向混凝土防撞栏，撞向桥墩的较高位置）

撞击力的建议作用范围是一个高为 a，宽为 b 的矩形，图7.7中展示了 F_{dx}的作用范围。

条款4.3.1：EN 1991-1-7

F_{dx}和 F_{dy}的参考值在表7.2中给出，它摘自EN 1991-1-7表4.1。

车辆对结构支撑构件和道路旁的构件的冲击产生的等效静力设计值参考值　　表7.2

交通类别	F_{dx}(kN)	F_{dy}(kN)	冲撞力的高度(m)	冲撞范围尺寸(m)
高速公路及国道	1000	500	$0.50 \leqslant h \leqslant 1.50$ （或其他特殊情况）	$a=0.50$m $b=1.5$m 与构件宽度的较小值
乡村道路	750	375		
城市道路	500	250		

由于各种因素干扰,表 7.2 中给出的数值仅供参考。选取参考值时还应考虑:

- s 是从运营车道中心到结构构件的距离,见图 7.9。关于距离 s 的详细信息见 *EN* 1991-1-7 附录 *C*。 *C.3*: *EN 1991-1-7*
- 冲击后果。
- 交通类型和预期交通流量。
- 缓冲措施。

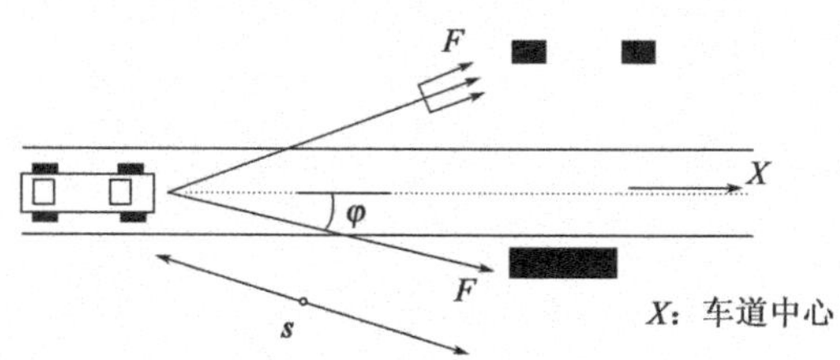

图 7.9　作用在车道旁的支承结构上的碰撞力

冲击荷载的设计值需要以风险分析为基础来确定。**这些值(并非由作者推荐)可能低于或高于 EN 1991-1-7 表 4.1 中给出的值。**

英国国家附件在 EN 1991-1-7 参考值的基础上添加一个系数,这个系数可通过国家附件中提及的全面风险分析来确定。

正如上面提及的,高于行车道 1.5m 时需要修建特殊的防护栏。

条款4.3.1(1): *EN 1991-1-7*

对于由车辆荷载引起的偶然作用的情况(同样适用于铁路交通),Eurocode 建议参考 UIC 777。

7.4.2　对上部结构的撞击

除非设置了足够的净空或适当的保护措施来避免撞击,否则需要考虑道路交通(卡车或卡车所装载的货物)对上部结构的撞击作用。同时,净空的测量必须垂直于道路的延伸方向(图 7.10),且净空允许值的设置必须考虑桥下道路翻修导致的净空减小。通常在设计阶段需要增加 10cm。

图 7.10　桥下净空

条款4.3.2(1): *EN 1991-1-7*

EN 1991-1-7 给出了桥面上所受冲击荷载的等效静力参考值。冲击风险大小主要取决于垂直净空(图 7.11)。

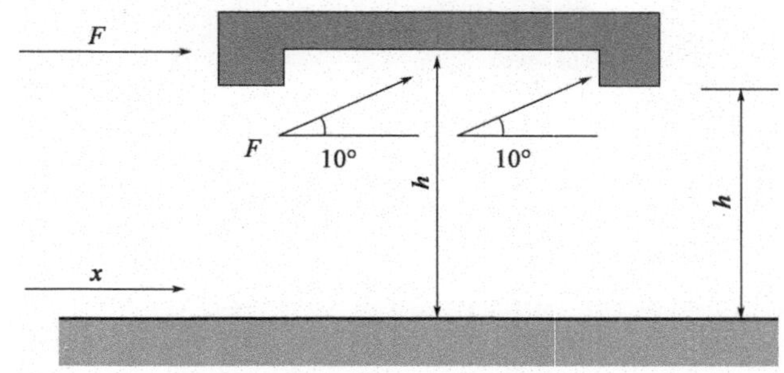

图7.11 上部结构承受冲击荷载示意(经 BSI 许可,转载自 EN 1991-1-7)

表7.3中给出的净空参考值应低于国家规定的 h_0(即5m)。当垂直净空超过净空值上限 h_0+b 时,则不需要考虑冲击作用。b 的取值由各国自行决定,推荐值为1m。

对上部结构冲击荷载的等效静力设计值参考值 表7.3

(数据来自 EN 1991-1-7 表4.2,其余部分见 EN 1991-1-7)

交通类别	F_{dx}(kN)
高速公路及国道	500
乡村道路	
城市道路	250

当 $h_0 \leqslant h \leqslant h_1 = h_0 + b$ 时,冲击力的大小呈线性减小。图7.12(取自 EN 1991-1-7 图4.2)提出了推荐折减系数 γ_F 的计算公式,它适用于此前提下的 F_{dx} 计算。

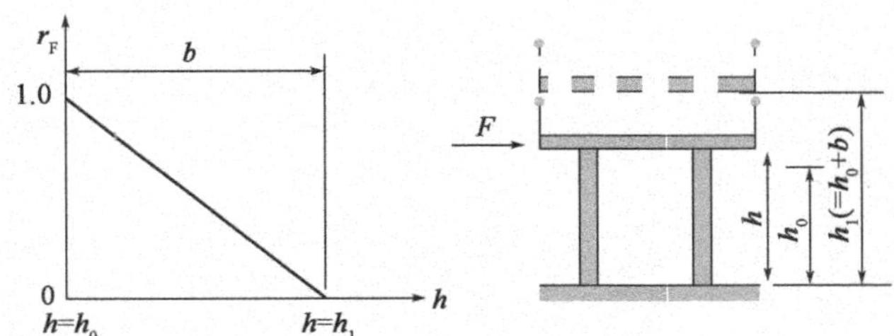

图7.12 车辆冲撞道路上方水平结构构件时系数 γ_F 的建议值,它与净空高度 h 有关

在英国国家附件中规定,当 $h \leqslant 5.7$m 时,γ_F 取1;当 $h > 5.7$m 时,h 取0。

图7.13依据 EN 1991-1-7 的推荐值给出了相应的冲击荷载的代表值。

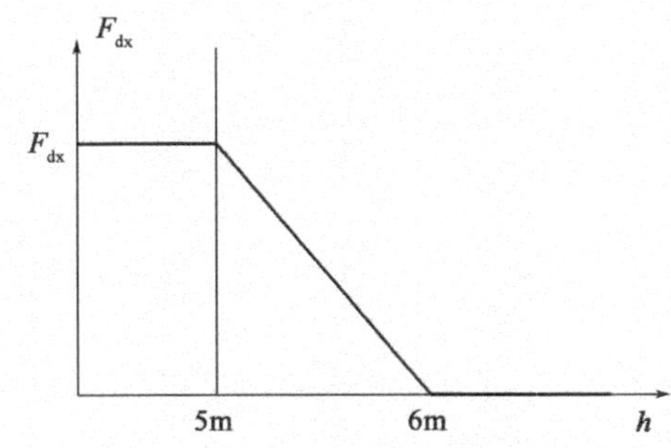

图7.13 根据建议值给出的车辆对道路上方水平结构构件冲撞力的示意图

从工程实践的观点来看,EN 1991-1-7 仅仅讨论了指向正常行驶方向的冲击力,记为 F_{dx}。因此没有必要引入更多复杂的模型。尽管如此,EN 1991-1-7 也指出来,当条件合适时,还需要考虑 F_{dy},即垂直于正常行驶方向的力。在这种情况下, *条款4.3.2(2):EN 1991-1-7*

条款4.3.2(1)注4:
EN 1991-1-7

建议不同时考虑 F_{dy} 和 F_{dx},冲击力的参考值摘自 EN 1991-1-7 表 4.1,于表 7.3 中给出。英国国家附件中的值比表 7.3 中的值高大约 60%。

当撞击荷载带有向上倾角时,EN 1991-1-7 还要求对桥面底面添加同样的冲击荷载 F_{dx}。由图 7.11 可知,上倾角的推荐取值为 10°。这条规定旨在涵盖桥下吊车起吊的风险并提高桥面结构的鲁棒性。

条款4.3.2(3):
EN 1991-1-7

建议冲击荷载对上部结构的作用范围为边长 25cm 的正方形(图 7.14)。

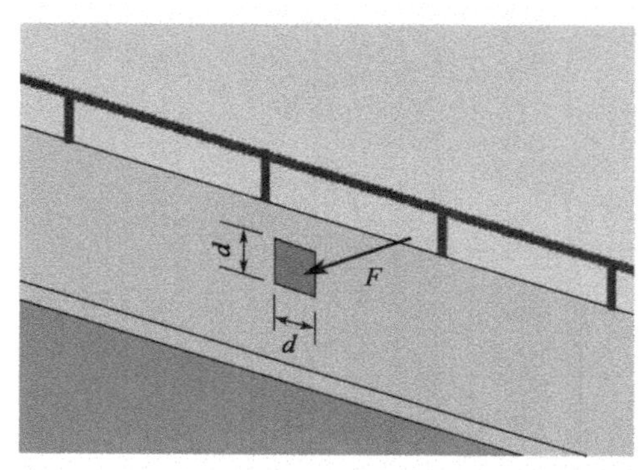

图 7.14 道路车辆对桥梁上部结构的冲撞区域;建议值 $d=0.25\text{m}$

当然,冲击荷载的作用位置应选择最不利(整体或局部)的位置。

7.4.3 对支承结构的冲击——简化动力模型

EN 1991-1-7 附录 C 提供了对于结构承受偶然冲击作用(例如道路车辆)时,结构近似动力设计的指导。

上文表 7.2 和表 7.3 中给出的静力是针对硬冲击而言,但仍需进行基础的动力分析。

假定结构是固定不动的刚体,假定在冲撞期间,碰撞物体的变形是线性的,则产生的最大动力相互作用力可以公式表示:

$$F = v_r \sqrt{km} \qquad (7.1)(\text{EN 1991-1-7,C.2.1,C.1})$$

式中:v_r——物体的冲撞速度;

k——物体的等效弹性刚度,即物体受力和所产生变形的比值;

m——冲撞物体的质量。

如果使用矩形脉冲来表示冲击荷载对结构表面作用,详见图 7.15,那么脉冲的持续时间则由以下公式表示;

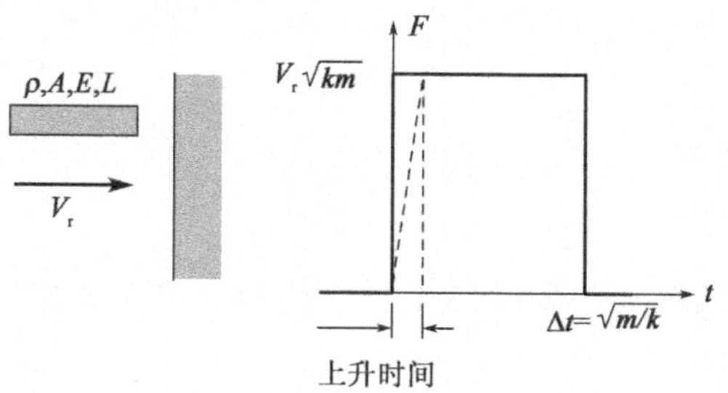

图 7.15 冲击模型,F 是动力相互作用力

如果将质量为 m 的冲撞物体假定为均质的等效冲撞物,见图7.15,其横截面为 A,长度为 L,弹性模量为 E,则有:

$$k = EA/L \quad m = \rho AL$$

EN 1991-1-7 中,式(7.1)可计算出作用于结构外表面的最大动力值。然而,在结构内部,设计者需要注意的是这个外部力可能会通过一个动力放大系数(动力效应和静力效应的比值)来增大动力效应。这个动力放大系数变化范围为1.0~1.8,其大小取决于结构和物体的动力特征。在缺乏足够精确的动力分析方法时,通常采用保守值,但硬冲击模型是不完善的。 *条款2.1(3):EN 1991-1-7*

对软冲击(假定结构是弹性的,冲撞物体是完全刚体)而言,可使用上方的表达式,k 是结构的刚度。 *C.2.2:EN 1991-1-7*

在结构刚-塑性反应的极限状态下,需要验算以下条件;

$$\frac{1}{2}mv_r^2 \leqslant F_0 y_0 \qquad \text{(EN 1991-1-7, C.2.2, C.5)}$$

式中:F_0——结构的塑性强度,即静力 F 的极限值;

y_0——材料的变形能力(最大变形量),即受冲击力作用处结构能承受的最大位移。

对于桥梁结构构件遭受的异常车辆冲击,EN 1991-1-7 建议使用以下公式来计算物体的冲撞速度 v_r:

$$v_r = \sqrt{v_0^2 - 2as} = v_0\sqrt{1 - d/d_b} \qquad (\text{当 } d < d_b \text{ 时})$$

(7.3)(EN 1991-1-7, C.3, C.6)

式中(见图7.16):

v_0——卡车驶离行车道的速度;

a——卡车离开行车道的平均加速度;

s——卡车离开行车道处距撞到的结构构件处的距离;

d——受撞击的结构构件距行车道中线的距离;

d_b——制动距离 $= d_b = (v_0^2/2a)\sin\varphi$,其中 φ 是行车道和撞击路线的夹角。

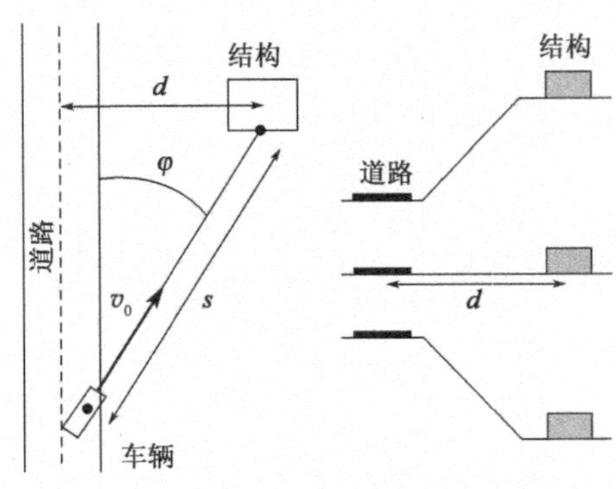

图7.16 车辆冲击的受力示意图

在考虑概率因素的基础上,给出冲击造成的动力相互作用的近似设计值的计算公式。 *C.3(3),式(C.7):EN 1991-1-7*

$$F_d = F_0\sqrt{1 - d/d_b}$$

表C.2:
EN 1991-1-7

式中,F_0 为冲击力;其余符号意义同上。

读者容易发现,EN 1991-1-7 中建议高速公路上对桥墩冲击的等效设计值为 2400kN,这与本设计指南表 7.2 中给出的参考值有所出入。当然,此处的设计值是采用了保守的假定条件,但是如前所述,冲击力和建议值是明显不同的,这就意味着由业主或相关部门来确定可承受的风险等级

条款4.5:
EN 1991-1-7
条款4.5.1:
EN 1991-1-7

7.5 结构下方或邻近结构处轨道交通脱轨引起的偶然作用

7.5.1 跨越运营铁路线路或与运营铁路线路邻近的结构

当设计的桥梁要跨过轨道时,需要充分考虑铁路基础设施建设发展规划,尤其是铁路轨道扩建和结构的净空。

EN 1991-1-7 给出了桥梁跨过或紧邻火车运营线路时,脱轨火车对支承构件(桥墩和柱)产生作用力的设计值的计算法则。通常,不需要考虑火车脱轨对上部结构(桥面系)或其附近的结构的冲击作用。UIC 规范 777-2[4] 中可查找更多铁路交通偶然作用的相关指南。

当然,设计策略中还要添加其他合理的措施(预防和保护措施)来尽可能减少由于脱轨火车对轨道或邻近轨道的支承构件的偶然冲击作用而造成的损害:

建议采取的预防和保护措施如下:

- 增加桥梁支承和铁路轨道中心线间的侧向距离。
- 增加桥梁结构和铁道道岔或交叉口的纵向距离。
- 保证上部结构的连续性,这样当其中一根柱被撞毁后上部结构仍能屹立不倒。
- 避免将桥梁支承布置跨越在铁路岔道附近/避免将支承放置在与沿道岔的转弯方向延伸的线相交的线上/避免将支承布置在穿过道岔延伸方向的线路上。当不满足实际要求时,需要增加矮墙,同时考虑矮墙对相邻下部结构的影响。
- 采用连续墙或墙式支撑来替代柱。
- 增加偏转装置和能量吸收装置。

条款4.5.1.2:
EN 1991-1-7

7.5.2 结构分类

EN 1991-1-7 划分了两种可能遭受到铁路脱轨冲击作用的永久结构(关于临时性结构的条款都在国家的规范中给出)。详细分类在表 7.4 中给出,摘自 EN 1991-1-7表 4.3。

对于 A 类结构,其周围铁路交通最大行驶速度不能超过 120km/h,EN 1991-1-7 也给出了对桥梁支支承构件冲击的等效静力设计参考值。

至于道路交通中对桥墩的冲击,只给出了参考值,即在其他条件下还需要考虑其他的参考值。

表 7.5 给出了参考值,摘自 EN 1991-1-7 表 4.4。

承受铁路交通脱轨荷载冲击的结构等级 表7.4

等级 A	结构跨越或毗邻运营铁路,它要么用于永久居住,要么是多层的人群临时聚集地(如停车场、仓库)
等级 B	大量跨越运营铁路的建筑,如车行桥梁和非永久居住或不作为聚集地的单层楼

位于铁路上方或沿着铁路的 A 类结构承受冲击荷载的水平静力设计值参考值 表7.5

结构构件距最近道路的中心线的距离(m)	F_{dx}(kN)	F_{dy}(kN)
结构构件 $d<3$m	针对具体工程 可参考 EN 1991-1-7 附录 B	针对具体工程可 参考 EN 1991-1-7 附录 B
对于连续墙和墙类结构: 3m≤d≤5m	4000	1500
$d>5$m	0	0

注:[a]x = 轨道方向,y = 垂直于轨道方向。

当支承结构构件带有围护措施时,例如在铁轨的上方铺有不低于38cm的可靠地平台或底座时,这些参考值可以适当减小。表7.5中给出的参考值明显偏小,这是因为它们对应着火车以较低速度脱轨的情况。其并未考虑高速火车全速脱轨的直接冲撞情况。当结构周围铁路交通最大行驶速度超过120km/h时,EN 1991-1-7要求设置预防和保护措施,并按照CC3级别来确定其等效静力。

在任何情况下,F_{dx}和F_{dy}都是分开来考虑的,并施加在铁轨上方的一定高度处,建议高度为1.8m。 *条款4.5.1.4(3):EN 1991-1-7*

对于B类结构,需要在各个独立项目和国家范围中进行特别规定。这些针对性的要求要以风险分析为基础。 *条款4.5.1.5:EN 1991-1-7*

支承结构构件不应该设置在轨道末端外。然而,当支承结构构件要求设置在轨道的边界上时,要设置缓冲带,并在轨道外围增加防撞墙。

7.6 轮船撞击引起的偶然作用

条款4.6:EN 1991-1-7

7.6.1 概述

针对内陆航道和海上航道的轮船与桥墩的撞击所引起的偶然作用(图7.17),EN 1991-1-7给出了此类偶然作用的评价方法。

这类作用的大小与洪水状况、轮船类型和吃水深度、撞击类型,还有结构的类型和能量消散特征相关。

简化算法中考虑内陆水运的撞击和考虑海上轮船的撞击的算法是一样的。轮船撞击结实的结构通常认定为硬撞击,主要通过轮船的弹性变形和塑性变形来消散动能。

根据等效静力计算而来的冲击效应: *条款4.6.1:EN 1991-1-7*

- 作用于桥墩正向的力。
- 侧向力由两部分组成,一部分是垂直作用于正面的分力 F_{dy},另一部分是平行于 F_{dx}的摩擦力 F_R。

图 7.17 塞恩河上轮船碰撞事故

假定作用于桥墩上的正向力和侧向力不同时存在。

EN 1991-1-7 不适用于正常运营条件下承受轮船冲击荷载的结构(例如,码头墙和靠船墩)设计。

EN 1991-1-7 附录 C 提出了一种先进的算法:冲击荷载的动力设计。

采用这个先进算法来保证结构能承受冲击荷载,包括以下两个原因:

- 动力效应
- 材料的非线性特征

根据先进算法算得的结果与简化算法得出的值可能有些不同。由此,建议值不同于参考值,甚至低于最小的参考值。这意味着一座桥梁的可靠度级别是由设计者与业主和相关部门沟通之后来决定的。轮船冲撞的概率模型在 EN 1991-1-7 附录 B 中有所阐述。但是这个方法需要在征得业主的同意之后由专家来确定使用。

7.6.2 江河及运河交通的冲击作用

条款4.6.2:
EN 1991-1-7

内陆航道的轮船类型主要由具体航道的类型确定。这个分类方法是有关部门依据 CEMT[5] 分类系统制定。

采用简化算法的各个作用力如图 7.18 中所示。由于侧向冲击力 F_{dy}产生的摩擦力 F_R 可由以下公式计算求出:

$$F_R = \mu F_{dy} \qquad (7.4)(\text{EN 1991-1-7(4.1)})$$

式中,μ 是摩擦系数,建议取 0.4。

建议冲击区域的尺寸为 $b \times h$,正面冲击时 b 取桥墩的宽度,h 取 0.5m;侧面冲击时,h 取 1m,b 取 0.5m。

CEMT 分类方法见表 7.6,摘自 EN 1991-1-7 附录 C。

这个表格是在欧盟委员会制定的官方文件基础上简化制作的。表 7.7 给出了各种等级对应的桥下最小净空高度。

例如,法国的塞恩河被划分为 Vb 类。

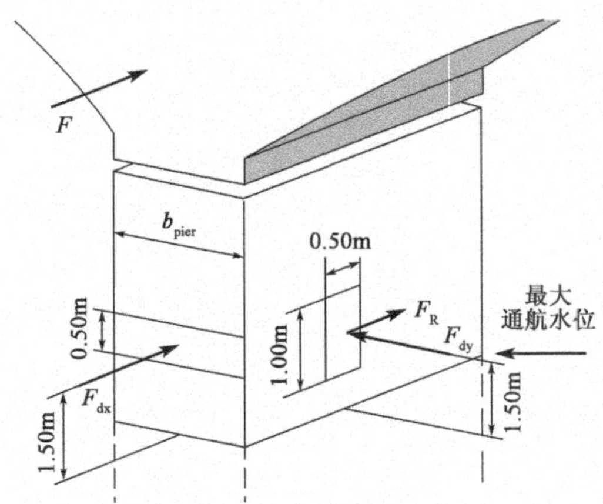

图 7.18　在内陆水运轮船撞击桥墩的冲击情况和静力分析

内陆航道中轮船冲击造成的冲击力的参考值　　表 7.6

CEMT 等级	船　型	长度 l (m)	质量 m (t)[a]	F^{b}_{dx} (kN)	F^{b}_{dy} (kN)
Ⅰ	Barge				
Ⅱ	Campine-Barge	50 ~ 60	400 ~ 650	3000	1500
Ⅲ	"Gustav König"				
Ⅳ	Class "Europe"	80 ~ 90	1000 ~ 1500	5000	2500
Ⅴa	Big ship				
Ⅵb	Tow +2 barges	110 ~ 180	3000 ~ 6000	1000	4000
Ⅵa	Tow +2 barges	110 ~ 180			
Ⅵb	Tow +4 barges	110 ~ 190	6000 ~ 12000	14000	5000
Ⅵc	Tow +6 barges	190 ~ 280			
Ⅶ	Tow +9 barges	300	14000 ~ 27000	20000	10000

注:[a] 轮船的质量以 t 为单位,它包括轮船结构质量,货物质量和燃油质量。1t 通常指轮船的排水吨数。
[b] F_{dx} 和 F_{dy} 的计算还要考虑水力质量,并按照背景资料计算,采用每个航道等级对应的相关条件。

桥下最小高度　　表 7.7

CEMT　等　级	船　　型	桥下最小高度(m)
Ⅰ	Barge	4.00
Ⅱ	Camipin-Barge	4.00 ~ 5.00
Ⅲ	"Gustav König"	4.00 ~ 5.00
Ⅳ	Class "Europe"	5.25 ~ 7.00
Ⅴa	Big ship	5.25 或 7.00 或 9.10
Ⅴb	Tow +2 barges	
Ⅵa	Tow +2 barges	7.00 或 9.10
Ⅵb	Tow +4 barges	7.00 或 9.10
Ⅵc	Tow +6 barges	9.10
Ⅶ	Tow +9 barges	9.10

桥面设计时需要保证结构能承受轮船施加的桥梁横向的冲击力等效静力。这种情况通常发生在轮船航行到制定航行范围之外时,这时桥面低于航道水面。当然,并不是所有级别的情况都能得到相同等效静力值,因为其与许多力学参数和几何参数有关。尽管如此,当设计者对该值无法确定时,EN 1991-1-7 给出的参考值为 1MN。

EN 1991-1-7 提出在缺少对受冲击结构的动力分析时,表 7.6 中给出的冲击力会根据轮船冲击事故的严重程度进行调整,通常是乘以一个合理的动力放大系数。考虑动力效应的参考值作用在冲撞物体上,但没有作用在桥梁结构上。参考值的放大系数如下所示:正面冲击时取 1.3,侧面撞击时取 1.7。然而,表 7.6 中给出的值偏于保守。因此,推荐的动力放大系数过于保守,不到非常危险的情况不建议使用。

在港湾区域,表 7.6 中给出的冲击力都要乘以 0.5 的折减系数。

7.6.3　海洋船舶的撞击

条款4.6.3:
EN 1991-1-7

对于海上航道,轮船的尺寸和质量都远远大于内河航道。一般来说,不可能设计出经济合理的结构来抵抗船舶碰撞时可能产生的力。表 7.8 仅给出了在刚性障碍物上的碰撞力大小的估计值,但实际上应采取保护措施。

海上航道轮船冲击的动力相互作用力的参考值　　表 7.8

(数据来自 EN 1991-1-7 表 C.4)

轮船等级	长度 l(m)	质量 m^a(t)	$F_{dx}^{b,c}$(kN)	$F_{dy}^{b,c}$(kN)
小型	50	3000	30000	15000
中型				
大型	200	40000	240000	120000
超大型				

注:[a]轮船的质量以 t 为单位,它包括轮船结构质量,货物质量和燃油质量。1t 通常指轮船的排水吨数,不考虑附加的水的质量。

[b]表格中给出的力对应的轮船速度为 5m/s,它不考虑水的质量。速度(m/s)包含了附加的水力质量效应。

[c]必要时要考虑球鼻艏的影响。

采用简化算法的各力都如图 7.19 所示。当桥梁同时承受摩擦力与侧向力时,因摩擦力产生的冲击力可以由以下公式计算;

$$F_R = \mu F_{dy} \qquad \text{(EN 1991-1-7,(4.2))}$$

式中,μ 是摩擦系数,对内陆航道的轮船冲击,其建议值为 0.4。

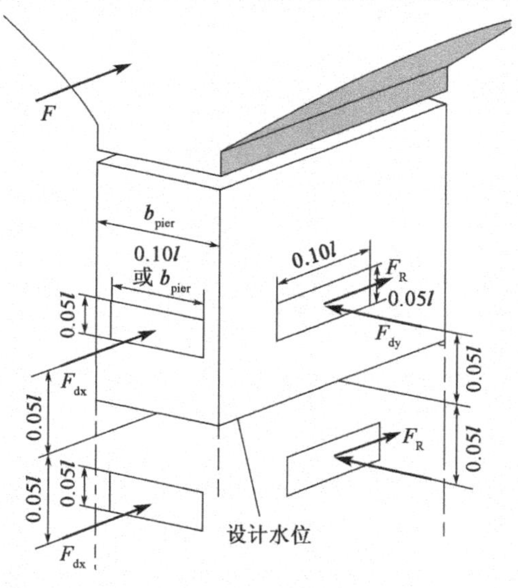

图 7.19　海洋航道上轮船撞击桥墩时的静力分析和冲击工况

EN 1991-1-7 提出在缺少对受冲击结构的动力分析时,建议表 7.8 中的动力值乘以合理的动力增大系数。针对内陆航道的轮船,正面冲击对应的动力放大系数为 1.3,侧面冲击的动力放大系数为 1.7。在海港区,动力值需要乘以一个折减系数,建议取 0.5。然而,如前所述,设计桥墩以抵抗加大的效应是不合理的。

对侧面冲击和船尾冲击而言,其所受的冲击力远小于正面冲击时产生的冲击力。EN 1991-1-7 表 7.8 中给出了相应的折减系数,即 0.3。由于速度的降低,在狭窄水域中,主要发生侧面冲击,不太可能发生头部碰撞。

冲击作用点作用范围主要由桥梁的几何结构和海船的大小、几何结构、吃水深度和潮汐变化来决定。冲击点的垂直高度变化范围参考值为 $\pm 0.05l$,其中 l 是船的长度。冲击范围是矩形,高度为 $0.05l$,宽度为 $0.1l$ 和桥墩宽中的较小值。

必要时也需考虑船头、船尾和船侧遭受冲击的情况。船头冲击是指冲击方向与轮船的航行方向的偏差角度不超过 30°。

条款4.6.3(2):
EN 1991-1-7

设计者需要计算桥面被轮船上部撞击的可能性。通常,作用于桥梁上部结构的力都必须低于轮船上部结构材料的屈服强度。EN 1991-1-7 将船头冲击力的 5% ~10% 作为基本值。当只有桅杆有可能撞击到桥梁时,参考设计荷载为 1MN。

采用先进算法计算由轮船冲击产生的冲击作用设计值时,需要考虑水动力效应所增加的质量。

该指南是以概率方法为基础的风险分析,详见 EN 1991-1-7 附录 B。

7.6.4 内陆航道轮船冲击的高级分析方法

C.4.3:
EN 1991-1-7

EN 1991-1-7 附录 C 给出了关于冲击作用的动力设计的指导意见。冲击动力 F_d 可由以下式(7.5) ~式(7.7)计算。

对于弹性变形的情况(即 $E_{def} \leqslant 0.21\text{MN}\cdot\text{m}$ 时),冲击动力设计值可由以下公式计算:

$$F_{dyn,el} = 10.95\sqrt{E_{def}}\ (\text{MN})$$

(7.5)(EN 1991-1-7,C.4.3,C.8)

对于塑性变形的情况(即 $E_{def} > 0.21\text{MN}\cdot\text{m}$ 时),冲击动力设计值可由以下公式计算:

$$F_{dyn,pl} = 5.0\sqrt{1 + 0.128E_{def}}\ (\text{MN})$$

(7.6)(EN 1991-1-7,C.4.3,C.9)

当正面冲击的情况时,形变能 E_{def} 等于提供的总动能 E_a。当侧面冲击的角度小于 45°时,则认为发生滑动冲击,形变能等于:

$$E_{def} = E_a(1 - \cos\alpha)$$

(7.7)(EN 1991-1-7,C.4.3,C.10)

动能是由相应轮船的平均质量和设计速度计算而得。其中设计速度为 3m/s 并随河水流速增大而增大。对于船头冲击,水动力质量为排水量的 10%,侧面冲击时则为 40%。(所有的值都只是建议值。)

进行动力结构分析之后，当 $F_{dyn}<5MN$ 时，弹性冲击的冲击力模型就是一个半正弦波浪脉冲；当 $F_{dyn}>5MN$ 时，塑性冲击的冲击力模型就是梯形脉冲，荷载的作用时间和其他信息见图 7.20。

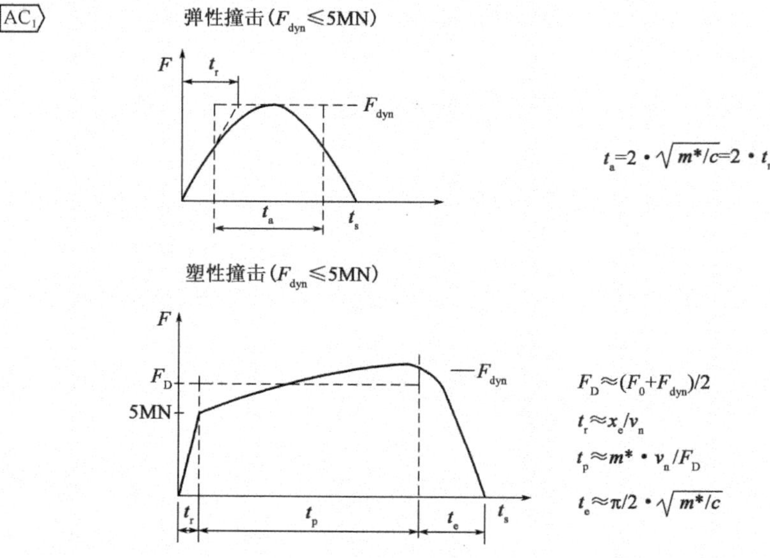

图注：

t_r-弹性过程时间（s）；

t_p-塑性撞击时间（s）；

t_e-弹性响应时间（s）；

t_a-等效撞击时间（s）；

t_s-塑性撞击的总撞击时间（s），$t_s=t_r+t_p+t_e$；

c-船舶弹性刚度（=60MN/m）；

F_0-极限弹塑性力 =5MN；

x_e-弹性变形（≈ 0.1m）；

v_n-a）正面撞击时的航速 v_r；

b）侧向撞击时，垂直于碰撞船舶的撞击点的速度 $v_n=v_r\sin\alpha$。

对正面撞击，所考虑的质量 m^* 是撞击船舶/驳船的总质量；对侧向撞击，$m^*=(m_1+m_{hydr})/3$，其中 m_1 是直接撞击的船舶或驳船的质量；m_{hyd}（译者注：此处原文有误，应为 m_{hydr}）是水力附加质量。

图 7.20　轮船撞击的荷载时间函数，分别对应轮船的弹性反应和塑性反应

当得到冲击力的设计值后，就要计算荷载持续时间质量的计算公式如下所示。

当 $F_{dyn}>5MN$ 时，假定 E_{def} 等于动能。

$$E_a=0.5m^*v_n^2$$

当 $F_{dyn}\leq 5MN$ 时，直接利用 $m^*=(F_{dyn}/v_n)^2\times(1/c)$（MN · s²/m）计算。

当具体工程明确规定时，建议设计速度为 3m/s 并随水流速度增大而增大。在海港中的速度假定为 1.5m/s，角度取为 20°。

C. 4. 4:

7.6.5　海上航道轮船冲击的高级分析方法

EN 1991-1-7

EN 1991-1-7 附录 C 给出了关于冲击作用的动力设计值的指导意见。海上航

道轮船冲击的冲击动力 F_d 可由以下式(7.8)~式(7.10)计算。在海港中速度假定为1.5m/s,在外海速度为5m/s。

载重吨位于500到300000之间的海运商船的冲击动力设计值可由式(7.8)计算:

$$F_{bow}=\begin{cases}F_0\overline{L}[\overline{E}_{imp}+(5.0-\overline{L})\overline{L}^{1.6}]^{0.5} & 当\overline{E}_{imp}\geqslant\overline{L}^{2.6}时\\ 2.24F_0[\overline{E}_{imp}\overline{L}]^{0.5} & 当\overline{E}_{imp}<\overline{L}^{2.6}时\end{cases}$$

(7.8)(EN 1991-1-7,C.4.4,C.11)

式中:

$$L=L_{pp}/275\text{m}$$

$$\overline{E}_{imp}=E_{imp}/1425\text{MN}\cdot\text{m}$$

$$E_{imp}=\frac{1}{2}m_x v_0^2$$

F_{bow}——最大船头冲击力;

F_0——撞击力参考值,为210MN;

E_{imp}——塑性变形吸收的能量;

L_{pp}——轮船的长度;

m_x——轮船质量加上由于纵向运动产生的附加质量(10^6kg);

v_0——轮船的初始速度,为5m/s(港口中为2.5m/s)。

根据能量守恒理论,最大凹痕 s_{max} 由下式计算:

$$s_{max}=\frac{\pi E_{imp}}{2P_{bow}}$$

(7.9)(EN 1991-1-7,C.4.4,C.12)

对应的冲击持续时间 T_0 由下式计算:

$$T_0\approx1.67\frac{s_{max}}{V_0}$$

(7.10)(EN 1991-1-7,C.4.4,C.13)

当具体项目未进行详细分类时,建议设计速度为5m/s并随水流速度增大而增大。在港湾中则为2.5m/s。

7.7 风险评估

EN 1991-1-7 附录B中给出关于风险分析的相关信息。总体概述可见图7.21。

附录B:EN 1991-1-7

附录B还给出了EN 1991-1-7条款1.5中介绍内容的附加定义,于表7.9中列出。

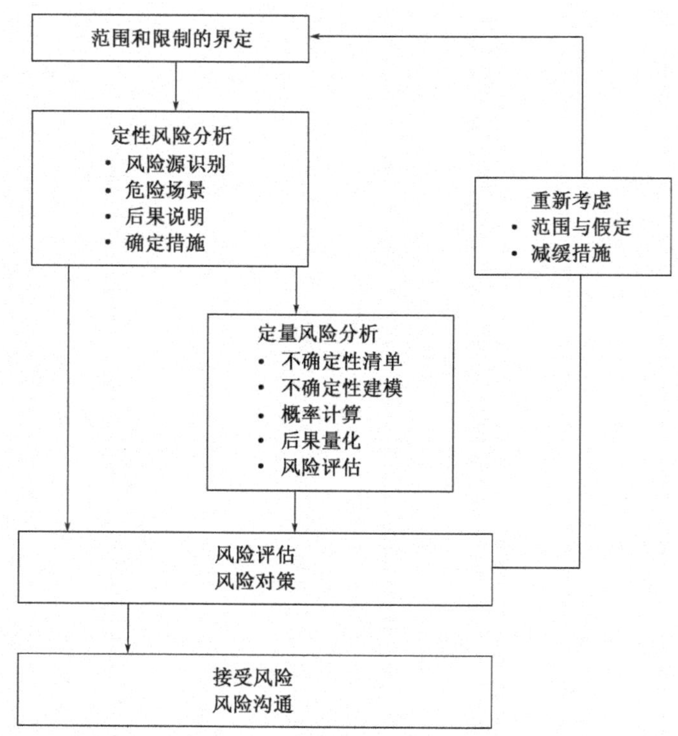

图 7.21　风险分析总结图

风险分析的相关定义　表 7.9

项　　目	定　　义	参考见 EN 1991-1-7
后果	一般指风险分析中不太愿意看到的事件发生的可能结果。后果造成的人员伤亡、经济损失、环境破坏等能够用数据表示	B.2.1
危害场景	特定时间下发生的危险情况,它通常由一个主要危害和多个伴随危害组成并产生一定灾害(如结构的全部坍塌)	B.2.2
风险	综合考虑事件发生的可能性和后果的大小进行总体分析	I.5.13
风险可接受标准	事件发生的可能性及其可接受程度通过每年发生的频次表达出来,这些标准通常由有关部门考虑事件对社会和人身造成的风险等级进行制定	B.2.4
风险分析	描述和计算风险的系统地计算方法,风险分析包括风险事件的确定,原因,可能性以及这些事件的后果(图 B.1)	B.2.5
风险评价	根据风险可接受的标准和其他相关标准对风险分析的结果进行比较	B.2.6
风险管理	组织机构为了保证一定的安全性采取系统性的措施	B.2.7
危险事件	可能造成人员伤亡或环境,财产损失的事件或情况	B.2.8

风险分析的方法在附录 B 中作为一小节进行阐述。要想了解更多相关信息,需要参考 EN 1991-1-7 附录 B 及相关专业文献。也可参考 TTL 出版的 EN 1991 设计指南[6]。

对于桥梁设计,有几条通用的建议:

- 道路车辆的冲击荷载;
- 轮船的冲击荷载;

- 铁路交通的冲击荷载。

铁路交通的冲击荷载应依据与等级相对应的建议和指南（UIC 规范 777-2）而选取计算方法。UIC 规范 777-2 中的建议和指南如下：

- 对 B 类结构必须进行风险评估；
- A 类结构和最大线速度小于 50km/h 的情况必须采取相应的构造措施；
- 当最近轨道的中心线与最近的支撑结构距离小于等于 3m 时，必须采取相应（构造）措施。

B 类结构的建议指南在 EN 1991-1-7 中给出。

参考文献

1. European Committee for Standardization（2002）EN 1991-2. *Eurocode 1-Actions on Structures, Part 2: Traffic loads on bridges*. CEN, Brussels.

2. British Standards Institution（2002）EN 1990. *Eurocode. Basis of Structural Design.* BSI, London.

3. European Committee for Standardization. EN 1990:2002/A1. *Application for bridges (normative)*. CEN, Brussels.

4. International Union of Railways（2003）UIC Code 702: *Static Loading Diagrams to be Taken into Consideration for the Design of Rail-carrying Structures on Lines Used by International Services*, 3rd edn. UIC, Paris.

5. International Union of Railways（2004）UIC Code 700: *Classification of Lines. Resulting Load Limits for Wagons*, 10th edn. UIC, Paris.

6. International Union of Railways（2006）UIC Code 776-1: *Loads to be Considered in Railway Bridge Design*, 5th edn. UIC, Paris.

7. International Union of Railways（2009）UIC Code 776-2: *Load Design Requirements for Rail Bridges Based on Interaction Phenomena between Train, Track and Bridge*, 2nd edn. UIC, Paris.

8. International Union of Railways（2001）UIC Code 774-3: *Track-bridge Interaction. Recommendations for Calculating*, 2nd edn. UIC, Paris.

9. International Union of Railways（1996）UIC Code 779-1: *Effect of the Slipstream of Passing Trains on Structures Adjacent to the Track*, 1st edn. UIC, Paris.

10. International Union of Railways（2002）UIC Code 777-1: *Measures to Protect Railway Bridges against Impacts from Road Vehicles, and to Protect Rail Traffic from Road Vehicles Fouling the Track*, 2nd edn. UIC, Paris.

11. International Union of Railways（2002）UIC Code 777-2: *Structures Built over Railway Lines-Construction Requirements in the Track Zone*, 2nd edn. UIC, Paris.

12. European Rail Research Institute（1993）ERRI D192/RP 1: *Loading Diagram to*

be Taken into Consideration in Design of Rail-carrying Structures on Lines Used by Inter-national Services. Theoretical Basis for Verifying the Present UIC 71 *Loading.* ERRI, Utrecht.

13. European Rail Research Institute (1996) ERRI D192/RP4:*Loading Diagram to be Taken into Consideration in design of Rail-carrying Structures on Lines Used by International Services. Study of the Construction Costs of Railway Bridges with Consideration of the Live Load Diagram.* ERRI, Utrecht.
14. SIA 261, SN 505 261:(2003) *Actions on Structures.* Zürich.
15. ORE D 128 RP 3:(1975) *The influence of High Speed Trains on Stresses in Railway Bridges.* Utrecht.
16. European Rail Research Institute. Series of nine reports ERRI D214:*Rail Bridges for Speeds* >200 *km/h.* ERRI, Utrecht.

ERRI D214/RP 1: *Literature Summary-Dynamic Behaviour of Railway Bridges.* Nov. 1999.

ERRI D214/RP 2:*Recommendations for Calculation of Bridge Deck Stiffness.* Dec. 1999

ERRI D214/RP 3:*Recommendations for Calculating Damping in Rail Bridge Decks.* Nov. 1999.

ERRI D214/RP 4:*Train-bridge Interaction.* Dec. 1999.

ERRI D214/RP 5:*Numerical Investigation of the Effect of Track Irregularities at Bridge Resonance.* Dec. 1999.

ERRI D214/RP 6: *Calculations for Bridges with Simply-supported Beams during the Passage of a Train.* Dec. 1999.

ERRI D214/RP 7:*Calculation of Bridges with a Complex Structure for the Passage of Traffic-Computer Programs for Dynamic Calculations.* Dec. 1999.

ERRI D214/RP 8:*Confirmation of Values against Experimental Data.* Dec. 1999.

ERRI D214/RP 9:*Final Report.* Dec. 1999.

第 8 章　道路桥梁、人行桥和铁路桥梁的作用组合

8.1　概述

本章中涉及的资料见 EN 1990 附录 A2[1]。

第 8 章主要阐述最常见的道路桥梁、人行桥和铁路桥梁的设计作用组合，这些桥梁设计中采用永久作用、可变作用、偶然作用的推荐设计值和分项系数 ψ 对正常使用极限状态和承载能力极限状态进行验算，也涉及施工过程中的作用组合。

抗震作用组合不在本章讨论范围。

EN 1991-2 给出的桥梁交通荷载对某些类型桥梁未涉及或说明不完整（比如，飞机跑道下的桥梁、机械开启桥梁、廊桥和水道桥）。即便如此，本章建立荷载组合的基本原则同样是适用的。 *A2.1.1：EN 1990：2002/A1*

对于公铁两用桥和其他承受交通荷载的土木工程结构（例如，挡墙后的回填土），项目规范需指定具体的规范和要求。

一般作用组合的格式在 EN 1990 第 6 章中进行说明，特别是对强度/土工承载能力极限状态，采用式(6.10)或式(6.10a/b)则由各国自行规定。因此，在现行设计指南中，作用组合着重分析两种情况（见 EN 1990 设计指南：结构设计基础[2]）。

EN 1990 式(6.10)作用的基本组合或 EN 1990 式(6.14b)作用的标准组合中，有一个可变作用是组合中的主导可变作用。这意味着：

- 其代表值为标准值。
- 其他所有能同时作用的可变作用都是伴随作用，并取其组合值。
- 无论是否为主导的可变作用，也不管它们是否对构件有稳固作用，都按对结构有利和不利对永久作用进行区分。

对持久设计状况，根据所考虑的效应，主导可变作用可能是本设计指南 4.5 节中的道路交通、5.5 节中的人行道交通和 6.12.2 中的铁路交通中的某个荷载组。当其中一个作用是主导作用时，在持久设计状况荷载组合中还需要考虑风荷载、雪荷载和温度作用等伴随作用。

当涉及作用的基本组合的式(6.10a/b)时，用式(6.10b)判定主导可变作用。式(6.10a)中，所有可变作用取其组合值。

涉及设计使用年限，Eurocode 提到其使用指南在国家附件中给出，采用

EN 1990中表2.1(设计使用年限)的规定。

A2.1.1(1)注3:
EN 1990:2002/A1

在通常环境下,道路桥梁、人行桥和铁路桥梁的设计使用年限规定为100年。英国国家附件规定桥梁的设计使用年限为120年。这一设计年限可扩展至某些道路和铁路的挡土结构。木结构人行桥的设计使用年限可以为50年。对于临时结构,建议设计使用年限为10年。

值得注意的是,桥梁的设计使用年限并没有系统地应用于可替换结构和非结构构件或装置。当某些构件容易替换和修补时,要求的工作年限应为10年;当某些构件不容易替换或修补,工作年限定为25年则比较合理。对于斜拉桥,见EN 1993-1-11。

8.2 作用组合的一般规则

条款6.4.3.1(1)P
条款1.5.2.11:
EN 1990
条款1.5.2.10:
EN 1990

在说明EN 1990中用于桥梁计算的荷载组合的原理和简化规则之前,为了避免产生误解,现对**荷载组合**和**荷载工况**进行区分。

荷载组合是一组设计值,用于验证在不同作用同时作用时的极限状态下结构的可靠性。荷载工况是将确定的可变荷载和永久荷载同时作用在结构上,描述**荷载布置**的情况(也就是确定荷载的作用点、大小和方向),变形的情况和缺陷等工作状态。**几种荷载工况可能对应一种的荷载组合。**

A2.1.1注4:
EN 1990:2002/A1
A2.2.1(8):
EN 1990:2002/A1

为了合理地减少设计者的计算量,EN 1990附录A2给出了相关简化规定。当然,需要考虑在桥梁使用阶段的相关设计状况。

必要时,需要同时考虑相关的、明确的施工荷载,并进行合理的荷载组合。例如,在两个桥墩之间架梁时产生的或多或少的可控变形。

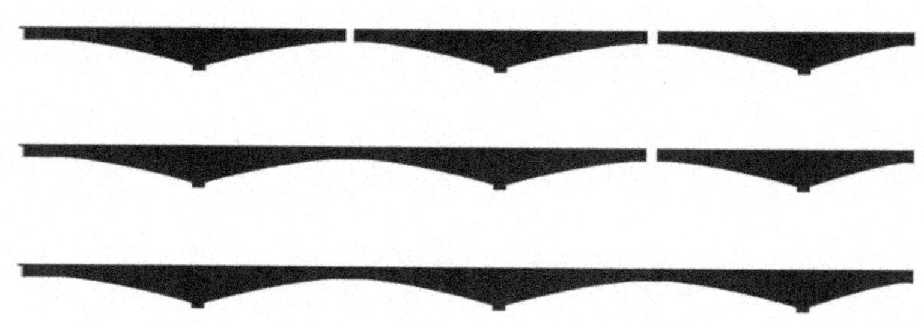

图8.1 采用悬臂法施工的案例

A2.2.1(9):
EN 1990:2002/A1
A2.2.1(10):
EN 1990:2002/A1

道路桥梁和人行桥、铁路桥梁以及EN 1991-2中提及的各种荷载组均需要作为一个独立的可变作用进行荷载组合。

通常雪荷载和风荷载在施工过程Q_{ca}(例如,工人施工产生的荷载)中不同时考虑。因为,工人不会在大风和暴雪的天气下施工。尽管如此,在某些短暂设计状况下,会考虑雪荷载和一些施工荷载(重型设备或吊车产生的荷载)同时存在的可能性。详见本设计指南第3章。

一些其他的一般规定都是关于各种可变荷载的共同作用的常识此处不一一赘述。

考虑预应力作用时要按照 EN 1992 ~ EN 1999 和 EN 1990:2002/A1,A2.3.1(8)要求执行。 *A2.2.1(12):EN 1990:2002/A1*

另外,对沉降的规定更为详细。首先,桥面对承重结构不同部件的沉降差会非常敏感。如果两个连续桥墩的沉降差太大(相对于桥面的刚度),很可能会对结构造成损伤,比如混凝土结构的开裂。 *A2.2.1(13) ~ (17):EN 1990:2002/A1*

除了膨胀性黏土之外,由土产生的沉降会随时间发生单向变化,因此从其对结构引起沉降开始,就要考虑土的荷载(例如:在结构或结构某一部分变成超静定结构之后)。沉降主要是由永久作用引起的:对桥墩而言,最主要的永久作用有自重和由桥面传来的永久作用(包括沉降的发展和预应力桥面上混凝土收缩之间的相互作用引起的作用);对桥台而言,沉降主要是由回填土的自重引起的。通常,可变作用(尤其是交通作用)对总沉降量影响很小。EN 1990:2001/A1,A2.2.1 引入了由土体沉降引起的整体永久作用,G_{set},它是由一系列的代表基础或基础构件之间的沉降差(d_{set})的值所表示。这个作用如图 8.2 中所示。将参考等级简化为一条直线,其超过了由不均匀沉降引起的桥面结构的作用效应。

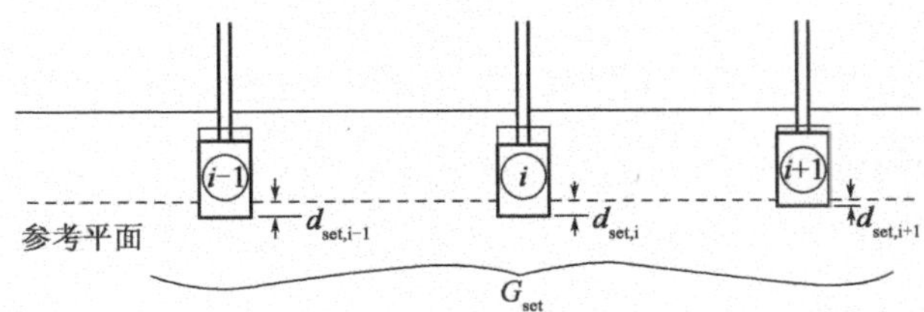

图 8.2　不均匀沉降作用的示意图

$d_{set,i}$可以表示最终值(即长期值),也可以表示中间值(如在施工期间)。当不均匀沉降造成的效应相较于直接作用足够大时,都需要进行考虑。d_{set}的预测值与 EN 1997 最为接近。该规范考虑了结构的施工过程。

铁路桥梁对结构的总沉降量有要求(限制轨道的变形)。通常沉降差会对桥面的结构性能产生影响。基础的设计标准取决于对沉降差的要求。

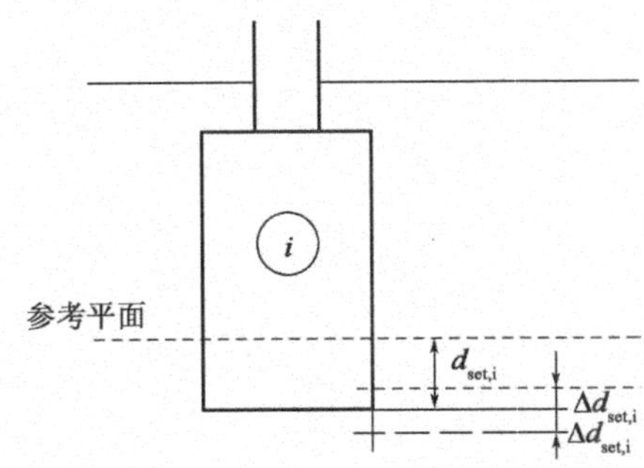

图 8.3　第 i 个基础的沉降不确定性分析示意图

无论其是否对不均匀沉降敏感,都需考虑沉降评估的不确定性。EN 1990:2002/A1 建议通过正向或负向修正两个基础之间或基础部件之间的沉降差值来考虑这个不确定性。对第 i 个基础,其沉降用 $d_{set,i} \pm \Delta d_{set,i}$表示,其中 $\Delta d_{set,i}$是考虑了沉降评价的不确定性而添加的。

另外,等高的预应力混凝土箱梁对沉降非常敏感。

A2.2.2:
EN 1990:2002/A1

8.3 道路桥梁的作用组合规则

8.3.1 简化的作用组合规则

正如8.2节中所述,以下的作用组合法则是为了避免不必要的复杂计算而采用的简化规则。大多数情况下均适用,但是在特殊情况下当然需要更精确的作用组合规则简化算法。简化规则主要是限制可变作用的数量,尤其是地理学的原因和当地的气候特征方面,EN 1990 中授权国家一定的权利进行调整。简化法则一般可归纳如下:

- 除了有屋顶的桥梁之外,雪荷载不与任何交通荷载进行组合。
- 风荷载和温度作用不与任何类型的交通荷载同时考虑。

条款4.5:
EN 1991-2

- 风荷载仅仅与 gr1a 同时考虑。
- 任何可变的非交通作用不与 gr1b 同时考虑。
- 具体关于非交通作用与 gr5(特殊车辆)的组合由各国规范(国家附件)决定。

这些规则的运用方法参见本设计指南8.6.3。

8.3.2 可变作用的组合值、频遇值和准永久值

为了与 EN 1990 中的原则相契合,可变作用的组合值、频遇值和准永久值都通过标准值乘以相应的组合值系数计算得到。

- ψ_0 是组合值系数。
- ψ_1 是频遇值系数。
- ψ_2 是准永久值系数。

这些组合值系数的推荐值见表8.1。

公路桥梁组合值系数的参考值(数据来自 EN 1990:2002/A1 表 A2.1) 表8.1

作用	符号		ψ_0	ψ_1	ψ_2
交通荷载(见 EN 1991-2,表4.4)	gr1a(LM1 + 行人或自行车道荷载)[a]	TS	0.75	0.75	0
		UDL	0.40	0.40	0
		行人 + 自行车道荷载[b]	0.40	0.40	0
	gr1b(单轴)		0	0.75	0
	gr2(水平力)		0	0	0
	gr3(行人荷载)		0	0	0
	gr4(LM4-人群荷载)		0	0.75	0
	gr5(LM3-特殊车辆)		0	0	0
风荷载	F_{Wk}				
	—持久设计状况		0.6	0.2	0
	—施工期间		0.8	—	0
	F_W^*		1.0	—	—
温度作用	T_k		0.6[c]	0.6	0.5

续上表

作　用	符　　号	ψ_0	ψ_1	ψ_2
雪荷载	$Q_{Sn,k}$（施工期间）	0.8	—	—
施工荷载	Q_c	1.0	—	1.0

注：[a]对于公路交通，给出了 gr1a 和 gr1b 的 ψ_0、ψ_1 和 ψ_2 的推荐值，对应调整系数 α_{Qi}、α_{qi} 和 α_{qr} 以及 β_Q 等于 1。这些与 UDL 相关的系数对应于普通的交通场景，其中可能有卡车聚集现象，但很少发生。对于其他类型的路线或预期的交通，可以预想与选择相应 α 系数相关的其他值。例如，对于承受重交通的桥梁，对于仅有 LM1 的 UDL 系统，可以预想一个不为 0 的 ψ_2 的值。还可参见 EN 1998。

[b]EN 1991-2 表 4.4a 中提到的行人与自行车道荷载的组合值，是一个"折减的"值。系数 ψ_0 和 ψ_1 可应用于这个值。

[c]对于承载能力极限状态 EQU、STR 和 GEO，大多数情况下针对温度作用的 ψ_0 的推荐值可折减为 0。还可参见 Eurocodes。

其他意见和背景信息

（a）如本设计指南 4.3.2 中所述，道路交通荷载频遇值的重现期为一周一遇。

设计指南第 4 章附录 B 中提出一个经验公式，它将不同重现期与具体作用的值联系起来。这在 TTL 出版的建筑结构荷载设计指南[4]中也能见到。

$$E_{\mathrm{T}} = [1.05 + 0.116 \log_{10}(T)] E_{20周}$$

式中：E_{T}——重现期 T（以年为单位）所对应的荷载效应；

$E_{20周}$——重现期为 20 周一遇所对应的荷载效应。

假定重现期一周为 0.02 年，这个公式仍然适用，则

$$E_{1周} = [1.05 + 0.116 \log_{10}(T)] E_{20周} = 0.85 E_{20周}$$

但是

$$E_{1000年} = 1.40 E_{20周}$$

因此

$$E_{1周} = 0.85 \times \frac{E_{1000年}}{1.40} = 0.61 E_{1000年}$$

考虑到计算量较大，专家同意对主要荷载系统的两个部分（TS、UDL）进行不均匀地折减。为了保证设计构件能抵抗局部作用，建议针对集中荷载乘以值为 0.75的系数，针对均布荷载乘以值为 0.4 的系数。

关于组合值，不必设置其他介于 0.75 与 1 之间的值，仍旧对集中荷载乘以值为 1 的系数，对均布荷载乘以值为 0.4 的系数。

（b）正如设计指南第 2 章 2.3.5 中所述，可以忽略风力的影响，因此风力的组合值可不计。

（c）gr3（行人荷载）的建议频遇值为 0。然而，如 ***EN 1991-2 中表 4.4（b）*** 和本设计指南的第 4 章所示的 gr3 的频域模型，对有宽阔行人道、位于城镇的桥梁，频遇值取 0 是不合理的。我们认为 ψ_1 取 0.4 作为 gr3 的频遇值系数是比较合理的。另一方面，人群荷载（gr4）的频遇值应该取 0。在特殊情况下，如果有可能有一种特殊车辆经常穿过该桥梁，那么定义一种特殊车辆（gr5）的频遇值是比较有用的。在此种情况下，ψ_1 取 1。

表 4.4（b）：EN 1991-2

(d)关于雪荷载,如前所述,仅仅适用于桥梁施工期间,在持续设计情况雪荷载也不与任何其他任何交通作用或非交通作用进行组合。对交通等级超过基本交通等级(对应的调整系数为1)的结构,建议采用相同的安全系数。

编者按语

在ENV阶段,引入了交通荷载的非频遇值。这些值需要进行校准调整至重现期为一年一遇,其仅应用于混凝土道路桥梁的设计中。在人行桥和铁路交通荷载中没有非频遇值。非频遇值的应用并不按照EN 1992-2中的规定计算,在EN 1992附录A2中建议由国家自行决定,并只适用于混凝土道路桥梁的特定的正常使用极限状态下。

A2.2.2(1):EN 1990:2002/A1

在此情况下,荷载组合的表达式如下:

A2.1a:EN 1990:2002/A1

$$E_d = E\{G_{k,j};P;\psi_{1,infq}Q_{k,1};\psi_{1,i}Q_{k,i}\}j \geqslant 1;i > 1$$

上方荷载组合的大括号中的表达式为:

A2.1b:EN 1990:2002/A1

$$\sum_{j\geqslant1}G_{k,j}"+"P"+"\psi_{1,infq}Q_{k,1}"+"\sum_{i\geqslant1}\psi_{1,i}Q_{k,i}$$

当国家附件允许使用非频遇值时,EN 1990:2002/A1 表A2.1(本章表8.1)注2中给出了相应推荐值$\psi_{1,infq}$。

- gr1a(LM1),gr1b(LM2),gr3(人行道荷载),gr4(LM4,拥挤荷载)和T(温度作用)的非频遇值为0.8。
- 持久设计状况下,对于F_{Wk},取0.6。
- 其他情况下取1(标准值即为非频遇值)。

A2.2.3:EN 1990:2002/A1

8.4 人行桥的作用组合规则

8.4.1 简化的组合规则

人行桥上,只有两组荷载(见本设计指南第5章)和一个集中荷载Q_{fwk},人行桥的简化组合规则与道路桥梁的规则十分相似。主要表现在以下几个方面:

A2.2.2:EN 1990:2002/A1

- 集中力不与任何其他非交通可变荷载进行组合。
- 雪荷载不与任何的交通荷载组进行组合,除了特殊的地理区域和特定类型的人行桥(尤其是带屋顶的人行桥)。
- 风荷载和温度作用不应与任意的交通荷载组组合时一起考虑。
- 雪荷载不与任何的交通荷载组进行组合,除了特殊的地理区域和特定类型的人行桥(尤其是带屋顶的人行桥)。
- 风荷载和温度作用不应与任意的交通荷载组同时考虑。

A2.2.3(4):EN 1990:2002/A1

对于带屋顶的人行桥,Eurocode允许国家范围内自行制定合理的作用组合,其作用组合一般与建筑结构的组合规则相似。用相关荷载组和交通作用的系数(符合表8.2)来替代施加的荷载。

人行桥的组合值系数的参考值(数据来自 EN 1990:2002/A1 表 A2.2)　表 8.2

荷载	符号	ψ_0	ψ_1	ψ_2
交通荷载	gr1	0.40	0.40	0
	Q_{fwk}	0	0	0
	gr2	0	0	0
风荷载	F_{wk}	0.3	0.2	0
温度作用	T_k	0.6[a]	0.6	0.5
雪荷载	$Q_{sn,k}$(施工阶段)	0.8	—	0
施工荷载	Q_c	1.0	0	1.0

注:[a] 在承载能力极限状态 EQV、STR 和 GEO 下,温度作用的组合值系数 ψ 的参考值可降至 0,见Eurocode。

8.4.2　可变作用的组合值、频遇值和准永久值

人行桥梁可变荷载的组合值、频遇值和准永久值是根据标准值乘以相应的组合值系数来求得。

- ψ_0 为组合值系数。
- ψ_1 为频遇值系数。
- ψ_2 为可变作用的准永久值系数。

这些折减系数的推荐值在表 8.2 中给出。

8.5　铁路桥梁的作用组合规则

A2.2.4:
EN 1990:2002/A1

8.5.1　简化的作用组合规则

荷载组合应该按照 EN 1990 中说明的方法来计算,并采用合适的分项系数。

铁路桥梁通常按以下规则进行组合:

- 在桥梁完成之后,进行桥梁持久设计状况或任何短暂设计状况时都不需要考虑雪荷载,除非铁路桥梁修建地处于特殊的地理区域或为带屋顶的桥梁等特殊类型的桥梁。
- 当铁路交通荷载和风荷载同时作用时,荷载组合时应考虑以下情况:
  —将包含动力系数的竖向铁路交通作用、水平铁路交通作用和风荷载分别作为主导荷载进行荷载组合。
  —对不包含动力系数的竖向铁路交通作用,本设计指南第 6 章 6.7.4 中提及的空载列车的侧向铁路交通作用和风荷载进行总体稳定性验算。
- 需要与风荷载进行荷载组合的荷载类型(见第 6 章):
  —gr13 或 gr23 荷载组(最大纵向效应)。
  —gr16,gr17,gr26,gr27 荷载组,以及单独的交通作用荷载模型 SW/2(包含 SW/2 的荷载组合)。

(见本设计指南第 6 章 6.12.2 和表 6.5。)

• 将风荷载和雪荷载与施工荷载进行组合时,需要符合相关国际或国家规定。

条款6.6:
EN 1991-2

• 风荷载应与由铁路交通的空气动力效应引起的作用进行组合,并对各作用分别作为主导可变作用进行考虑。

• 如果结构构件不是直接承受风荷载,则由空气动力引起的作用 q_{ik} 应该由风速增强后的列车速度所决定。

• 当荷载组不能用来代表铁路交通荷载(正常情况下)时,铁路交通荷载应该考虑一个多方向的可变作用与最不利的铁路交通作用和最不利的交通作用进行组合。

• 当荷载组代表铁路交通作用的组合荷载效应时,铁路交通荷载的组合方式可按照本设计指南 6.12.2。ψ 应用于荷载组的其中一个,取荷载组中主导部分所对应的 ψ 值。

• 对偶然设计状况和地震设计状况的作用组合的要求应该与相关的国际规定或国家规定相符(通常任意一个时间都只考虑一个偶然作用),不考虑风荷载和雪荷载的作用。在考虑脱轨荷载的作用组合中,铁路交通作用应该作为伴随荷载与其他组合值进行组合。

(a)**偶然作用**(脱轨、设计状况 I 和 II;见本设计指南 6.11.1):

$$\sum_{j\geqslant 1} G_{k,j}" + "P" + "A_d" + "(\psi_{1,1} \text{ 或 } \psi_{2,1}) Q_{k1}" + "\sum_{i\geqslant 1} \psi_{2,i} Q_{k,i}$$

EN 1990,(6.11)

注:对于大于1条轨道的铁路桥梁,只有当轨道未承受脱轨荷载时才能承受其他的铁路交通荷载。项目规范需制定具体的规定和要求。对上方给出的等式,可设想其他危险情况;比如:

当一个附加轨道承受荷载模型71时,$\psi_{1,1}=0.8$。

当出现本设计指南6.11.1中定义的脱轨荷载时,$\psi_{2,1}=0$。

(b)**地震作用**

$$\sum_{j\geqslant 1} G_{k,j}" + "P" + "A_{Ed}" + "\sum_{i\geqslant 1} \psi_{2,i} Q_{k,i} \qquad \text{EN 1990,(6.12)}$$

表A2.3注4:
EN 1990:2002/A1

注:对于铁路桥梁,只有一条铁路承受荷载模型71和荷载模型SW/2时可忽略,见表8.3注a、表8.9注3和表A2.5。

参考值:$\psi_{2,j} \geqslant 0.8$。

0.5LM71 与铁路交通荷载的各作用(离心力、拉力和制动力)同时作用时是最小的有利垂直荷载(见下方表 8.3 注 c)。

• 当极限状态对永久作用大小的变化非常敏感时,应考虑这些作用标准值的上、下限值,并与有利的作用和不利的作用进行适当组合。

铁路桥梁各作用的组合值系数 ψ 的参考值　　表 8.3

（数据采自 EN 1990:2002/A1 表 A2.3）

作用			ψ_0	ψ_1	ψ_2[a]
交通荷载的独立分量[c]	LM 71		0.80	[b]	0
	SW/0		0.80	[b]	0
	SW/2		0	1.00	0
	空载列车		1.00	—	—
	HSLM		1.00	1.00	0
	牵引力和制动力 离心力 竖向交通荷载下变形产生的相互作用力		交通荷载视为单个（多向）主导作用而不是荷载组时，设计状况中交通荷载的独立分量的系数 ψ 的值宜与相关的竖向荷载采用的系数值相同		
	摇摆力		1.00	0.80	0
	非公共人行道荷载		0.80	0.50	0
	实车		1.00	1.00	0
	由交通荷载产生的水平土压力		0.80	[b]	0
	气动效应		0.80	0.50	0
主要交通荷载（荷载组）	gr11（LM71 + SW/0）	最大竖向 1 与最大纵向	0.80	0.80	0
	gr12（LM71 + SW/0）	最大竖向 2 与最大横向			
	gr13（制动力/牵引力）	最大纵向			
	gr14（离心力/摇摆力）	最大侧向			
	gr15（空载列车）	侧向稳定与空载列车			
	gr16（SW/2）	SW/2 与最大纵向			
	gr17（SW/2）	SW/2 与最大横向			
	gr21（LM71 + SW/0）	最大竖向 1 与最大纵向	0.80	0.70	0
	gr22（LM71 + SW/0）	最大竖向 2 与最大横向			
	gr23（制动力/牵引力）	最大纵向			
	gr24（离心力/摇摆力）	最大侧向			
	gr26（SW/2）	SW/2 与最大纵向			
	gr27（SW/2）	SW/2 与最大横向			
	gr31（LM71 + SW/0）	附加荷载工况	0.80	0.60	0
其他运行作用	气动效应		0.80	0.50	0
	非公共人行道上的一般维护荷载		0.80	0.50	0
风荷载	F_{Wk}		0.75	0.50	0
	F_W^{**}		1.00	0	0
温度作用[d]	T_k		0.6	0.6	0.5
雪荷载	$Q_{Sn,k}$（施工期间）		0.8	—	0
施工荷载	Q_c		1.0	—	1.0

注：[a]针对持久和短暂设计状况，如果考虑变形，则对于铁路交通荷载 ψ_2 宜取为 1。对于地震设计状况，参见表 A2.5。

[b]只有一条轨道加载时，取 0.8；

两条轨道同时加载时，取 0.7；

三条或更多轨道同时加载时，取 0.6。

[c]和铁路交通荷载独立分量共同存在的最小有利竖向荷载（例如：离心力、牵引力或制动力等）为 0.5LM71。

[d]参见 EN 1991-1-5。

• 当设计的结构构件承受岩土作用或其他的岩土设计状况时,荷载组合和设计方法应该符合相关的国际和国家规定。

对公铁两用桥,需要考虑的荷载组合应该符合国家层面(相关权威部门的国家附件)的规定。

为与本设计指南第 2 章的内容相一致,不考虑风荷载的作用。

8.5.2　可变作用的频遇值和准永久值组合

铁路桥梁中的组合值系数 ψ 的参考值在表 8.3 中已给出(数据来自 EN 1990:2002/A1 表 A2.9)。所有关于 F_W^{**} 的参考值已删去(见本设计指南第 2 章)。

8.6　承载能力极限状态下的作用组合

疲劳验算在 EN 1992 ~ EN 1994 中已有所规定。作用组合与相关的验算方法是紧密联系的,并且每个材料都有明确的荷载组合。(见本设计指南第 4 章和第 6 章。)

8.6.1　作用组合的通用格式、持久设计状况和短暂设计状况的验算方法

对于建筑而言,存在三种承载能力极限状态。它们分别是静力平衡极限状态(EQU)、结构构件抗力极限状态(STR)和土工极限状态(GEO)。每个极限状态都对应一种理想化的结构现象,这些现象是要避免出现的。图 8.4 阐明了施工期间由悬臂法修建的桥梁的三种极限状态。

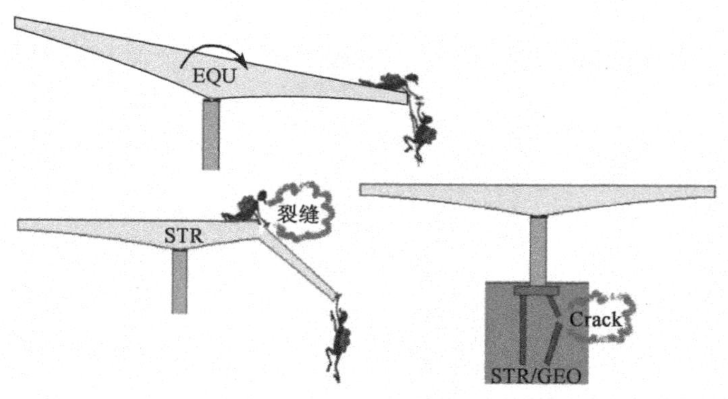

图 8.4　桥梁施工期间的承载能力极限状态(静力平衡状态、强度极限状态和土工极限状态)

对于每种极限状态(EQU,STR,GEO),设计值都取自下面几段中给出的表(即表 8.4 ~ 表 8.6)中的一个或多个数值。

正常使用极限状态(SLS)和承载能力极限状态(ULS)的作用组合的一般表达式见表 8.4 和表 8.5。

表 8.5 对疲劳验算的一般形式进行了总结。对于式(6-11),通常是不考虑可变作用与其频遇值。因此,作用的偶然组合仅仅考虑可变作用、永久作用和偶然作用的准永久值。

承载能力极限状态作用组合的一般用表达式(不考虑疲劳) 表8.4

荷载组合	参考规范:EN 1990	一般表达式
基本组合(持久设计状况与短暂设计状况下)	式(6.10)	$\sum_{i\geqslant1}\gamma_{Gj}G_{kj}''+''\gamma_{p}P''+''\gamma_{Q,1}Q_{k,1}''+''\sum_{i>1}\gamma_{Q,j}\psi_{0,j}Q_{k,j}$
	式(6.10a/b)	$\begin{cases}\sum_{j\geqslant1}\gamma_{G,j}G_{k,j}''+''\gamma_{p}P''+''\gamma_{Q,1}\psi_{0}Q_{k,1}''+''\sum_{i>1}\gamma_{Q,i}\psi_{0,i}Q_{k,i}\\ \sum_{j\geqslant1}\xi_{j}\gamma_{G,j}G_{k,i}''+''\gamma_{p}P''+''\gamma_{Q,1}Q_{k,1}''+''\sum_{i>1}\gamma_{Q,i}\psi_{0,i}Q_{k,i}\\ \text{当永久作用 }G\text{ 不利时},0.85\leqslant\xi_{j}\leqslant1.00\ G\end{cases}$
偶然组合(偶然设计状况下)	式(6.11)	$\sum_{i\geqslant1}G_{kj}''+''P''+''A_{d}''+''(\psi_{1,1}\text{或}\psi_{2,1})Q_{ki}''-''\sum_{i\geqslant1}\gamma_{2,i}Q_{k,i}$
地震组合(地震设计状况下)	式(6.12)	$\sum_{j\geqslant1}G_{k,j}''+''P''+''A_{Ed}''+''\sum_{i\geqslant1}\psi_{2,i}Q_{k,i}$

承载能力极限状态和正常使用极限状态验算的一般格式 表8.5

承载能力极限状态(ULS)	EQU(静力平衡)	$E_{d,dst}\leqslant E_{d,stb}$	$E_{d,dst}$是造成失稳的作用效应的设计值 $E_{d,stb}$是保证结构稳定的作用效应的设计值
	STR/GEO(破裂或过大的变形)	$E_{d}\leqslant R_{d}$	E_{d} 是各种作用效应的设计值,例如内力,弯矩,或者代表多个内力和弯矩的一个矢量 R_{d} 是相应抗力的设计值
正常使用极限状态(SLS)		$E_{d}\leqslant C_{d}$	C_{d} 是相关舒适度标准的极限设计值,E_{d} 是由各种相关的荷载组合的作用效应的设计值

三种方法规定了考虑岩土作用、地面反力的结构构件(基础、桩、桥墩、翼墙、侧墙、桥墩的前墙)的验算方法。 ***A2.3.1(5):EN 1990:2002/A1***

方法1:分别将 ***EN 1990附录A2表A2.4(C)和表A2.4(B)***(分别对应本设计指南表8.7和表8.8)中的设计值用于岩土作用和其他作用上。 ***表A2.4(C)与表A2.4(B):***

方法2:将 ***EN 1990附录A2表A2.4(B)***(对应本设计指南表8.7)中各种作用的设计值用于岩土作用和其他作用上。 ***EN 1990附录A 2 表A2.4(B):***

方法3:将 ***EN 1990附录A2表A2.4(C)*** 中各种作用的设计值用于岩土作用上,同时将表A2.4(B)中各种作用的设计值应用于作用在结构上的荷载或结构产生的荷载。 ***EN 1990附录A2 表A2.4(C):EN 1990***

具体选用哪一种计算方法由国家自行决定(国家附件)。图8.5用图形说明了 ***EN 1990附录A2表A2.4(A)、表A2.4(B)、表A2.4(C)*** 在各种承载能力极限状况下的用法。 ***表A2.4(A)、表A2.4(B)、表A2.4(C):EN 1990附录A2***

对于建筑结构,国家范围内可自由选择,但应符合以下几点:

- 使用式(6.10)或式(6.10a/b)。
- 选择关于土工极限状态和承受岩土作用的构件抗力极限状态的验算方法。

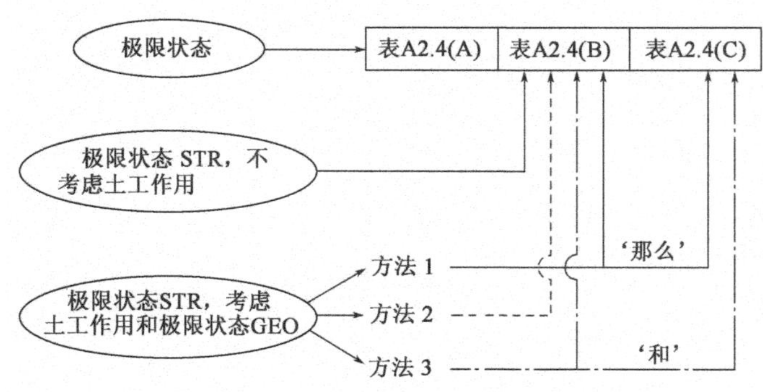

图 8.5　表 A2.4(A),表 A2.4(B),表 A2.4(C)的用法图解

对于桥梁中式(6.10)或式(6.10a/b)的使用方法,现阶段建议只使用式(6.10)。不过在使用式(6.10a/b)时会遇到较大的计算困难,一个主要的困难是在对给定横截面考虑最不利荷载组合时,考虑的作用(例如,弯矩、剪力或扭矩)不同,承受最不利荷载的截面也有所不同。使用式(6.10a/b)代替式(6.10)时,经济效益不佳。

英国国家附件仅要求在该国内的桥梁设计中采用式(6.10)。

关于岩土工程方法,对桥墩的基础(浅基础或桩基础)的设计计算,一般采用方法 2。即对基础的进行验算时应采用和本结构的其他构件相同的荷载组合。在某些情况下,对桥台,方法 3 比较合适:这主要取决于专家的判断。

由 8.5 节可知,英国国家附件要求采用方法 1。其中采用本设计指南表 8.7 和表 8.8 中的设计值分别进行计算设计岩土作用与其他作用在结构上的荷载。一般基础旳尺寸由表 8.8 规定,结构的抗力由表 8.7 决定。

条款4.1.2(2)P:
EN 1990
A2.3.1(2):
EN 1990:2002/A1

一般在使用表 8.6 至表 8.8 时,极限状态对永久作用大小的变化非常敏感,这些作用旳标准值的上限值和下限值都需要进行考虑。

A2.3.1(8):
EN 1990:2002/A1

对于岩土问题(场地稳定性、水压和浮力破坏等),详见 EN 1997。水作用和漂浮物效应在 EN 1991-1-6(本设计指南第 3 章)中进行阐述。预应力作用及相关的分项系数值 γ_P 应与 EN 1990 ~ EN 1999 中的规定相一致,尤其是 EN 1992-1-1(条款 2.4.2.2)、EN 1993-1-11(针对拉力作用)、EN 1994-2。当相关的欧洲设计规范中未提供分项系数 γ_P 的取值时,则由国家附件或具体工程要求来选择合适的值,它的取值主要取决于以下几个方面:

- 预应力的类型。
- 预应力的划分,属于直接作用还是间接作用。
- 结构分析的类型。
- 预应力作用的不利部分特征和有利特征,荷载组合中在预应力的主导或伴随特征。

施工工程中的预应力效应,参见 EN 1991-1-6 和本设计指南第 3 章。

8.6.2 静力极限平衡状态下持久设计状况和短暂设计状况的设计值和作用组合

静力极限平衡状态下，荷载的设计值取自 EN 1990:2002/A1，表 A2.1 与附加的解释说明(即下方表8.6)。

静力平衡极限状态下作用的设计值(A组)　　表8.6

(数据来自 EN 1990:2002/A1 表 A2.4(A))

持久和短暂设计状况	永久作用		预应力	主导可变作用(*)	伴随可变作用(*)	
	不利	有利			主要(如果有)	其他
式(6.10)	$\gamma_{G,j,sup}G_{k,j,sup}$	$\gamma_{G,j,inf}G_{k,j,inf}$	$\gamma_P P$	$\gamma_{Q,1}Q_{k,1}$		$\gamma_{Q,i}\psi_{0,i}Q_{k,i}$
(*)可变作用为表 A2.1 ~ 表 A2.3 中考虑的作用						

注:1. 持久和短暂设计状况的 γ 值可由国家附件设定。

对于持久设计状况，γ 的推荐值为:

$\gamma_{G,sup}=1.05$

$\gamma_{G,inf}=0.95$(1)

$\gamma_Q=1.35$ 对于公路和行人交通荷载，不利时(有利时取0)

$\gamma_Q=1.45$ 对于铁路交通荷载，不利时(有利时取0)

$\gamma_Q=1.50$ 对于持久设计状况的所有其他可变作用，不利时(有利时取0)

$\gamma_P=$ 相关欧洲结构设计标准中规定的推荐值

对于短暂设计状况，当存在失去静力平衡的风险时，$Q_{k,1}$ 代表不平衡主导可变作用，$Q_{k,i}$ 代表相关的不平衡伴随可变作用。

在施工期间，如果施工过程充分可控，γ 的推荐值为:

$\gamma_{G,sup}=1.05$

$\gamma_{G,inf}=0.95$(1)

$\gamma_Q=1.35$ 对于施工荷载，不利时(有利时取0)

$\gamma_Q=1.50$ 对于所有其他可变作用，不利时(有利时取0)。

(1) 当使用配重时，可考虑其特征的变异性，例如，使用下述的一种或两种推荐规则:

—当配重(例如水箱)不明确时，使用分项系数 $\gamma_{G,inf}=0.8$;

—当配重明确时，通过将现重的位置设定为一个相当于桥梁尺寸的比例以考虑其位置的变化。对于架设中的钢桥，通常将配重位置的变化取为 ±1m。

2. 对于连续桥梁支座隆起的验算，或者静力平衡验算还涉及结构构件的抗力[例如，通过稳定性系统或装置(如锚具、锁具或附加柱)防止失去静力平衡]时，可以采用基于表 A2.4(A)的组合验算，来作为基于表 A2.4(A)和表 A2.4(B)的两种独立验算的备选方法。国家附件可以规定 γ 值。γ 推荐值如下:

$\gamma_{G,sup}=1.35$;

$\gamma_{G,inf}=1.25$;

$\gamma_Q=1.35$ 对于公路和行人交通荷载，不利时(有利时取0);

$\gamma_Q=1.45$ 对于铁路交通荷载，不利时(有利时取0);

$\gamma_Q=1.50$ 对于持久设计状况的所有其他可变作用，不利时(有利时取0);

$\gamma_Q=1.35$ 对于所有其他可变作用，不利时(有利时取0)。

前提是对于永久作用的有利部分和不利部分均采用 $\gamma_{G,inf}=1.00$ 时不产生更不利的效应。

表8.6中最值得关注的一点是，相较于对应的建筑结构中的1.10和0.90，永久作用的分项系数的推荐值 γ 有所减小，分别降为1.05和0.95。因为相较于普通的建筑而言，这些永久作用的大小在桥梁结构中一般更容易控制。例如，在使用悬臂法修建桥面时需要采取很多措施，这些措施能保证悬臂两部分的自重相差小于2%。在某些情况下，我们能够将 $G_{k,sup}$ 和 $G_{k,inf}$ 区分开来，或者在某些情况下对分项系数的参考值进行细微的折减。

在持久设计状况下(即桥梁完全建成之后)甚至是在一些进行养护操作的短暂设计状况，桥梁一般不会丧失静力平衡。然而，在施工期间丧失稳定性的风险还是存在的。

图 8.6　采用悬臂法修建预应力混凝土桥跨结构时发生静力平衡破坏的案例

对于上面给出的理由,表 8.6 中的注释提出一点,即桥梁在施工期间施加了平衡力之后,其永久作用的变化与不确定性,尤其是在钢桥运营期间尤为显著。这个不确定性可以通过在平衡力的重量上引入特别的系数 γ,或者通过平衡力的作用位置的误差(±1m)来分析。

在某些情况下,静力平衡的验算需要考虑一些结构构件的抗力(图 8.7)。

a)将桥墩上的混凝土部分拴紧

b)用拉索来稳定悬臂

c)使用附加柱来稳定悬臂

图 8.7　施工期间用来稳定桥面防止发生静力平衡破坏的装置和构件的案例

通常这些结构构件的抗力应当与承载能力极限状态所对应的作用组合进行分析检查。然而，最主要的风险就是发生静力平衡失稳。对建筑来说，为了避免两种验算方法都没有合理的解释，Eurocode 提出一种综合的验算方法，即在一种荷载组合中推荐永久作用的系数 γ 取 1.35（=1.05+0.30）和 1.25（=0.95+0.30）。通用推荐荷载组合表达式如下所示：

$$1.35G_{kj,sup}"+"1.25G_{kj,inf}"+"\gamma_P P_k"+"\gamma_{Q,1}Q_{k,1}"+"\sum_{i>1}\gamma_{Q,i}\psi_{0,i}Q_{k,i}$$

但其假定 $\gamma_{G,inf}=1.00$ 用于永久作用的有利部分和不利部分中，并不能对结构造成更不利的状态。作用组合如下所示：

$$G_{kj,sup}"+"G_{kj,inf}"+"\gamma_{Q,1}Q_{k,1}"+"\sum_{i=1}\gamma_{Q,i}\psi_{0,i}Q_{k,i}$$

8.6.3 土工极限状态和结构构件抗力极限状态下，持久设计状况和短暂设计状况下的作用组合和设计值

正如上文多次提及的，各种作用的设计值均取自 EN 1990：2002/A1 中表 A2.4(B)和表 A2.4(C)。取值主要取决于所考虑的极限状态和所选择的计算方法。下面的表 8.7 给出了 B 组的各种作用的设计值，参数取自 EN 1990：2002/A1 表 A2.4(B)。考虑到实际编辑的原因，当下仅建议使用式(6.10)来进行结构抗力验算，式(6.10)和式(6.10a/b)在这本设计指南中没有使用。

注 3 中，来自同一个作用来源的所有永久作用都只代表一个永久作用，它对应的分项系数的值也是唯一的，它可能是 $\gamma_{G,inf}$，也可能是 $\gamma_{G,sup}$，具体如何选择主要考虑该作用对结构是有利还是不利。尤其是对自重而言，多跨桥梁的各跨应采用相同的分项系数。不仅如此，当极限状态对永久作用的大小变化十分敏感时，应根据 EN 1990 条款 2.1.2(2)P 中这些作用的上限值和下限值进行计算。单一来源规则已经在 TTL 出版的《EN 1991-1 设计指南：建筑结构荷载》[4]和 EN 1990 设计指南[2]中进行了详细说明。

采用表 8.7 中的参考值，简化组合规则和参考值分别在 8.3.1 和表 8.1 中有详细说明，持久设计状况下道路桥梁的最常用作用组合表达式如下所示：

$$\left\{\sum_{j\geq 1}(1.35G_{kj,sup}"+"1.00G_{kj,inf})\right\}$$

$$"+"\gamma_P P_k"+"\begin{cases}1.35(TS+UDL+q_{fk}^{*})+1.5\times 0.6F_{Wk,traffic}\\ 1.35gri_{i=1b,2,3,4,5}\\ 1.5T_k+1.35(0.75TS+0.4UDL+0.4q_{fk}^{*})\\ 1.5F_{Wk}\\ 1.5Q_{Sn,k}\end{cases}$$

上述的表达式中，q_{fk}^{*} 代表荷载组 gr1a 作用于人行道和自行车道的垂直荷载的组合值（或折减值），它的参考值为 3kN/m^2。表达式（TS+UDL+q_{fk}^{*}）和（0.75TS+0.4UDL+0.4q_{fk}^{*}）分别对应 gr1a 和 $\psi_0$gr1a，对于预应力 P_k，通常情况都

是采用其平均值 P_m 和 $\gamma_P = 1$。$F_{Wk,traffic}$ 代表考虑了桥面道路交通作用的风荷载。(详见本设计指南第 2 章。)

各种作用的设计值(强度极限状态/土工极限状态)(B 组) 表 8.7

(数据来自 EN 1990:2002/A1 表 A2.4(B))

持久和短暂设计状况	永久作用		预应力	主导可变作用(*)	伴随可变作用(*)	
	不利	有利			主要(如果有)	其他
式(6.10)	$\gamma_{Gj,sup}G_{kj,sup}$	$\gamma_{Gj,inf}G_{kj,inf}$	$\gamma_P P$	$\gamma_{Q,1}Q_{k,1}$		$\gamma_{Q,i}\psi_{0,i}Q_{k,i}$
式(6.10a)	$\gamma_{Gj,sup}G_{kj,sup}$	$\gamma_{Gj,inf}G_{kj,inf}$	$\gamma_P P$		$\gamma_{Q,1}\psi_{0,1}Q_{k,1}$	$\gamma_{Q,i}\psi_{0,i}Q_{k,i}$
式(6.10b)	$\xi\gamma_{Gj,sup}G_{kj,sup}$	$\gamma_{Gj,inf}G_{kj,inf}$	$\gamma_P P$	$\gamma_{Q,1}Q_{k,1}$		$\gamma_{Q,i}\psi_{0,i}Q_{k,i}$
(*)可变作用为表 A2.1 ~ 表 A2.3 中考虑的作用						

注 1. 式(6.10),或式(6.10a)和式(6.10b)的选择由国家附件规定。在式(6.10a)和式(6.10b)的情况下,国家附件可对式(6.10a)进行补充修改使其仅包括永久作用。

2. γ 和 ξ 值可在国家附件中规定。应用式(6.10)或式(6.10a)和式(6.10b)时,可以采用下面推荐的 γ 值和 ξ 值:

$\gamma_{G,sup} = 1.35$[1)]

$\gamma_{G,inf} = 1.00$

$\gamma_Q = 1.35$ 当 Q 代表由公路或行人交通产生的不利作用时(有利时取 0)

$\gamma_Q = 1.45$ 当 Q 代表由铁路交通的荷载组 11 ~ 31(不包括 16,17,26[3)] 和 27[3)])、荷载模型 LM71,SW/0 和 HSLM,以及实车分别单独视为主导交通荷载产生的不利作用时(有利时取 0)

$\gamma_Q = 1.20$ 当 Q 代表由铁路交通的荷载组 16、17 和 SW/2 产生的不利作用时(有利时取 0)

$\gamma_Q = 1.50$ 对于其他交通荷载和其他可变作用[2)]

$\xi = 0.85$(因此 $\xi\gamma_{G,sup} = 0.85 \times 1.35 \cong 1.15$)

对于不均匀沉降产生的作用可能会有不利效应的设计状况,进行弹性分析时 $\gamma_{G,set} = 1.20$,非弹性分析时 $\gamma_{G,set} = 1.35$。对于不均匀沉降产生的作用可能会产生有利效应的设计状况,不考虑这些作用。

用于强迫变形的 γ 值还可参见 EN 1991 至 EN 1999。

γ_P = 相关欧洲结构设计标准中规定的推荐值。

1) 这个值包括:结构或非结构构件、道砟、土、地下水和自由水、可移除荷载等的自重。

2) 这个值包括:由土、地下水、自由水和道砟引起的可变水平土压力以及交通荷载超荷引起的土压力、交通气动作用、风荷载和温度作用等。

3) 对于铁路交通荷载的荷载组 26 和 27,$\gamma_Q = 1.20$ 可用于与 SW/2 有关的交通荷载各分量;$\gamma_Q = 1.45$可用于与荷载模型 LM71、SW/0 和 HSLM 等有关的交通荷载的各分量。

3. 同一来源的所有永久作用的标准值,在总作用效应不利时乘以 $\gamma_{Gj,sup}$,有利时乘以 $\gamma_{Gj,inf}$。例如,结构自重引起的所有作用可以认为是同一来源,包含不同材料时这一点同样适用。也可参见 A2.3.1(2)。

4. 对于特殊验算,γ_G 和 γ_Q 值可细分为 γ_g、γ_q 和模型不确定性系数 γ_{Sd}。γ_{Sd} 取值范围通常情况下为 1.0 ~ 1.15,并可在国家附件中修改。

5. 对于 EN 1997 涵盖的由水(例如流水)产生的作用,使用的作用组合可针对个别项目规定。

最后,沉降作用对结构不利时,进行线弹性分析时 $\gamma_{G,set} = 1.20$,在进行非线性分析时 $\gamma_{G,set} = 1.35$。其原因在于:在进行线弹性分析时,对随着时间不断发展的现象是相当不利的,该过程中存在应力重分布作用。因此,相比于永久作用的常规值,建议对分项系数(1.35)进行折减。

采用简化组合法则对人行桥进行持久设计状况分析时,选用表 8.2 和表 8.8

中的参考值对土工极限状态和结构构件抗力极限状态进行作用组合，可用下式表示：

$$\{\sum_{j\geqslant 1}(1.35G_{\mathrm{kj,sup}}\text{"+"}1.00G_{\mathrm{kj,inf}})\}$$

$$\text{"+"}\gamma_{\mathrm{P}}P_{\mathrm{k}}\text{"+"}\begin{cases}1.35\mathrm{gr1}\text{"+"}1.5\times 0.3F_{\mathrm{Wk}}\\ 1.35\mathrm{gr2}\text{"+"}1.5\times 0.3F_{\mathrm{Wk}}\\ 1.35Q_{\mathrm{fwk}}\\ 1.5T_{\mathrm{k}}+1.35\times 0.4\mathrm{gr1}\\ 1.5F_{\mathrm{Wk}}\\ 1.5Q_{\mathrm{Sn,k}}\end{cases}$$

该公式也同样适用于预应力、沉降和道路桥梁中的相关分项系数的计算。

作用的设计值（强度极限状态和土工极限状态）（C组） 表8.8

（数据来自 EN 1990:2002/A1 表 A2.4(C)）

持久和短暂设计状况	永久作用		预应力	主导可变作用(*)	伴随可变作用(*)	
	不利	有利			主要(如果有)	其他
式(6.10)	$\gamma_{\mathrm{Gj,sup}}G_{\mathrm{kj,sup}}$	$\gamma_{\mathrm{Gj,inf}}G_{\mathrm{kj,inf}}$	$\gamma_{\mathrm{P}}P$	$\gamma_{\mathrm{Q,1}}Q_{\mathrm{k,1}}$		$\gamma_{\mathrm{Q,i}}\psi_{0,\mathrm{i}}Q_{\mathrm{k,i}}$
(*)可变作用为表 A2.1 至表 A2.3 中考虑的作用						

注：γ 值可在国家附件中规定。γ 的推荐值为：

$\gamma_{\mathrm{G,sup}}=1.00$

$\gamma_{\mathrm{G,inf}}=1.00$

$\gamma_{\mathrm{Gset}}=1.00$

$\gamma_{\mathrm{Q}}=1.15$ 对于公路和行人交通荷载，当对结构不利时（有利时取0）

$\gamma_{\mathrm{Q}}=1.25$ 对于铁路交通荷载，当对结构不利时（有利时取0）

$\gamma_{\mathrm{Q}}=1.30$ 对于土、地下水、自由水和道砟引起的水平土压力的可变部分以及交通荷载超载引起的水平土压力，当对结构不利时（有利时取0）

$\gamma_{\mathrm{Q}}=1.30$ 对于所有其他可变作用，当对结构不利时（有利时取0）

$\gamma_{\mathrm{Gset}}=1.00$ 适用于线弹性或非线性分析情况，对于不均匀沉降产生的作用可能会有不利效应的设计状况。对于不均匀沉降产生的作用可能会产生有利效应的设计状况，不考虑这些作用。

γ_{P} = 相关设计 Eurocode 中定义的推荐值。

对于铁路桥梁，EN 1990 中提出的方法，式(6.10)只适用于持久设计状况和短暂设计状况，有相关权威机构的特殊许可时例外。铁路桥梁实际的作用组合数目比道路桥梁和人行道的多得多。因此，在此处就不一一列举。然而，不同荷载组合铁路桥梁进行荷载组合的方法是与道路桥梁和人行桥的方法大致相同。

表8.7给出B组作用(STR/GEO)的设计值。

8.6.4 偶然和地震设计状况的作用设计值和作用组合

在偶然和地震设计状况(EN 1990 式(6.11a)~式(6.12b))下，承载能力极限状态下各个作用的分项系数的参考值全部都等于1。在表8.9中象征性地表示出来(数据来自 EN 1990 附录 A2 表 A2.5)。

偶然和地震设计状况下设计状况下作用组合中的作用设计值 表 8.9

设计状况	永久作用		预应力	偶然或地震作用	伴随可变作用(**)	
	不利	有利			主要(如果有)	其他
偶然(*)(式(6.11a 或 b))	$G_{kj,sup}$	$G_{kj,inf}$	P	A_d	$\psi_{1,1}Q_{k,1}$ 或 $\psi_{2,1}Q_{k,1}$	$\psi_{2,i}Q_{k,i}$
地震(***)(式(6.12a 或 b))	$G_{kj,sup}$	$G_{kj,inf}$	P	$A_{Ed}=\gamma_1 A_{Ek}$	$\psi_{2,i}Q_{k,i}$	

注:(*)在偶然设计状况时,主要可变作用可能采用其频遇值,或在地震作用组合时,采用准永久值。选择原则将在国家附件中视所考虑的偶然作用而定。

(**)可变作用是表 A2.1~表 A2.3 中所考虑的那些作用。

(***)国家附件或个别项目可规定特殊的地震设计状况。对于铁路桥梁,只有一根轨道需要加载,且可忽略荷载模型 SW/2。

表 A2.5 中的设计值可在国家附件中修改。对于所有非地震作用,γ 的推荐值为 $\gamma=1.0$。

在某些特殊情况下,需要同时考虑一个或多个可变作用与偶然作用。任何情况下可变作用及其频遇值都不能作为主导作用。

必须考虑施工阶段的偶然设计状况。比如,在采用悬臂法修建桥梁时,可能出现的严重的偶然设计状况有:在移动构件时发生掉落,或在吊装预制构件时也可能发生掉落。一些可变作用(施工荷载)需要与偶然作用同时考虑。

施工期间静力平衡被打破时的偶然作用组合可由下式表达:

$$\sum_{j\geqslant 1} G_{kj,sup}\text{"}+\text{"}\sum_{j\geqslant 1} G_{kj,inf}\text{"}+\text{"}P\text{"}+\text{"}A_d\text{"}+\text{"}\varphi_2 Q_{c,k}$$

EN 1990:2002/A1,(A2.2)

式中:$Q_{c,k}$ 是施工荷载的标准值(EN 1991-1-6 中有相关定义),见本设计指南第 3 章。

EN 1990 的英国国家附件规定 ψ_1 作为偶然设计状况下主要伴随作用的分项系数。

8.7 作用组合和正常使用标准

8.7.1 概述

正常使用极限状态下荷载组合的表达式在表 8.10 中给出。

表达式中,γ 系数的参考值是 1。在大多数情况下,这个值不变。这是由结构验算的半概率形式的一般规则决定的。

验算公式如下:

$$E_d \leqslant C_d$$

式中:C_d——相关正常使用标准的极限设计值;

E_d——正常使用标准的作用效应的设计值,它由相关的荷载组合决定。

正常使用极限状态下作用组合的一般表达式　　表8.10

作用组合	参考规范:EN 1990	一般表达式
标准组合	(6.14)	$\sum_{j\geqslant 1} G_{k,j}$" + "$P$" + "$Q_{k,1}$" + "$\sum_{i>1}\psi_{0,i}Q_{k,i}$
频遇组合	(6.15)	$\sum_{j\geqslant 1} G_{k,j}$" + "$P$" + "$\psi_{1,1}Q_{k,1}$" + "$\sum_{i>1}\psi_{2,i}Q_{k,i}$
准永久组合	(6.16)	$\sum_{j\geqslant 1} G_{k,j}$" + "$P$" + "$\psi_{2,i}Q_{k\ i}$

正常使用标准取决于适用性要求,EN 1990 附录 A2 或 EN 1992 ~ EN 1999 对正常使用期要求进行相关规定。特殊的正常使用期要求在具体的工程项目中规定。下面我们将只对 EN 1990 附录 A2 中的正常使用标准规定进行讨论。

桥梁的正常使用期标准一般主要包括变形和振动。

建议的表达式见表 8.10,简化组合法则和参考值分别见 8.3.1 和表 8.1。一般对**道路桥梁持久设计状况**下正常使用极限状态的作用组合可由以下公式表达。

- 作用的标准组合

$$\{\sum_{j\geqslant 1}(G_{kj,sup}''+''G_{kj,inf})\}''+''P_k''+''\begin{cases}(\mathrm{TS}+\mathrm{UDL}+q_{fk}^{*})''+''0.6F_{Wk,traffic}\\ \mathrm{gr}i_{i=1b,2,3,4,5}''+''0.6T_k\\ \mathrm{gr1b}\\ T_k''+''(0.75\mathrm{TS}+0.4\mathrm{UDL}+0.4q_{fk}^{*})\\ F_{Wk}\\ Q_{Sn,k}\end{cases}$$

此处的标志和符号与承载能力极限状况中的含义相同。

- 作用的频遇值组合

$$\{\sum_{j\geqslant 1}(G_{kj,sup}''+''G_{kj,inf})\}''+''P_k''+''\begin{cases}(0.75\mathrm{TS}+0.4\mathrm{UDL})''+''0.5T_k\\ 0.75\mathrm{gr1b}\\ 0.75\mathrm{gr4}''+''0.5T_k\\ 0.6T_k\\ 0.2F_{Wk}\\ 0.5Q_{Sn,k}\end{cases}$$

- 作用的准永久值组合

$$\{\sum_{j\geqslant 1}(G_{kj,sup}''+''G_{kj,inf})\}''+''P_k''+''0.5T_k$$

在人行天桥持久设计状况下,为了应用简化的组合规则,表 8.2 和表 8.8 中的建议值可用于以下荷载组合:

- 作用的标准组合

$$\left\{\sum_{j\geqslant 1}(G_{\mathrm{kj,sup}}\text{"}+\text{"}G_{\mathrm{kj,inf}})\right\}\text{"}+\text{"}P_{\mathrm{k}}\text{"}+\text{"}\begin{cases}\mathrm{gr1}\text{"}+\text{"}0.3T_{\mathrm{k}}\\ \mathrm{gr2}\text{"}+\text{"}0.3T_{\mathrm{k}}\\ \mathrm{gr1}\text{"}+\text{"}0.6T_{\mathrm{k}}\\ \mathrm{gr2}\text{"}+\text{"}0.6T_{\mathrm{k}}\\ T_{\mathrm{k}}+0.4\mathrm{gr1}\\ F_{\mathrm{Wk}}\\ Q_{\mathrm{Sn,k}}\end{cases}$$

- 作用的频遇值组合

$$\left\{\sum_{j\geqslant 1}(G_{\mathrm{kj,sup}}\text{"}+\text{"}G_{\mathrm{kj,inf}})\right\}\text{"}+\text{"}P_{\mathrm{k}}\text{"}+\text{"}\begin{cases}0.4\mathrm{gr1}\text{"}+\text{"}0.5T_{\mathrm{k}}\\ 0.6T_{\mathrm{k}}\\ 0.2F_{\mathrm{Wk}}\\ 0.8Q_{\mathrm{Sn,k}}\end{cases}$$

- 作用的准永久值组合

$$\left\{\sum_{j\geqslant 1}(G_{\mathrm{kj,sup}}\text{"}+\text{"}G_{\mathrm{kj,inf}})\right\}\text{"}+\text{"}P_{\mathrm{k}}\text{"}+\text{"}0.5T_{\mathrm{k}}$$

这些公式同样适用于预应力作用、沉降作用以及道路桥梁的相关分项系数。

8.7.2 道路桥梁中考虑变形和振动的正常使用期标准

A2.4.2(3):
EN 1990:2002/A1

正如 EN 1990 中所述,道路桥梁的振动有很多原因,尤其是交通荷载和风荷载。对由风荷载引起的振动,详见 EN 1991-1-4 和本设计指南第 2 章。对由交通荷载引起的振动,已经制定了舒适性标准。疲劳效应也需要考虑的,尤其是悬索和斜拉索的疲劳效应。然而,只有当道路桥梁完工后,才需要验算结构的正常使用极限状态下的变形和振动。在这种情况下,建议采用荷载的频遇值组合来对结构的变形进行评价。

设计者还应关注桥面吊装引起的风险、交通安全的风险和结构构件力学完整性的风险,如支座在桥面有较大的坡度时会失效。道路交通引起的振动会传递给结构支座并引起位移。

总而言之,道路桥梁的变形和振动问题是不能通过规范来解决的,而是由更合理的设计来达成。

8.7.3 对行人荷载引起的人行桥振动的验算

人行桥的振动主要由风荷载和人行荷载造成。本设计指南第 5 章指出,截至 2009 年,都没有找到通用的比较符合行人荷载的各种状况的模型,尤其是在出现大量人流的情况。EN 1990 附录 A2 举了几个常见的例子:人行天桥通常位于人口密集的城区、毗邻铁路和公交站、学校和其他人群聚集的地方、或重要的公共建筑等。

事实上,EN 1990 附录 A2 提出行人舒适性标准应该以桥面各个部分的最大加速度为指标来衡量。运动敏感性与阻尼的大小息息相关。此处只给出桥面各部位最大加速度(m/s^2)的参考值: **A2.4.3.2:EN 1990:2002/A1**

- 垂直振动,0.7;
- 正常使用时的水平振动,0.2;
- 异常拥挤情况时,0.4。

另外,EN 1990 附录 A2 指出,当桥面的基本频率(自振频率)小于下列值时,应对人行桥的舒适标准的进行验算:

- 垂直振动频率为 5Hz;
- 侧向水平振动和扭转振动频率为 2.5Hz。

然而,对于人行桥或部分人行桥而言,舒适度标准的复杂验证不得超出上述值。

最前沿的关于反应获取频率相关性变化的参考文献是 ISO 2631[5]。ISO/DIS 101237(结构设计基础:建筑物及人行道抗振的适应性)的附录 C 在 C.1.2 中提及"人行道"的相关信息:

设计工况应该依据每个人行桥的在设计使用年限内的准许人行荷载大小来确定。通常考虑以下几种工况:

- *一个人穿过人行道,另一个人站在跨中处。*
- *平均的人流应该根据日常行人出现频率,通常一组为8到15人,具体多少人取决于人行道的长度和宽度。*
- *出现人流(超过15人)。*
- *日常的节日或舞蹈活动。*

在缺少更准确的信息前,在人行道或航道垂直方向(z方向)的振动等级不应该超过相关基础曲线(图C.1)的60倍,或者有一个或多个人一直站在人行道上则放大系数取30。由人行交通和风荷载引起的水平振动(x及y方向)不应该超过水平方向的基础曲线(图C.2)的60倍。

图 C.1 和图 C.2 中提到的曲线也可见图 8.8。

8.7.4 铁路桥梁的变形验算和振动验算

概述

控制变形和振动是铁路桥梁的一个主要问题,因为过大的桥梁变形会对桥梁结构产生过大的铁轨应力,水平和垂直方向上对轨道几何形位产生不可承受的变化及结构振动进而危及交通安全。同样地,过大的振动也会导致道砟不稳定,轮轨之间接触力减小。过大的变形也能影响施加在轨道-桥梁系统上荷载,影响乘客的舒适度。 **A2.4.4.2.2:EN 1990:2002/A1**

EN 1990 附录 A2 列出一系列需要核查的内容。下文只论述了两个主要方面:正常轨距的桥面扭转和桥面的竖向变形(容许挠度)。 **A2.4.4.2.3:EN 1990:2002/A1**

A2.4.4.2.3(1):
EN 1990:2002/A1

值得注意的是,***EN 1990:2002/A1,A2.4.4.2.3(1)*** 中只给出了桥梁最小垂直变形的情况。如果这些工况在桥梁设计中起主导作用,那么桥梁的刚度就是不足的,即要求对桥梁进行提前维护。我们应该谨记 6.8.2 的内容,当考虑桥梁的生命周期成本时,桥梁的支撑刚度是无需成本的。

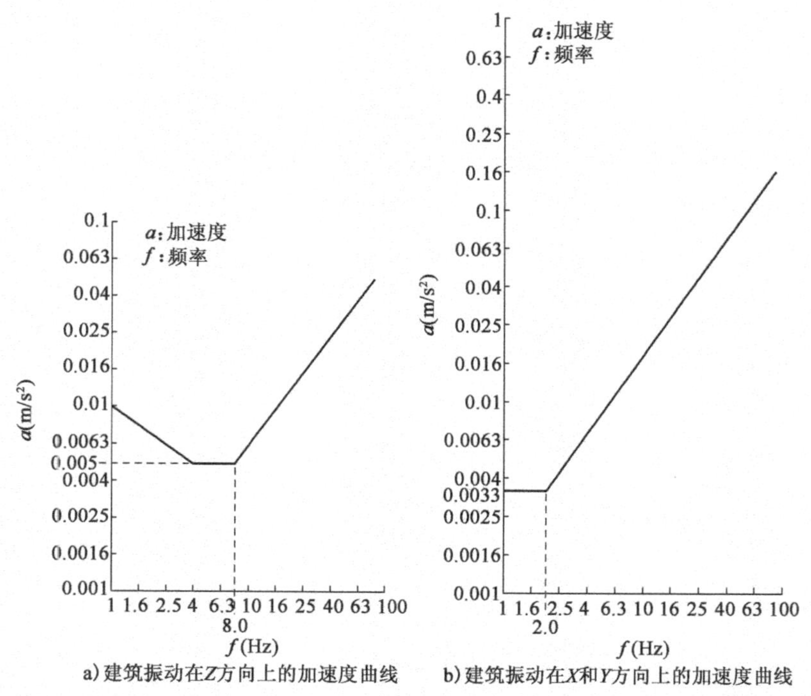

图 8.8 依据 ISO/DIS 10137 的建筑的振动

A2.4.4.2.2:
EN 1990:2002/A1

正常轨距的桥面扭曲

EN 1991-2 第 6 章提到,当需要考虑荷载模型 71、SW/0 或 SW/2,应将标准值乘以 φ 和 α,并考虑离心力的荷载模型 HSLM(速度超过 200km/h)。验算桥面的扭转时应考虑三个方向,桥路线方向、垂直于桥路线方向和背离桥面方向

注:桥面扭转的验算是关乎铁路交通安全的重要的工况。因此,当涉及荷载模型71或SW/0时,必须引入 $\alpha = 1.33$。

轨距为 1.35m,长为 3m 的轨道的最大扭曲 t 不应该超过表 8.11 中给出的值。

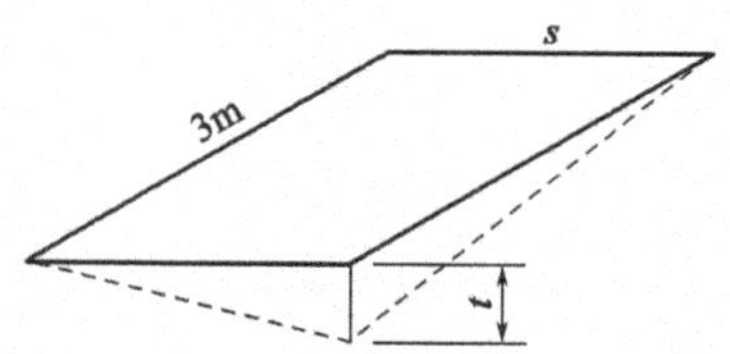

图 8.9 桥面转动示意图(经 BSI 许可,转载自 EN 1990:2002/A1)

桥面转动的极值(EN 1990:2002/A1 表 A2.7) 表 8.11

速度 V(km/h)	最大扭曲 t(mm/3m)
$V \leqslant 120$	$t \leqslant t_1$
$120 < V \leqslant 200$	$t \leqslant t_2$
$V > 200$	$t \leqslant t_3$

表中 t 的参考值如下：

$t_1 = 4.5$

$t_2 = 3.0$

$t_3 = 1.5$

当桥梁不受轨道交通作用(例如在缓和曲线中)时,由于轨道中可能出现的任何扭曲而产生的轨道总扭曲,加上由于轨道交通作用而导致桥梁总变形而产生的轨道扭曲,不得超过 t_T,建议 $t_T = 7.5\text{mm}/3\text{m}$。当铁路承受实际列车或荷载模型 HSLM 在桥梁设计中占主导作用,见本设计指南 B6.1.4。

桥面的垂直变形(允许挠度)

桥面上的垂直交通荷载会导致桥面弯曲,造成桥面的每个点都有一个竖向位移。通常最大的位移发生在桥面的中间或跨中。这个竖向位移就是桥面的挠度。

*注:**EN 1990:2002/A1**,**A2.4.4.2.3(1)**中的工况,在不考虑养护的情况下,轨道上任意位置的最大总挠度不能超过L/600,随后给出一个避免额外轨道养护的简化法则。同时简化法则有一个优点就是,当火车速度低于200km/h时无须进行动力分析。* **A2.4.4.2.3(1): *EN 1990:2002/A1***

对 $\alpha > 1.0$ 的所有路线(也包括 $\alpha = 1.33$ 的情况),采用荷载模型 71(SW/0)和 $\alpha = 1$ 时的允许挠度的参考值可见表 8.12。

不进行额外轨道养护的最大允许竖向挠度　　表 8.12

$V \leqslant 80$ km/h	$\delta_{stat} \leqslant L/800$ 注意:根据上方所述,即铁路交通荷载对轨道造成的最大挠曲不能超过 $L/600$,注意 600 乘以 1.33 约等于 800
$80 \leqslant V \leqslant 200$km/h	$\delta_{stat} \leqslant L/(15V - 400)$ 注意:200km/h 的列车的上限允许挠曲取自德国 DB 铁路线设计的高速线路桥梁的挠曲
$V > 200$km/h	$\delta_{dym} \leqslant$ 动力研究给出的挠曲值,但是 $\delta_{stat} \leqslant L/2600$

桥面的挠度会造成桥面两端的转动,连续简支梁详见图 8.10,此时容许挠度应折减,以避免桥面两端的相对转动幅度翻倍。

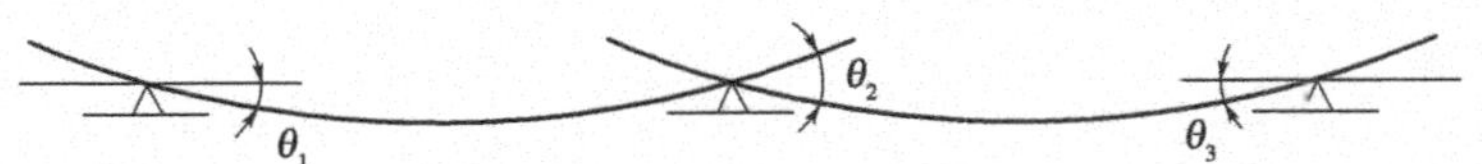

图 8.10　桥面板端部的转动角度(经 BSI 许可,转载自 EN 1990:2002/A1)

桥梁在承受交通荷载时产生的挠度会造成桥面端部的支承结构上翘。该上翘值必须小于以下值: **条款6.5.4.5: *EN 1991-2***

当 $V \leqslant 160$km/h 时,≤3mm;

当 $160 < V \leqslant 200$km/h 时,≤2mm。

以上规定适用于采用荷载模型 71 (SW/0),$\alpha = 1.0$ 时。

一般来说,考虑到表 8.12 中的容许变形,在膨胀装置、道岔和交叉口附近的桥面板末端不需要附加的转角限制。

非道砟轨道的要求必须由相关权威部门根据所选轨道系统进行规定。

条款A.2.4.4.2.4:
EN 1990:2002/A1

横向变形和振动的允许值见 ***EN 1990:2002/A1* 条款*A.2.4.4.2.4***。

条款A.2.4.4.3:
EN 1990:2002/A1

注:当垂直变形与表8.12中给出的允许值相符合时,不用考虑 ***EN 1990:2002/A1* 条款*A.2.4.4.3*** 中给出的乘客舒适性标准。

8.8 施工阶段作用组合案例

本例主要针对悬臂施工的预应力混凝土桥面,讲解在施工阶段建立荷载组合的方法,设计工况应该考虑以下几个方面:

- 短暂设计状况下,在施工阶段,进行结构构件和装置对结构稳定性和抵抗力验算。
- 偶然设计状况中预制或移动构件的掉落。

对短暂设计状况,必须考虑以下两种可能情况:

- 悬臂是不对称的,因一侧正在浇筑混凝土。
- 悬臂是对称的,但风暴即将到来,施工人员和小型设备都已撤离。

两种情况见图8.11。

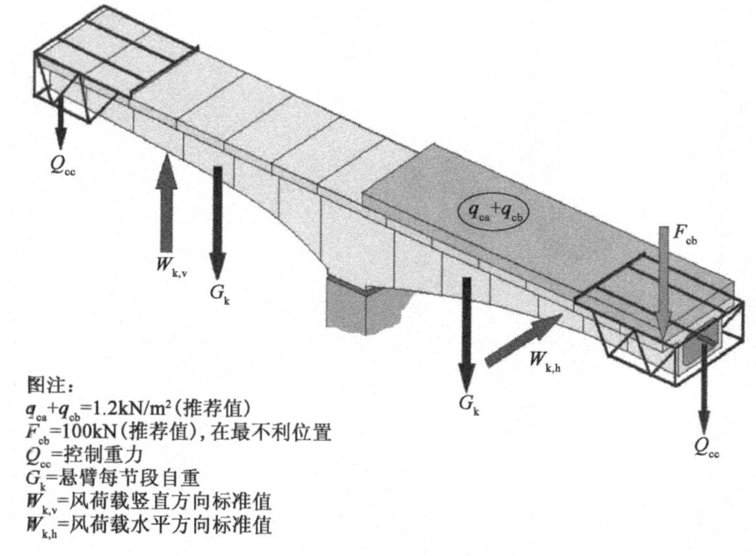

图8.11 采用悬臂法施工的桥梁在施工阶段的桥面稳定性

在下列等式中,符号 F_{Wk} 包含图8.10中的两种荷载($W_{k,v}$; $W_{k,h}$)。

(a)仅承受永久作用和可变作用的静力平衡极限状态

初步应注意:

$\psi_0 = 1$ 是施工荷载的参考值,$\psi_0 = 0.8$ 是施工阶段风荷载的参考值(见本设计指南第8章表8.1至表8.3)。使用这些参考值时,施工荷载必须是对称分布的,并且施工荷载作为伴随荷载来计算最不利的荷载组合。

最不利的荷载组合为:

$$1.05G_{kj,\,sup}"+"0.95G_{kj,\,inf}"+"P"+"1.5F_{Wk}"+"1.35Q_{ck}$$

结合结构抗力和静力平衡进行综合验算时,荷载组合如下:

$1.35G_{kj,sup}$" + "$1.25G_{kj,inf}$" + "P" + "$1.35F_{Wk}$" + "$1.35Q_{ck}$

当下式中的荷载组合更不利时：

$G_{kj,sup}$" + "$G_{kj,inf}$" + "P" + "$1.35F_{Wk}$" + "$1.35Q_{ck}$

(b)偶然荷载的静力平衡极限状态

$G_{kj,sup}$" + "$G_{kj,inf}$" + "P" + "A_d" + "Q_{ck}

(c)地震设计状况下的静力平衡极限状态

$G_{kj,sup}$" + "$G_{kj,inf}$" + "P" + "$A_{Ed}[=\gamma_1 A_{E_k}]$" + "$Q_{ck}$

(d)土工/强度承载能力极限状态

$1.35G_{kj,sup}$" + "$G_{kj,inf}$" + "P" + "$1.5F_{Wk}$" + "$1.5Q_{ck}$

$1.35G_{kj,sup}$" + "$G_{kj,inf}$" + "P" + "$1.5Q_{ck}$" + "$1.5\times 0.8F_{Wk}$

参考文献

1. European Committee for Standardisation (2005) EN 1990/A1. *Eurocode: Basis of Structural Design-Annex 2: Application for bridges*. CEN, Brussels.

2. Gulvanessian, H., Calgaro, J.-A. and Holický, M. (2002) *Designers' Guide to EN 1990-Eurocode: Basis of Structural Design*. Thomas Telford, London.

3. Gulvanessian, H. and Holický, M. (2005) *Eurocodes: using reliability analysis to combine action effects, Proceedings of the Institution of Civil Engineers, Structures and Buildings*. Thomas Telford. August.

4. Gulvanessian, H., Formichi, P. and Calgaro, J.-A. (2009) *Designers' Guide to Eurocode 1: Actions on Buildings*. Thomas Telford, London.

5. International Standards Organization (2003) ISO 2631. *Mechanical vibration and shock-evaluation of human exposure to whole-body vibration*. Part 1 (1997), Part 2 (2003). ISO, Geneva.

6. International Standards Organization (2006) ISO/DIS 10137. *Bases for design of structures-serviceability of buildings and walkways*. ISO, Geneva.